# Rで学ぶ 多変量解析

長畑秀和 [著]

朝倉書店

**謝辞**　フリーソフトウェア R を開発された方，また，フリーの組版システム TeX の開発者とその環境を維持・管理・向上されている方々に敬意を表します．

**免責**　本書で記載されているソフトの実行手順，結果に関して万一障害などが発生しても，弊社および著者は一切の責任を負いません．

　本書では主に Windows 版 R-3.0.2 の日本語化版の実行結果を用いて解説を行っております．なお，2017 年 3 月には，R-3.3.3 版となっています．その後の内容につきましては予告なく変更されている場合がありますのでご注意ください．

　Microsoft Windows, Microsoft Excel は，米国 Microsoft 社の登録商標です．

# はしがき

　1人の人についてその特性を考えると，身長，体重，血液型，住所，性別，……と多くの測定項目 (= 次元) が考えられます．実践ではこのように多次元のデータが得られることが多い．1つの企業を取り上げても資本金，従業員数，経常利益率，業種，……と多次元のデータが考えられ，たくさんの企業を考えれば多量の多次元のデータが得られる．このときこれら大量かつ多変量のデータをどのように処理し，情報を得て処置・処理をしたら良いだろうか．このとき，このような多変量である大量のデータから客観的に (だれもが納得する) 情報を得て処理する方法に多変量解析法があります．

　この本では，このように多変量 (多次元) のデータについて情報の損失ができるだけ少ないもとで処理するための手法である多変量解析法に関して解説しています．そして，コンピュータ上でフリーソフトであるR (およびRコマンダー) を利用して実際に計算し，解析手法を会得するための実習書でもあります．多変量解析法について学ぶには具体例について計算し，実行してみることが必要です．複雑な計算を伴うので，コンピュータ利用が不可欠となります．

　なお，前著の『Rで学ぶ実験計画法』([A36]) では，特性に影響を与える要因を様々な実験を組むことで絞り込み，各要因について特性を最適化する水準を求めて推定・予測する手法について議論を行いました．

　本書の構成を以下に簡単に述べておきます．第1章で，まず多変量解析法への導入ということでその基本的考え方と用語の解説をしています．次にデータ解析の基本となるデータのまとめ方，グラフ作成について述べています．そして，データの要約としての基本統計量，検定で必要となる確率分布の利用について書いてあります．また，行列の固有値の概念についても解説しています．以上はRを利用して具体例について実行しながら説明してあります．次に，第2章では2変数間の関連をみる意味で，相関分析・単回帰分析について書いています．第3章では2つ以上の変数で回帰する重回帰分析について，述べています．第4章では判別分析，第5章は主成分分析，第6章は因子分析，第7章は正準相関分析，第8章はクラスター分析について書いています．このような内容について，例題に関してRを使って逐次処理手順を図で示しながら実行する形で記述しています．

　以上のそれぞれについて，Rコマンダーのメニューにある場合には，逐次メニューから選択して解析する手順を説明しています．対応したメニューがない場合はコマンド入力による実行方法についてのみ説明をしています．その場合は，コマンドを逐次入力して実行してみてください．

　なお，Rのバージョンにより，日本語をフォルダ名に用いると不都合が生じたり，層別をするとうまく動かないこともありますので，注意してください．なお，本書での実行結果はR-3.0.2を用いて実行した結果を載せています．思わぬ間違いがあるかもしれません．また解釈も不十分な箇所もあると思いますが，ご意見をお寄せください．より改善していきたいと思っております．

　R (Rコマンダー) のインストール方法については，参考文献の[A35]または[A36]を参照してください．また，本文で利用されているデータは，朝倉書店のウェブサイト (http://www.asakura.co.jp) からダウンロードできるようにしています．

　本書の出版にあたって朝倉書店・編集部には細部にわたって校正頂き，大変お世話になりました．心より感謝いたします．なお，表紙のデザインのアイデアおよびイラストは大森綾子さんによるものです．

　2017年4月

長畑　秀和

# 凡例 (記号など)

以下に，本書で使用される文字，記号などについてまとめる．

① $\sum$ (サメイション) 記号は普通，添え字とともに用いて，その添え字のある番地のものについて，$\sum$ 記号の下で指定された番地から $\sum$ 記号の上で指定された番地まで足し合わせることを意味する．

[例] ● $\sum_{i=1}^{n} x_i = x_1 + x_2 + \cdots + x_n = x.$

② 順列と組合せ

異なる $n$ 個のものから $r$ 個をとって，1 列に並べる並べ方は

$$n(n-1)(n-2)\cdots(n-r+2)(n-r+1)$$

通りあり，これを ${}_n\mathrm{P}_r$ と表す．これは階乗を使って，${}_n\mathrm{P}_r = \dfrac{n!}{(n-r)!}$ とも表せる．なお，$n! = n(n-1)\cdots 2\cdot 1$ であり，$0!=1$ である (cf. Permutation)．異なる $n$ 個のものから $r$ 個とる組合せの数は (とったものの順番は区別しない)，順列の数をとってきた $r$ 個の中での順列の数で割った

$$\frac{{}_n\mathrm{P}_r}{r!} = \frac{n!}{(n-r)!r!}$$

通りである．これを，${}_n\mathrm{C}_r$ または $\binom{n}{r}$ と表す (cf. Combination)．

[例] ● ${}_5\mathrm{P}_3 = 5 \times 4 \times 3 = 60,$ ● ${}_5\mathrm{C}_3 = \dfrac{5 \times 4 \times 3}{3 \times 2 \times 1} = 10$

③ ギリシャ文字

表 ギリシャ文字の一覧表

| 大文字 | 小文字 | 読み | 大文字 | 小文字 | 読み |
| --- | --- | --- | --- | --- | --- |
| $A$ | $\alpha$ | アルファ | $N$ | $\nu$ | ニュー |
| $B$ | $\beta$ | ベータ | $\Xi$ | $\xi$ | クサイ (グザイ) |
| $\Gamma$ | $\gamma$ | ガンマ | $O$ | $o$ | オミクロン |
| $\Delta$ | $\delta$ | デルタ | $\Pi$ | $\pi$ | パイ |
| $E$ | $\varepsilon$ | イプシロン | $P$ | $\rho$ | ロー |
| $Z$ | $\zeta$ | ゼータ (ツェータ) | $\Sigma$ | $\sigma$ | シグマ |
| $H$ | $\eta$ | エータ (イータ) | $T$ | $\tau$ | タウ |
| $\Theta$ | $\theta$ | テータ (シータ) | $\Upsilon$ | $\upsilon$ | ユ (ウ) プシロン |
| $I$ | $\iota$ | イオタ | $\Phi$ | $\phi$ | ファイ |
| $K$ | $\kappa$ | カッパ | $X$ | $\chi$ | カイ |
| $\Lambda$ | $\lambda$ | ラムダ | $\Psi$ | $\psi$ | プサイ (サイ) |
| $M$ | $\mu$ | ミュー | $\Omega$ | $\omega$ | オメガ |

なお，通常 $\mu$ を平均，$\sigma^2$ を分散を表すために用いることが多い．

④ $\widehat{\phantom{x}}$ (ハット) 記号は $\hat{\mu}$ のように用いて，推定量を表す．

# 目　　次

はしがき ………………………………………………………………… i
記号など ………………………………………………………………… ii

## 1. 導　　入 ……………………………………………………………… 1
### 1.1 多変量解析法とは ………………………………………………… 1
#### 1.1.1 サンプリングとサンプル ……………………………………… 1
#### 1.1.2 測定とデータ …………………………………………………… 2
#### 1.1.3 多変量解析法 (処理・加工の 1 手法) と情報 ………………… 3
### 1.2 多変量解析法の分類 ……………………………………………… 5
#### 1.2.1 目的変数と説明変数 …………………………………………… 5
#### 1.2.2 手法の分類 ……………………………………………………… 6
### 1.3 データのまとめ方 ………………………………………………… 7
#### 1.3.1 データのベクトル・行列表現 ………………………………… 7
#### 1.3.2 行列の固有値と固有ベクトル ………………………………… 9
#### 1.3.3 基本的な統計量と合成変量 …………………………………… 11
#### 1.3.4 そ の 他 ………………………………………………………… 19
#### 1.3.5 基本となる分布 ………………………………………………… 22

## 2. 相関分析と単回帰分析 ……………………………………………… 25
### 2.1 相関分析とは ……………………………………………………… 25
### 2.2 相関係数に関する検定と推定 …………………………………… 26
#### 2.2.1 2 次元正規分布における相関 ………………………………… 26
#### 2.2.2 相関表からの相関係数 ………………………………………… 34
#### 2.2.3 クロス集計 (分割表) での相関 ……………………………… 34
### 2.3 回帰分析とは ……………………………………………………… 35
### 2.4 単回帰分析 ………………………………………………………… 36
#### 2.4.1 繰返しがない場合 ……………………………………………… 36
#### 2.4.2 繰返しのある単回帰分析 ……………………………………… 52
#### 2.4.3 データの変換・保存など ……………………………………… 57

## 3. 重回帰分析 …………………………………………………………… 59
### 3.1 重回帰モデル ……………………………………………………… 59
### 3.2 あてはまりの良さ ………………………………………………… 66
### 3.3 回帰に関する検定と推定 ………………………………………… 71
### 3.4 回 帰 診 断 ………………………………………………………… 78
### 3.5 説明変数の選択 …………………………………………………… 83
#### 3.5.1 変数の増減による回帰係数の推定量の変化について ……… 84

3.5.2　変数選択の手順 ················································ 84
　　3.5.3　変数選択の判断基準 ············································ 85
　3.6　数量化Ⅰ類 ·························································· 85
　　3.6.1　モデルの設定 ···················································· 86
　　3.6.2　カテゴリースコア $\{a_{jk}\}$ の推定 ································ 88
　　3.6.3　カテゴリースコアの規準化 ······································ 89
　　3.6.4　範囲, 偏相関係数 ·············································· 89
　3.7　補　　足 ···························································· 95

## 4. 判別分析 ·································································· 96
　4.1　判別分析とは ······················································ 96
　4.2　判別方法 ···························································· 98
　　4.2.1　判別方式1 ······················································ 98
　　4.2.2　判別方式2 ···················································· 103
　　4.2.3　判別方式3 ···················································· 104
　　4.2.4　重判別分析 ···················································· 108
　4.3　交差検証法による判別分析の評価 ································ 109
　4.4　具体的な例への判別分析の適用 ···································· 110
　4.5　数量化Ⅱ類 ························································ 122
　　4.5.1　モデルの設定 ·················································· 122
　　4.5.2　カテゴリースコア $\{a_{jk}\}$ の推定 ······························ 124
　　4.5.3　カテゴリースコアの規準化 ···································· 126
　　4.5.4　範囲, 偏相関係数 ············································ 126

## 5. 主成分分析 ······························································ 134
　5.1　主成分分析とは ·················································· 134
　5.2　主成分の導出基準 ················································ 134
　5.3　主成分の導出と実際計算 ·········································· 139
　　5.3.1　方　式　1 ···················································· 139
　　5.3.2　方　式　2 ···················································· 142
　　5.3.3　分散行列による主成分分析の例 ································ 145
　　5.3.4　相関行列による主成分分析の例 ································ 147

## 6. 因子分析 ································································ 155
　6.1　因子分析とは ······················································ 155
　6.2　因子数の決定 ···················································· 161
　6.3　因子負荷量の推定 ················································ 161
　　6.3.1　分布 (形) を仮定しない場合 ···································· 162
　　6.3.2　分布 (形) を仮定しての方法 ···································· 164
　6.4　因子軸の回転と解釈 ·············································· 164
　　6.4.1　直　交　回　転 ················································ 165
　　6.4.2　斜　交　回　転 ················································ 166
　6.5　因　子　得　点 ······················································ 166
　6.6　実際の計算例 ···················································· 167

**7. 正準相関分析** ································································· 175
　7.1　正準相関分析とは ························································· 175
　7.2　正準相関分析の適用 ························································ 178

**8. クラスター分析** ································································· 190
　8.1　クラスター分析とは ························································ 190
　8.2　個体間・変量間の距離 (非類似度), 類似度の定義 ······························ 191
　　8.2.1　個体間の非類似度 (距離) の定義 ········································ 191
　　8.2.2　変量間の類似度の定義 ·················································· 191
　8.3　階層的なクラスター分析の方法 ·············································· 192
　8.4　非階層的な手法 ···························································· 205

　　参 考 文 献 ···································································· 207
　　索　　　引 ···································································· 211

# 1

## 導　　　入

## 1.1　多変量解析法とは

　処置・推測したい対象を**母集団** (population) という．例えば，製造者が缶ジュースの中身の重量を調べたいとき缶ジュースの缶への中身注入ラインで注入された缶ジュース，液晶パネルに疵がないか調べるとき，電器工場の液晶パネル製造ラインで製造された液晶パネル，国民の内閣支持率を調べたいときの調査を行う国民などは母集団である．母集団はその構成要素が有限の場合**有限母集団** (finite population)，構成要素が無限の場合**無限母集団** (infinite population) という．その母集団の要素について全部調べる (全数検査) には時間・労力・費用等の問題があり，実際にはいくつかの**サンプル** (sample：標本，試料，個体) を採る．この採ることを**サンプリング** (sampling) といい，採るサンプルの個数を**サンプルの大きさ** (size：サイズ) とか**サンプル数**という．そのサンプルについて観測・測定することにより数値化・文字化・画像化などを行い，扱いやすい**データ** (data) とする．これを後述の事柄も含めて図式化すると図 1.1 のようになろう．

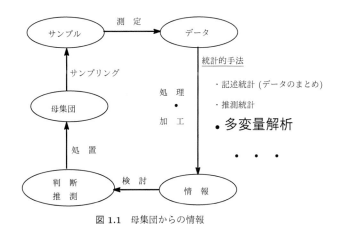

図 1.1　母集団からの情報

　次に，データを処理・加工することにより，我々が客観的に判断しやすいものにすることに統計的手法が大変役に立つのである．このときデータの平均・分散を求めたり，グラフにしたりしてまとめる記述統計や，仮説を立てて検証したり，推定する推測統計がある．多変量解析は多次元であるデータを処理・加工する一連の統計的手法で，様々な手法が開発されている．この処理・加工されたデータにより我々は情報をえて，母集団について判断 (推測) をし，処置・予測などの行動をとるのである．

### 1.1.1　サンプリングとサンプル

　最初に母集団から採られるサンプルは正しく母集団を反映・代表することが必要である．一を知って十を知るにはもとの一が正しくないとより誤ったものとなる．そして，サンプリングの仕方・方法には以下のような方法があり，誤差 (error) の評価を考えて用いることが必要である．

① **(単純) ランダムサンプリング** ((simple) random sampling)　母集団を構成している単位体，単位量などをいずれも同じような確率で (ランダムに) サンプリングする方法をいう．無作為抽出ともいわれる．例えばあるクラスの生徒の数学の成績を調べるような場合，ある生徒はランダムに選ばれる．

② **層別サンプリング** (stratified sampling)　母集団を幾つかのできるだけ等質な層 (グループ) に分け，各層から幾つかのサンプルを採る方法である．例えば職種別にアンケート集計を行う場合，各職種はアンケート項目に関して等質な集団とみなされている．以下の図 1.2 のような概念である．

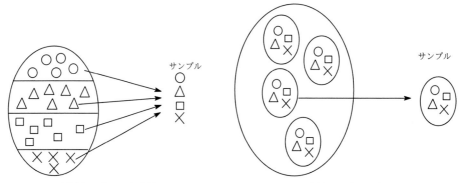

図 1.2　層別サンプリングの概念図　　　　図 1.3　集落サンプリングの概念図

③ **集落サンプリング** (cluster sampling)　母集団を，各グループには異なったいろいろな資料の組がはいり，どのグループにもできるだけ似た資料がいるように分けた後，これらのグループの幾つかを抽出し，そのグループをすべて調べる方法である．社会調査を行う場合のように同じような規模の都市の中から，幾つかの都市をサンプリングして調査を行う場合である．図 1.3 のような概念である．

④ **系統サンプリング** (systematic sampling)　順番に並んだ母集団の構成要素を図 1.4 のように一定間隔ごとに採る方法である．製品がラインで次々と生産されている場合一定時間ごとにサンプリングして製品を検査するような場合である．

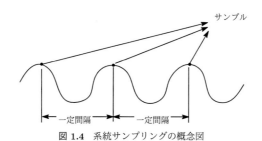

図 1.4　系統サンプリングの概念図

また，1 回でサンプルを得る場合と区別して 2 回の段階でサンプルを得る場合を **2 段サンプリング** (two-stage sampling) という．更に 3 段以上をまとめて **多段サンプリング** (multi-stage sampling) という．例えば瓶づめされた錠剤の検査をする場合，まず瓶が幾つか入った箱をランダムに選び，更にその箱の中の瓶をランダムに選び，更に錠剤を選ぶといったように何段かにわたってサンプリングする場合である．

### 1.1.2　測定とデータ

次にサンプルを測定することでデータが得られるが，実際のデータ $x$ は誤差をもつ．ここに誤差はデータと真の値との差であり，この誤差を信頼性 (reliability)，偏り (bias)，ばらつき (dispersion) の面から眺めることができる．信頼性は誤差に規則性があることで，データに再現性があることを意味している．偏りについては，データを $x$，その期待値を $E[x]$，真の値を $\mu$，誤差 (error) を $\varepsilon$ とすると

$$
\text{(1.1)} \quad \underbrace{\varepsilon}_{\text{誤差}} = \underbrace{x}_{\text{データ}} - \underbrace{\mu}_{\text{真の値}} = \underbrace{(x - E[x])}_{\text{ばらつき}} + \underbrace{(E[x] - \mu)}_{\text{偏り}}
$$

つまり,

$$
\text{誤差} = \text{データ} - \text{真の値} = \text{ばらつき} + \text{偏り}
$$

と分解される．そこで，図 1.5 のようになる．このように誤差を分けて解釈するとき，式 (1.1) の右辺第 2 項が偏りである．この偏りがないこと (不偏性) が望ましい．更にばらつきが式 (1.1) の第 1 項で，小さいことが望まれ，これを評価するものとしてよく使われるものに分散 (variance) がある．それはばらつきの 2 乗の期待値 $\sigma^2 = E[x - E[x]]^2$ である．

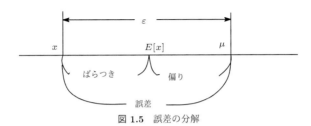

図 1.5 誤差の分解

**注 1.1** サンプリング (sampling) するにあたっては，誤差 (error) ができるだけ少ない方法であることが望まれる．更に，誤差はサンプリング誤差 $s$ と測定誤差 $m$ に分けられる．つまり，$\varepsilon = s + m$ と書かれる．そこで，いずれの誤差も小さくするようにすることが望まれる． ◁

統計でよく扱われるデータの種類には，**質的 (定性的) データ**と**量的 (定量的) データ**がある．質的データは対象の属性や内容を表すデータで言葉や文字を用いて表されることが多く，とびとびの値をとり，**離散 (計数) 型データ**ともいわれる．そして，質的データには，単なる分類の形で測定される**名義尺度** (nominal scale：分類尺度) があり，性別，職業，未婚・既婚，製品の等級などを表すために用いられる．分類のカテゴリーに数値をつけても四則演算は意味がない．また，ある基準に基づいて順序付けをし，1 位，2 位，3 位，$\cdots$ などの一連の番号で示す場合の質的データを**順序尺度** (ordinal scale) という．好きな歌手の順位のデータ，成績のデータの良い順などである．量的なデータはそのものの量・大きさを表すもので，連続の値をとるので**連続 (計量) 型データ**ともいわれる．数値の間隔が意味をもち，原点が指定されていない尺度を**間隔 (距離) 尺度** (interval scale：単位尺度) という．偏差値，知能指数などがそうである．また，**比例 (比率) 尺度** (ratio scale) は，普通の長さ，重さ，時間，濃度，金額など四則演算ができるもので，尺度の原点が一意に決まっている．このような分類から，データは図 1.6 のようにまとめられる．

データはそのまま使うのでなく，変換をすることによりデータの分布を正規分布に近づけたり，分散の安定化を計ったり，データの範囲を広げたり，したのち利用することも行われている．そうすることでデータをその後の解析手法にあったものにし，より扱いやすいものにするのである．

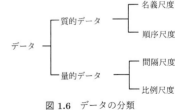

図 1.6 データの分類

### 1.1.3 多変量解析法 (処理・加工の 1 手法) と情報

次に多変量解析の各手法の概略をのべておこう．
① **(重) 回帰分析** ある結果 (特性) をその要因となる変数で予測・説明したいときに用いる．
② **判別分析** いくつかのグループに分かれているとき，得られたデータがどのグループに属すかを判別するために用いる．
③ **主成分分析** 多くの量的変数 (特性) で表されるデータの集まりを，少数の合成した変数 (代表する特性) で表すときに用いる．
④ **因子分析** 多くの量的変数が少数の潜在的な変数 (因子) で説明されると仮定されるときに，その潜

在的因子をみつけるために用いる．

⑤ **正準相関分析** 多くの変数から2つの変数の集まりを構成して，それら2つの変数の集まりの関係を分析するために使う．

⑥ **クラスター分析** 個々のサンプルをある近さを測る量によって位置づけ，近いもの同士を集めて1つの集落 (クラスター) を作ることで全体のサンプルをいくつかの集落にまとめるために用いる．

⑦ **数量化Ⅰ類** 質的なデータで量的な特性を説明・予測するための手法で，重回帰分析の特殊な場合とみなせる．

⑧ **数量化Ⅱ類** 質的なデータで質的なデータの特性を説明・予測するため手法で，判別分析の特殊な場合とみなせる．

⑨ **数量化Ⅲ類** 2つの変数群がいずれも質的データのとき，相関が高くなるようにサンプルと変数に数値を与える方法である．

⑩ **数量化Ⅳ類** 個体間の類似度または非類似度にもとづいてサンプルを位置づける方法で，多次元尺度法の特殊な場合とみなせる．

⑪ **対応分析** 数量化Ⅲ類と同じであり，変数の集まりを構成して，それら2つの変数の集まりの関係を分析するために使う．

⑫ **潜在構造分析** いくつかのクラスがある潜在的な因子によって分類されるときその要因を解析するために用いる．

⑬ **共分散分析** 特性の変動を要因となる変数で制御し，グループ間の違いを解析するために用いる．回帰分析と分散分析とが組み合わされた手法．

⑭ **多次元尺度解析法** サンプル間の類似性あるいは非類似性に基づいて背後にある構造をわかりやすい形で表現する手法である．

⑮ **多変量グラフ解析法** 多次元のデータを直感的にわかりやすくグラフに表現するための様々な手法．

⑯ **パス解析** 変量間の相関によって因果関係の検討を行うもので，パスダイアグラム (パス図) を描きながら解析していく手法．潜在変数を扱わないところが一般的な共分散構造分析と異なる．なおパス図は方程式モデルの情報をそのまま保存でき，以下のような規則にしたがって描いた図である．

- 観測変数は四角形で囲む．
- 構造的な潜在変数は楕円で囲む．
- 誤差変数は円で囲む．影響を与える変数から，与えられる変数に矢印を書き，矢印に因果の影響力を示す数値を付与する．
- 共変動を示す2つの外生変数に因果関係を仮定せず，双方向の矢印を書き，矢印に共分散 (または相関) を示す数値を付記する．

⑰ **共分散構造分析** 直接には観測できない潜在変量の変量間および観測変数との因果関係をパス図等によって把握するための統計的手法である．その意味で，因子分析と回帰分析を一体にした分析法である．

⑱ **樹木モデル (ツリーモデル)** 非線形回帰分析の一種で，目的変数，説明変数とも量的変数，質的変数のいずれであってもよい．樹形図 (デンドログラム) を作成して結果を表示するという特徴を持つ．目的変数が量的変数のとき回帰木，質的変数のとき決定木ということもある．データマイニングの手法としてよく利用されている．

⑲ **アソシエーション分析** バスケット単位での選択した項目にどのような傾向があるか，ある項目を選択した場合に他の項目を一緒に選択する傾向があるかを調べる手法である．バスケット分析ともいわれる．

⑳ **生存時間分析** イベント (event) が起きるまでの時間とイベントとの間の関係を分析する手法．

㉑ **ニューラルネットワーク** 脳の神経細胞を模倣してデータのモデル化をはかり，予測などに適用をする手法である．

㉒ **グラフィカルモデリング (GM)** データから探索的に変数同士の連関を表すためにモデル化するための手法である．

㉓ **構造方程式モデリング (SEM)**　対象とする現象をデータの生成過程を表す方程式でモデル化し変数間の因果的効果を把握するための手法である．

など多くの手法がある．

本書では ① 〜 ⑧ について解説する．

## 1.2　多変量解析法の分類

### 1.2.1　目的変数と説明変数

例えば，味が良く，値段も手頃で，量も適当なのでラーメン屋 A は繁盛しているとすると，繁盛する度合いを評価するのに，味・値段・量などが要因となっている．また，お菓子屋 B で栗まんじゅう，麦せんべい，いちご大福，おかき巻きやケーキなどのお菓子の売上げが多いという事象は味，値段で決定されるといったとき，売上げ高などの (結果系の) 事象を **目的変数** (criterion variable)，従属変数，外生変数といい，対応してそれを決定する (原因系の) 要因を **説明変数** (explanatory variable)，独立変数，内生変数という．ある (結果系の) 特性を決定づける要因を列挙・整理するのに役立つ手法に **特性要因図** がある．以下の例で具体的に作成してみよう．

---

**例題 1.1**
食料品を主体とするスーパーの売上げ高についての特性要因図を作成せよ．

---

**解**
次のように大きい要因から逐次小さな要因へと調べていく．

**手順 1**　ブレーンストーミング等により，スーパーの売上げに影響すると思われる要因をすべて列挙する．

スーパーで日常的に買い物をしているのは主婦が多い．そこで主婦にアンケートをとることなどにより，要因を調べるのが良いだろう．

**手順 2**　要因をある大きなまとまりごとに分類する．(各要因をカードなどに記入しておくとやりやすい)

ハード面では，場所，交通の便，駐車場の広さ，店の規模，店のきれいさ，商品の配置，店内の照明等が考えられる．またソフト面として，店員さんの接客態度，レジの処理スピードなどが考えられる．また品物自体については，品揃え，新鮮さ，品質 (信頼性，添加物の有無等)，値段などがある．また，消費者自体の世代，要求に合っているかも検討要因に考えられよう．

**手順 3**　要因のまとまりを大骨，小さな要因を小骨として整理し，魚の骨状のグラフとして図 1.7 のように描く．

ここでは，駐車場，店舗，商品，購入対象者，宣伝，サービスを大骨とした．

**手順 4**　特に効果がありそうな要因をいくつかしぼって丸などで囲み，印をつけていく．

ここでは特に食料品自体の品質・信頼性，値段，品揃え，スーパーの家からの距離，駐車場の停めやすさなどが重要要因だと思われるので，丸で囲む．

**手順 5**　これらの要因について，今後調査する計画 (データ収集など) の検討を行う．

具体的に調査対象を主婦として同一地区の幾つかのスーパーに関して，品質，値段，品揃えなどに着目してアンケート調査などを行ってみる．

この結果が，図 1.7 のようになる．　　　　　　　　　　　　　　　　　　　　　　　　　　　□

製品を作る工程 (工場) などでふつうとりあげられる要因 (大骨) には，**4M1H** (ヨンエムイチエイチ) といわれるものがある．4M は，Machine (機械)，Material (原料)，Man (人)，Method (手段) の頭文字をとり，H は How (仕方：どのように) の頭文字をとったものである．1 つの目安として覚えておくと良いだろう．さらに，Measurement (測定)，Environment (環境) を要因として考えることもある．また，工場等では不良品等の発生要因を調べるなど否定的な特性をとりあげる場合が多い．交通事故などの発生を抑える場合も何故起きるか，どうすれば削減できるかなど否定的な特性をとりあげ改善方向を目指す場合が多い．

**演習 1.1**　各自特性を決めて，特性要因図を作成せよ．例えば栗まんじゅうの売上げ高に影響が大きい要因は何だろうか．また，本の売上げに影響を及ぼす要因は何だろうか．　　　　　　　　　　　　　　　　　　◁

このように売上げ高のような目的 (基準) 変数で評価対象となる変数がある場合の **外的基準** がある場合と，評価対象となる変数がない場合，つまり外的基準がない場合がある．

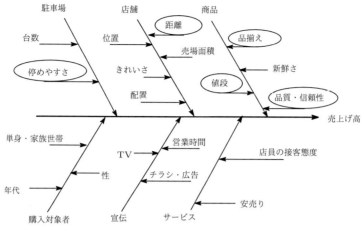

図 1.7 スーパーの売上げ高を特性とする特性要因図の例

### 1.2.2 手法の分類

実際に多変量解析の手法を分類するにあたっては，次のようなデータ，変数の性質，数に着目して分類される．① 目的変数があるかないか．② 説明変数が計数型か計量型か．③ 説明変数，目的変数のそれぞれに含まれる変数の個数はいくらか．④ 潜在変数があるか．などである．

そしてこれらの基準で分類すると図 1.8 のように分類される．

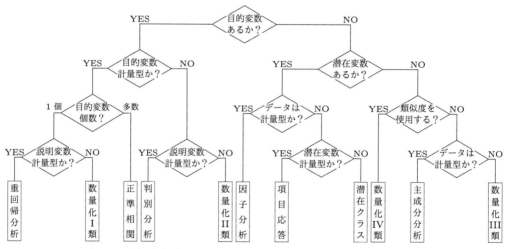

図 1.8 多変量解析法のフローチャートを用いた分類 (田中・脇本 [A22] 参照)

図 1.8 の最上部のようにまず，目的とする特性がある場合とない場合で大きく分かれる．そして，目的変数である評価となる関数があるときは，それが連続的な値をとる (計量型) かそうでない (離散型) かによって分かれる．計量型のときには更に目的変数が 1 個で説明変数も計量型のとき，重回帰分析となる．説明変数が計数型のときは数量化 I 類が適用される．目的変数が 2 個以上では正準相関分析が適用される．また目的変数が計数型の場合には，説明変数が計量型のときには，判別分析が適用され，説明変数が計数型のときは数量化 II 類が適用される．なお目的変数がない場合，潜在変数がある場合とない場合に分かれ，ある場合，潜在変数で説明される変数が計量型である因子分析と計数型でさらに潜在変数が計量型の項目応答理論と潜在変数が計数型の潜在クラス分析などに分類される．潜在変数がない場合，類似度データにも基づく数量化 IV 類と，基づかない場合で計量型変量を扱う主成分分析と計数型変量を扱う数量化 III 類に分かれる．

次に，これらの手法が実際に適用されるとき，利用目的に応じてどのように分類されるか考えてみよ

う．まず，ある特性があってその要因解析・予測をする場合には重回帰分析，数量化 I 類，正準相関分析などが考えられ，製品の等級分けなどで分類される要因解析では判別分析，数量化 II 類などが利用される．多数の変量間の相関関係を調べ，それらを説明する少数の潜在因子を知りたい場合には因子分析，潜在クラス分析，項目応答理論が用いられる．多数の変量から総合的な指標を構成をしたい場合には主成分分析が利用される．また，データを分類したいときクラスター分析，数量化 III 類，数量化 IV 類などが利用される．まとめると表 1.1 のようになる．

表 1.1 利用目的による手法の分類

| 利用目的 | 解析手法 | 対応する章，節 |
|---|---|---|
| 要因解析・予測 | (重) 回帰分析 | 2, 3 |
| | 数量化 I 類 | 3.6 |
| | 正準相関分析 | 7 |
| | パス解析，アソシエーション分析，共分散構造分析 | |
| 判別の要因解析 | 判別分析 | 4 |
| | 数量化 II 類 | 4.5 |
| 変数の潜在因子探索 | 因子分析 | 6 |
| | 潜在クラス分析，項目応答理論，ニューラルネット，共分散構造分析 | |
| 総合指標の構成 | 主成分分析 | 5 |
| データの分類 | クラスター分析 | 8 |
| | 対応分析，数量化 III 類，樹木モデル，多次元尺度法，数量化 IV 類 | |

なお実際にデータをとったり，まず整理する段階で使われる手法に QC 七つ道具 ($\overset{キューナナ}{Q7}$)，新 QC 七つ道具 ($\overset{エスナナ}{N7}$) などがある．

Q7 は，① グラフ，② パレート図，③ 特性要因図，④ チェックシート，⑤ ヒストグラム，⑥ 散布図，⑦ 管理図をいい，N7 は，① 連関図法，② 親和図法，③ 系統図法，④ マトリックス図法，⑤ マトリックス・データ法，⑥ PDPC 法，⑦ アローダイヤグラム法をいう．詳しくは新 QC 七つ道具研究会編 [A16]，細谷 [A43] を見られたい．

## 1.3 データのまとめ方

### 1.3.1 データのベクトル・行列表現

サンプル (標本，個体，人，試料，測定対象) を測定する項目について，測定・観測することでデータが得られる．そして，各サンプルを上から下方向に縦に並べて各サンプルごとに行 (row) とし，測定する項目 (変量または変数) を左から右へと並べて各項目ごとに列 (column) とし，交叉する位置にデータ (測定値) を並べたものを**データ行列** (プロフィールデータ) という．サンプル数 (サイズ) を $n$，測定項目の数を $p$ とし，$i$ 番目のサンプル (個体) の測定項目 $j$ ($x_j$) に関するデータを $x_{ij}$ で表すと，以下の表 1.2 のように表記される．

ここに，$x_{i\cdot} = \sum_{j=1}^{p} x_{ij}$，$x_{\cdot j} = \sum_{i=1}^{n} x_{ij}$ かつ $x_{\cdot\cdot} = \sum_{i=1}^{n} \sum_{j=1}^{p} x_{ij}$ である．添え字の $\cdot$ (ドット) は，その $\cdot$ のある位置の添え字について和をとる (足す) ことを意味する．表 1.2 のデータ行列で各列を**列 (縦) ベクトル**，各行を**行 (横) ベクトル**という．

そこで，測定項目 $j$ (変量 $x_j$) については，$\boldsymbol{x}_{(j)} = \begin{pmatrix} x_{1j} \\ x_{2j} \\ \vdots \\ x_{nj} \end{pmatrix}_{n \times 1}$ を第 $j$ 列ベクトル (添え字の

表 1.2 データ行列

| サンプル＼変量 | $x_1$ | $x_2$ | $\cdots$ | $x_j$ | $\cdots$ | $x_p$ | 計 |
|---|---|---|---|---|---|---|---|
| 1 | $x_{11}$ | $x_{12}$ | $\cdots$ | $x_{1j}$ | $\cdots$ | $x_{1p}$ | $x_{1\cdot}$ |
| $\vdots$ | $\vdots$ | $\vdots$ | $\ddots$ | $\vdots$ | $\ddots$ | $\vdots$ | $\vdots$ |
| $i$ | $x_{i1}$ | $x_{i2}$ | $\cdots$ | $x_{ij}$ | $\cdots$ | $x_{ip}$ | $x_{i\cdot}$ |
| $\vdots$ | $\vdots$ | $\vdots$ | $\ddots$ | $\vdots$ | $\ddots$ | $\vdots$ | $\vdots$ |
| $n$ | $x_{n1}$ | $x_{n2}$ | $\cdots$ | $x_{nj}$ | $\cdots$ | $x_{np}$ | $x_{n\cdot}$ |
| 計 | $x_{\cdot 1}$ | $x_{\cdot 2}$ | $\cdots$ | $x_{\cdot j}$ | $\cdots$ | $x_{\cdot p}$ | $x_{\cdot\cdot}$ |

$n\times 1$ は行列のサイズが $n$ 行 1 列であることを示している) といい，$i$ 番目のサンプル (個体) について $\boldsymbol{x}_i^{\mathrm{T}}=(x_{i1},x_{i2},\ldots,x_{ip})_{1\times p}$ を**第 $i$ 行ベクトル**という．元の行列の $i$ 行 $j$ 列にある $(i,j)$ 成分を $(j,i)$ 成分とした行列を元の行列の**転置行列**といい，右肩に T をつけて表すことにする．右肩に $'$ (プライム) または左肩に $t$ (transpose) をつけて表す本も多いが，微分などの表記と区別するためこのようにする．そこで，列 (行) ベクトルの転置は行 (列) ベクトルになる．実際，列ベクトル $\boldsymbol{x}_j$（変量 $x_j$）については，

$$\boldsymbol{x}_{(j)}=\begin{pmatrix}x_{1j}\\x_{2j}\\\vdots\\x_{nj}\end{pmatrix}=(x_{1j},x_{2j},\ldots,x_{nj})^{\mathrm{T}}$$

と表される．また，行ベクトル $\boldsymbol{x}_i^{\mathrm{T}}$ ($i$ サンプル) は

$$\boldsymbol{x}_i^{\mathrm{T}}=(x_{i1},x_{i2},\ldots,x_{ip})=\begin{pmatrix}x_{i1}\\\vdots\\x_{ip}\end{pmatrix}^{\mathrm{T}}$$

と表される．以下の図 1.9 のように，太字のアルファベットはふつう列ベクトルを表し，下付きの添え字で区別している．

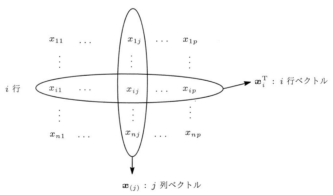

図 1.9 行ベクトルと列ベクトル

[具体例]

$$(1\ 2\ 3)^{\mathrm{T}}=\begin{pmatrix}1\\2\\3\end{pmatrix},\quad \begin{pmatrix}1&2&3\\4&5&6\end{pmatrix}^{\mathrm{T}}=\begin{pmatrix}1&4\\2&5\\3&6\end{pmatrix}\ \square$$

2 つのベクトル $\boldsymbol{x}=(x_1,\ldots,x_p)^{\mathrm{T}}$ と $\boldsymbol{y}=(y_1,\ldots,y_p)^{\mathrm{T}}$ の**内積** (inner product) は記号 $(,)$ を用いて，次のように<u>成分同士の積の和</u>で定義される．

$$(1.2)\quad (\boldsymbol{x},\boldsymbol{y})=\boldsymbol{x}^{\mathrm{T}}\boldsymbol{y}=(x_1,\ldots,x_p)_{1\times p}\begin{pmatrix}y_1\\\vdots\\y_p\end{pmatrix}_{p\times 1}=x_1y_1+\cdots+x_py_p=\|\boldsymbol{x}\|\cdot\|\boldsymbol{y}\|\cos\theta$$

なお，ベクトル $\boldsymbol{x} = (x_1, \ldots, x_p)^{\mathrm{T}}$ の長さは記号 $\| \cdot \|$ を用いて

(1.3) $$\|\boldsymbol{x}\| = \sqrt{\boldsymbol{x}^{\mathrm{T}}\boldsymbol{x}} = \sqrt{x_1^2 + \cdots + x_p^2}$$

と定義される．そこで 2 つのベクトル $\boldsymbol{x} = (x_1, \ldots, x_p)^{\mathrm{T}}$ と $\boldsymbol{y} = (y_1, \ldots, y_p)^{\mathrm{T}}$ の距離は $\|\boldsymbol{x} - \boldsymbol{y}\|$ である．

つまり，$\boldsymbol{x}$ の長さ $\|\boldsymbol{x}\|$ と $\boldsymbol{y}$ の $\boldsymbol{x}$ 上への正射影 $\|\boldsymbol{y}\| \cdot \cos\theta$ の積で定義される．逆に，$\boldsymbol{y}$ の長さ $\|\boldsymbol{y}\|$ と $\boldsymbol{x}$ の $\boldsymbol{y}$ 上への正射影 $\|\boldsymbol{x}\| \cdot \cos\theta$ の積とも考えられる．以下の図 1.10 を参照されたい．(ただし，$\theta$ はベクトル $\boldsymbol{x}$ と $\boldsymbol{y}$ の間のなす角度である.)

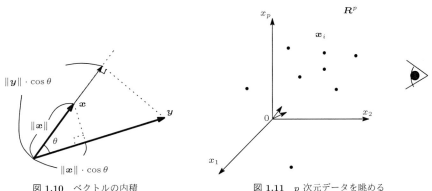

図 1.10　ベクトルの内積　　　　図 1.11　$p$ 次元データを眺める

一般に変量を次元にとり，$p$ 次元のユークリッド空間 $\boldsymbol{R}^p$ に $i$ サンプルの点 $\boldsymbol{x}_i^{\mathrm{T}} = (x_{i1}, \ldots, x_{ip})$ $(i = 1, \ldots, n)$ があるとき，それらの点をどのようにみるか (解釈するか) が多変量解析といえる．図 1.11 で，点をまとまりに分類したり，平面，直線などの低次元の空間に射影したりするわけである．以下，$\boldsymbol{R}^p$ と変量 (数) の数を次元とする場合と $\boldsymbol{R}^n$ とサンプル数を次元とする図が説明にあわせて適宜でてくるので注意されたい．

### 1.3.2　行列の固有値と固有ベクトル

正方行列 $A$ に対し，

(1.4) $$A\boldsymbol{x} = \lambda \boldsymbol{x}$$

を満足する $\lambda$, $\boldsymbol{x}$ $(\neq \boldsymbol{0})$ が存在するとき，$\lambda$ を固有値 (eigenvalue)，$\boldsymbol{x}$ を固有ベクトル (eigenvector) という．行列 $A$ に対応した線形写像 (一次変換) $f: \boldsymbol{x} \longmapsto A\boldsymbol{x}$ によって方向を変えないベクトルが固有ベクトルである．つまり，$A$ で移したベクトルがスカラー倍になるのが固有ベクトルである．

---

**例題 1.2**

次の行列 $A$ の固有値および固有ベクトルを求めよ．

更に，点 $(1,0), (1/2,1), (0,1), (-1,1/2), (-1,0), (-1/2,-1), (0,-1), (1,-1/2), (0,0)$ は一次 (線形) 変換 $f: \boldsymbol{x} \mapsto A\boldsymbol{x}$ によってどんな点に移るか打点してみよ．

なお，線形変換とは同じベクトル空間での線形写像をいう．ベクトルの対称移動，回転，射影などがある．

$$A = \begin{pmatrix} 1 & 1/2 \\ 1/2 & 7/4 \end{pmatrix}$$

---

**解**

**手順 1**　固有値を求める．

固有方程式は

$$|A - \lambda I| = \begin{vmatrix} 1-\lambda & 1/2 \\ 1/2 & 7/4-\lambda \end{vmatrix} = (1-\lambda)\left(\frac{7}{4} - \lambda\right) - \frac{1}{4} = \lambda^2 - \frac{11}{4}\lambda + \frac{6}{4} = 0$$

より，固有値 $\lambda = 2, 3/4$.

**手順2** 固有ベクトルを求める．

$\lambda = 2$ に対応する固有ベクトルは

$$\begin{pmatrix} 1 & 1/2 \\ 1/2 & 7/4 \end{pmatrix} \begin{pmatrix} x_1 \\ x_2 \end{pmatrix} = 2 \begin{pmatrix} x_1 \\ x_2 \end{pmatrix} \quad \rightleftarrows \quad \begin{cases} x_1 + \dfrac{x_2}{2} = 2x_1 \\ \dfrac{x_1}{2} + \dfrac{7}{4} x_2 = 2x_2 \end{cases}$$

より，実際は1つの方程式 $x_2 = 2x_1$ が成立する．固有ベクトルの長さを1，つまり $\sqrt{x_1^2 + x_2^2} = 1$ とすれば，この式に $x_2 = 2x_1$ を代入して $5x_1^2 = 1$ より，

$$\left( \pm \frac{1}{\sqrt{5}}, \pm \frac{2}{\sqrt{5}} \right) \quad \text{(複合同順)}$$

$\lambda = 3/4$ に対応する固有ベクトルは

$$\begin{pmatrix} 1 & 1/2 \\ 1/2 & 7/4 \end{pmatrix} \begin{pmatrix} x_1 \\ x_2 \end{pmatrix} = \frac{3}{4} \begin{pmatrix} x_1 \\ x_2 \end{pmatrix}$$

より，$x_1 = -2x_2$ から固有ベクトルの長さを1とすれば $\left( \dfrac{\pm 2}{\sqrt{5}}, \dfrac{\mp 1}{\sqrt{5}} \right)$.

次に，一次変換後の点の座標を計算すると

$$\begin{pmatrix} 1 & 1/2 \\ 1/2 & 7/4 \end{pmatrix} \begin{pmatrix} 1 \\ 0 \end{pmatrix} = \begin{pmatrix} 1 \\ 1/2 \end{pmatrix}, \quad \begin{pmatrix} 1 & 1/2 \\ 1/2 & 7/4 \end{pmatrix} \begin{pmatrix} 1/2 \\ 1 \end{pmatrix} = \begin{pmatrix} 1 \\ 2 \end{pmatrix},$$

$$\begin{pmatrix} 1 & 1/2 \\ 1/2 & 7/4 \end{pmatrix} \begin{pmatrix} 0 \\ 1 \end{pmatrix} = \begin{pmatrix} 1/2 \\ 7/4 \end{pmatrix}, \quad \begin{pmatrix} 1 & 1/2 \\ 1/2 & 7/4 \end{pmatrix} \begin{pmatrix} -1 \\ 1/2 \end{pmatrix} = \begin{pmatrix} -3/4 \\ 3/8 \end{pmatrix},$$

$$\begin{pmatrix} 1 & 1/2 \\ 1/2 & 7/4 \end{pmatrix} \begin{pmatrix} -1 \\ 0 \end{pmatrix} = \begin{pmatrix} 1 \\ 1/2 \end{pmatrix}, \quad \begin{pmatrix} 1 & 1/2 \\ 1/2 & 7/4 \end{pmatrix} \begin{pmatrix} -1/2 \\ 1 \end{pmatrix} = \begin{pmatrix} 1 \\ 2 \end{pmatrix},$$

$$\begin{pmatrix} 1 & 1/2 \\ 1/2 & 7/4 \end{pmatrix} \begin{pmatrix} 1 \\ 0 \end{pmatrix} = \begin{pmatrix} -1 \\ -1/2 \end{pmatrix}, \quad \begin{pmatrix} 1 & 1/2 \\ 1/2 & 7/4 \end{pmatrix} \begin{pmatrix} -1/2 \\ -1 \end{pmatrix} = \begin{pmatrix} -1 \\ -2 \end{pmatrix},$$

$$\begin{pmatrix} 1 & 1/2 \\ 1/2 & 7/4 \end{pmatrix} \begin{pmatrix} 0 \\ 0 \end{pmatrix} = \begin{pmatrix} 0 \\ 0 \end{pmatrix}$$

より，点の移動前後を矢印で結ぶと図 1.12 のようになる． □

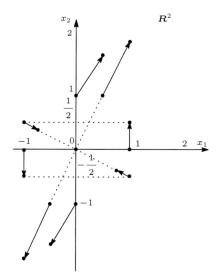

図 1.12 点の一次変換 ($A\boldsymbol{x}$) による移動

```
> A<-matrix(c(1,1/2,1/2,7/4),2,byrow=T) #行列Aへ行ごと先に成分を代入する
> A #Aを表示する
     [,1] [,2]
[1,] 1.0 0.50
[2,] 0.5 1.75
> eigen(A)
$values      # 固有値の表示
[1] 2.00 0.75
$vectors     # 上の各固有値に対応して，列ごとに固有ベクトルを表示
          [,1]       [,2]
[1,] 0.4472136 -0.8944272
[2,] 0.8944272  0.4472136
```

**演習 1.2** 例題 1.2 で求めた固有ベクトルをそれぞれ $\boldsymbol{x}_1, \boldsymbol{x}_2$ とし，$P = (\boldsymbol{x}_1, \boldsymbol{x}_2)$ とするとき，$P^\mathrm{T} A P$ を計算してみよ (対角化)。 ◁

**演習 1.3** 以下の行列の固有値および固有ベクトルを求めよ。

$$① \begin{pmatrix} 3 & 1 \\ -1 & 11 \end{pmatrix}, \quad ② \begin{pmatrix} 2 & 3 \\ 3 & 2 \end{pmatrix}, \quad ③ \begin{pmatrix} 1 & 2 & 1 \\ 2 & 1 & 3 \\ 1 & 3 & 1 \end{pmatrix}, \quad ④ \begin{pmatrix} 1 & -1 & 2 \\ -1 & 0 & 5 \\ 2 & 5 & 6 \end{pmatrix}$$

◁

### 1.3.3 基本的な統計量と合成変量

**a. 平均，分散，相関など**

$x_{1j}, \ldots, x_{nj}$ の $j$ 変量の (標本：sample または算術：arithmetic) 平均 (mean) を $\overline{x}_j$ (エックスジェイバーと読む) または $m(x_j)$ で表し，以下のようにデータの総和をデータ数 (サンプル数) $n$ で割ったもので定義される．なお，「・」はその添え字について足しあわせる意味で用いることに再度注意しておこう．

$$(1.5) \quad \overline{x}_j = m(x_j) = \frac{\text{データの総和}}{\text{データ数}} = \frac{x_{1j} + \cdots + x_{nj}}{n} = \frac{\sum_{i=1}^n x_{ij}}{n}$$

$$= \frac{x_{\cdot j}}{n} = \frac{1}{n} \mathbf{1}^\mathrm{T} \boldsymbol{x}_j = 1(\mathbf{1}^\mathrm{T}\mathbf{1})^{-1}\mathbf{1}^\mathrm{T}\boldsymbol{x}_j$$

ここに $\boldsymbol{x}_j = (x_{1j}, \ldots, x_{nj})^\mathrm{T}$, $\mathbf{1} = \underbrace{(1, \ldots, 1)}_{n \text{ 個}}^\mathrm{T}$ である．

$\boldsymbol{x} = (x_1, \ldots, x_n)^\mathrm{T} \in \boldsymbol{R}^n$ の平均は

$$(1.6) \quad \frac{1}{n}\mathbf{1}^\mathrm{T}\boldsymbol{x} = \frac{1}{n}(\mathbf{1}, \boldsymbol{x})$$

次に，$j$ 変量の**偏差平方和**は以下のように $\boldsymbol{x}_j$ と $\overline{\boldsymbol{x}}_j$ の距離で定義される．

$$(1.7) \quad S(x_j, x_j) = S_{jj} = \sum_{i=1}^n (x_{ij} - \overline{x}_j)^2 = \sum_{i=1}^n x_{ij}^2 - \frac{\left(\sum_{i=1}^n x_{ij}\right)^2}{n}$$

$$= \text{偏差平方和} = \text{データの 2 乗和} - \frac{\text{データの和の 2 乗}}{\text{データ数}}$$

$$= (\boldsymbol{x}_j - \overline{\boldsymbol{x}}_j)^\mathrm{T}(\boldsymbol{x}_j - \overline{\boldsymbol{x}}_j) = \|\boldsymbol{x}_j - \overline{\boldsymbol{x}}_j\|^2$$

なお，$\overline{\boldsymbol{x}}_j = \underbrace{(\overline{x}_j, \ldots, \overline{x}_j)}_{n \text{ 個}}^\mathrm{T} = \mathbf{1}\overline{x}_j$ である．

また，偏差平方和をデータ数$-1$で割ったものを $\boldsymbol{x}_j$ の (不偏) **分散** (unbiased variance) といい，$V(x_j, x_j)$, $V_{jj}$, $s_j^2$ $(s_j > 0)$ または $s(x_j)^2$ で表し，

$$(1.8) \quad V(x_j, x_j) = V_{jj} = s_j^2 = s(x_j)^2 = s_{jj} = \frac{S(x_j, x_j)}{n-1} = \frac{S_{jj}}{n-1} = \frac{1}{n-1}\sum_{i=1}^n (x_{ij} - \overline{x}_j)^2$$

$$= \frac{1}{\text{データ数} - 1} \left\{ \text{データの2乗和} - \frac{\text{データの和の2乗}}{\text{データ数}} \right\}$$

で定義する．そして $s_j$ を $\boldsymbol{x}_j$ の (標本) **標準偏差** (standard deviation) という．

$\boldsymbol{x} = (x_1, \ldots, x_n)^{\mathrm{T}} \in \boldsymbol{R}^n$ の (不偏) 分散は

(1.9) $$\frac{1}{n-1} \|\boldsymbol{x} - \overline{\boldsymbol{x}}\|^2$$

である．なお，$\overline{\boldsymbol{x}} = \underbrace{(\overline{x}, \ldots, \overline{x})}_{n \text{ 個}}^{\mathrm{T}} = \boldsymbol{1} \overline{x}$ である．

そして，各 $j, k$ $(j = 1, \ldots, p; k = 1, \ldots, p)$ について

(1.10) $\displaystyle S(x_j, x_k) = S_{jk} = \sum_{i=1}^{n} (x_{ij} - \overline{x}_j)(x_{ik} - \overline{x}_k) = $ 偏差積和

$$= \sum_{i=1}^{n} x_{ij} x_{ik} - \frac{\left(\sum_{i=1}^{n} x_{ij}\right)\left(\sum_{i=1}^{n} x_{ik}\right)}{n} = \text{データの積和} - \frac{\text{データの和の積}}{\text{データ数}}$$

$$= (\boldsymbol{x}_j - \overline{\boldsymbol{x}}_j)^{\mathrm{T}} (\boldsymbol{x}_k - \overline{\boldsymbol{x}}_k)$$

と偏差の積和を定義する．

**注 1.2** 偏差平方和をデータ数で割る場合を**標本分散** (sample variance) といって，(不偏) 分散の代わりに用いる場合も多い．そこで不偏分散を文字 $s$ の代わりに文字 $u$ で表す本もある．つまり，$u_j^2 = \dfrac{S(x_j, x_j)}{n-1}$ とする本もある． ◁

2つの変量 (変数) $x_j, x_k$ の (標本) **共分散** (sample covariance) を $V(x_j, x_k), V_{jk}, s_{jk}$ または $s(x_j, x_k)$ で表すと

(1.11) $$V(x_j, x_k) = V_{jk} = \frac{1}{n-1} S(x_j, x_k) = \frac{1}{n-1} S_{jk} = s_{jk} = s(x_j, x_k)$$

$$= \frac{1}{\text{データ数} - 1} \left\{ \text{データの積和} - \frac{\text{データの和の積}}{\text{データ数}} \right\}$$

で定義される．

> $x_j$ と $x_k$ の共分散は
> (1.12) $$\frac{1}{n-1} (\boldsymbol{x}_j - \overline{\boldsymbol{x}}_j, \boldsymbol{x}_k - \overline{\boldsymbol{x}}_k)$$
> である．

これはまた，(標本) **共分散行列** (covariance matrix) ともいわれる．どの変数に関する分散行列であるかを明確にするため，添え字をつけて $V_x$ のように表記することもある．$x_1, \ldots, x_p$ の変量を考えるとき，これらの中の互いに2つの変量の共分散を用い，2つの組全体の共分散を行列として以下のように並べたものである．

(1.13) $$V = \begin{pmatrix} V_{11} & V_{12} & \cdots & V_{1p} \\ V_{21} & V_{22} & \cdots & V_{2p} \\ \vdots & \vdots & \ddots & \vdots \\ V_{p1} & V_{p2} & \cdots & V_{pp} \end{pmatrix}_{p \times p} = \frac{1}{n-1} S = \begin{pmatrix} s_1^2 & s_{12} & \cdots & s_{1p} \\ s_{21} & s_2^2 & \cdots & s_{2p} \\ \vdots & \vdots & \ddots & \vdots \\ s_{p1} & s_{p2} & \cdots & s_p^2 \end{pmatrix}$$

$$= \begin{pmatrix} x_1 \text{の分散} & x_1 \text{と} x_2 \text{の共分散} & \cdots & x_1 \text{と} x_p \text{の共分散} \\ x_2 \text{と} x_1 \text{の共分散} & x_2 \text{の分散} & \cdots & x_2 \text{と} x_p \text{の共分散} \\ \vdots & \vdots & \ddots & \vdots \\ x_p \text{と} x_1 \text{の共分散} & x_p \text{と} x_2 \text{の共分散} & \cdots & x_p \text{の分散} \end{pmatrix}$$

また，2つの変量 $x_j, x_k$ の (標本) **相関係数** (sample correlation coefficient) を $R_{jk}, r_{jk}$ または $r(x_j, x_k)$ で表すと

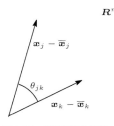

図 1.13 相関係数の図示

$$(1.14) \quad R(x_j, x_k) = R_{jk} = \frac{s_{jk}}{s_j \cdot s_k} = \frac{S_{jk}}{\sqrt{S_{jj}} \cdot \sqrt{S_{kk}}} = \frac{\sum_{i=1}^{n}(x_{ij}-\overline{x}_j)(x_{ik}-\overline{x}_k)}{\sqrt{\sum_{i=1}^{n}(x_{ij}-\overline{x}_j)^2}\sqrt{\sum_{i=1}^{n}(x_{ik}-\overline{x}_k)^2}}$$

$$= r_{jk} = r(x_j, x_k) = \frac{\sum_{i=1}^{n} x_{ij}x_{ik} - \frac{\sum_{i=1}^{n} x_{ij}\sum_{i=1}^{n} x_{ik}}{n}}{\sqrt{\sum_{i=1}^{n} x_{ij}^2 - \frac{(\sum_{i=1}^{n} x_{ij})^2}{n}}\sqrt{\sum_{i=1}^{n} x_{ik}^2 - \frac{(\sum_{i=1}^{n} x_{ik})^2}{n}}}$$

で定義される．また，$x_j$ と $x_k$ の相関係数は

$$(1.15) \quad R(x_j, x_k) = R_{jk} = r_{jk} = \frac{(\boldsymbol{x}_j - \overline{\boldsymbol{x}}_j, \boldsymbol{x}_k - \overline{\boldsymbol{x}}_k)}{||\boldsymbol{x}_j - \overline{\boldsymbol{x}}_j|| \cdot ||\boldsymbol{x}_k - \overline{\boldsymbol{x}}_k||} = \cos(\theta_{jk})$$

である．幾何的には図 1.13 のように 2 つのベクトル $\boldsymbol{x}_j - \overline{\boldsymbol{x}}_j$ と $\boldsymbol{x}_k - \overline{\boldsymbol{x}}_k$ の間のなす角の余弦 (cosine) に相当する．なお，$\overline{\boldsymbol{x}}_j = \underbrace{(\overline{x}_j, \ldots, \overline{x}_j)}_{n \text{ 個}}^{\mathrm{T}} = \overline{x}_j \boldsymbol{1}$ である．更に，

---
**定義**

$(j,k)$ 成分を $S_{jk}$ とする $p \times p$ の偏差積和行列を

$$(1.16) \quad S = (S_{jk})_{p \times p}$$

$(j,k)$ 成分を $V_{jk}\ (=s_{jk})$ とする $p \times p$ の (標本) 分散共分散行列 (dispersion matrix) を

$$(1.17) \quad V = (V_{jk})_{p \times p} = (s_{jk})_{p \times p} = \frac{1}{n-1}S$$

$(j,k)$ 成分を $r_{jk}$ とする $p \times p$ の (標本) 相関行列 (correlation matrix) を

$$(1.18) \quad R = (R_{jk})_{p \times p} = (r_{jk})_{p \times p}$$

---

とする．

---
**ばらつきのデータ行列の形式**

$$S \xrightarrow[\text{平均化}]{\text{データ数に関して}} V \xrightarrow[\text{規準化}]{\text{各変量に関して}} R$$

---

更に，各母集団 (群) ごとにデータが得られるときには，添え字 $h\ (=1,\ldots,m)$ を用いて $h$ 群を表すとし，データ，偏差積和行列，分散行列および相関行列をそれぞれ $x_{ij}^{(h)}, S^{(h)}, V^{(h)}$ および $R^{(h)}$ で表記する．そして，これまでの 2 相データから 3 相データを扱う場合に用いる．

---
**例題 1.3**

以下の表 1.3 の 4 人の英語，数学，国語それぞれの科目の成績について平均を求めよ．更に，科目について分散行列，相関行列を求めよ．

---

**手順 1** データの読み込み：【データ】▶【データのインポート】▶【テキストファイルまたはクリップボード，URL から...】を選択し，図 1.14 のダイアログボックスで，フィールドの区切り記号としてカンマにチェックをいれて，OK を左クリックする．図 1.15 のようにフォルダからファイルを指定

表 1.3 成績表

| 科目<br>人 | 英語 | 数学 | 国語 |
|---|---|---|---|
| 岡山太郎 | 68 | 72 | 48 |
| 香川花子 | 78 | 90 | 52 |
| 東京一郎 | 57 | 60 | 83 |
| 大阪京子 | 48 | 76 | 68 |

図 1.14 データの読み込みの指定

図 1.15 フォルダ

図 1.16 データ表示の指定

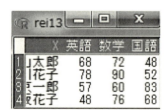

図 1.17 データの表示

後，開く(O) を左クリックする．図 1.16 で データセットを表示 をクリックすると，図 1.17 のようにデータが表示される．

```
> rei13 <- read.table("rei13.csv",
header=TRUE, sep=",", na.strings="NA", dec=".", strip.white=TRUE)
> showData(rei13, placement='-20+200', font=getRcmdr('logFont'),
 maxwidth=80, maxheight=30)
```

**手順 2** 基本統計量の計算：図 1.18 のように，【統計量】▶【要約】▶【アクティブデータセット】をクリックすると，次の出力結果が表示される．

```
> summary(rei13)
        X           英語           数学           国語
岡山太郎:1   Min.   :48.00   Min.   :60.0   Min.   :48.00
香川花子:1   1st Qu.:54.75   1st Qu.:69.0   1st Qu.:51.00
大阪花子:1   Median :62.50   Median :74.0   Median :60.00
東京一郎:1   Mean   :62.75   Mean   :74.5   Mean   :62.75
```

```
              3rd Qu.:70.50    3rd Qu.:79.5   3rd Qu.:71.75
              Max.   :78.00    Max.   :90.0   Max.   :83.00
```

図 1.18　アクティブデータセットの要約の指定

図 1.19　数値による要約の指定

図 1.19 のように，【統計量】▶【要約】▶【数値による要約】を選択し，図 1.20 で変数として英語，数学，国語をドラッグし，図 1.21 のように全てにチェックを入れて，[OK] を左クリックすると次の出力結果が表示される．

```
> numSummary(rei13[,c("英語", "国語", "数学")],
+   statistics=c("mean", "sd", "IQR", "quantiles", "cv",
+   "skewness", "kurtosis"), quantiles=c(0,.25,.5,.75,1),
+   type="2")
      mean      sd     IQR        cv  skewness  kurtosis
英語  62.75 13.04799 15.75 0.2079361 0.08766915 -1.623586
国語  62.75 16.02862 20.75 0.2554362 0.64709501 -1.905172
数学  74.50 12.36932 10.50 0.1660311 0.23355282  1.019950
       0%    25%   50%    75% 100% n
英語   48  54.75  62.5  70.50   78 4
国語   48  51.00  60.0  71.75   83 4
数学   60  69.00  74.0  79.50   90 4
```

図 1.20　変数の指定

図 1.21　統計量の指定

図 1.22 のように，【統計量】▶【要約】▶【相関行列】を選択し，図 1.23 で変数として英語，国語，数学を選択し [OK] を左クリックすると以下の出力結果が得られる．

```
> cor(rei13[,c("英語","国語","数学")], use="complete")
           英語        国語        数学
英語   1.0000000 -0.6937098  0.5875864
国語  -0.6937098  1.0000000 -0.6985668
数学   0.5875864 -0.6985668  1.0000000
```

**手順 3　グラフ作成**：図 1.24 のように，【グラフ】▶【散布図行列...】を選択し，図 1.25 のように変数として英語，国語，数学を選択し [OK] を左クリックすると図 1.26 の散布図行列が表示される．

　各変数ごとには一山型の分布をしているが，英語は高原型，国語は右に裾を引いている．数学はほぼ一山型だが，やや大きい値で小さな山が見られる．英語と国語，国語と数学はいずれもやや負の相関が

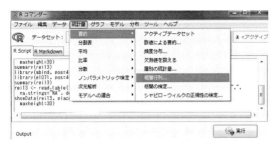

図 1.22　相関行列の要約の指定　　　　　　　　　図 1.23　変数の指定

図 1.24　散布図行列の指定　　　　　　　　　図 1.25　変数の指定

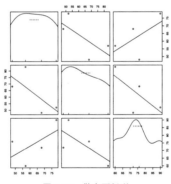

図 1.26　散布図行列

見られる，英語と数学にはやや正の相関が見られる．なお，変数の組ごとの散布図を作成してもよい．

**注 1.3** 手計算で同じことを確認する場合，補助計算で表 1.4 のように平均を求めておいて偏差について 2 乗和，積和を求めておいて偏差行列等を求めてもよい．Excel で実行するとよいだろう． ◁

**演習 1.4** 表 1.5 の，下宿している学生に関する月々の総収入 (生活費)，アルバイト収入，総支出，家賃支出それぞれについて平均を求めよ．更に，分散行列，相関行列を求めよ． ◁

### b.　合 成 変 量

― 定義 ―

変量 $x_1,\ldots,x_p$ の線形結合を**合成変量**といい，$f$ で表すと

$$(1.19) \quad f = w_1 x_1 + \cdots + w_p x_p = \boldsymbol{w}^\mathrm{T} \boldsymbol{x} = \boldsymbol{x}^\mathrm{T} \boldsymbol{w} \quad \text{(重み付きの和，加重平均)}$$

$$= \|\boldsymbol{w}\| \cdot \|\boldsymbol{x}\| \cos\theta$$

いくつかの科目に重みを付けて総合評価をつけるような場合，式 (1.19) の合成変量を考える．

**注 1.4** 合成変量を必ずしも線形結合で定義しなくても良いかもしれないが，解釈も自然にでき，利用上最も多い

表 1.4 補助表

| 人＼科目 | $x_1$ | $x_2$ | $x_3$ | $x_1-\overline{x}_1$ | $x_2-\overline{x}_2$ | $x_3-\overline{x}_3$ | $(x_1-\overline{x}_1)^2$ |
|---|---|---|---|---|---|---|---|
| 1 | 68 | 72 | 48 | 5.25 | $-2.5$ | $-14.75$ | 27.5625 |
| 2 | 78 | 90 | 52 | 15.25 | 15.5 | $-10.75$ | 232.5625 |
| 3 | 57 | 60 | 83 | $-5.75$ | $-14.5$ | 20.25 | 33.0625 |
| 4 | 48 | 76 | 68 | $-14.75$ | 1.5 | 5.25 | 217.5625 |
| 計 | 251 | 298 | 251 | 0 | 0 | 0 | 510.75 |
| 平均 | 62.75 | 74.5 | 62.75 | | | | |
| | $\overline{x}_1$ | $\overline{x}_2$ | $\overline{x}_3$ | | | | $S_{11}$ |

| 人＼科目 | $(x_2-\overline{x}_2)^2$ | $(x_3-\overline{x}_3)^2$ | $(x_1-\overline{x}_1)(x_2-\overline{x}_2)$ | $(x_1-\overline{x}_1)(x_3-\overline{x}_3)$ | $(x_2-\overline{x}_2)(x_3-\overline{x}_3)$ |
|---|---|---|---|---|---|
| 1 | 6.25 | 217.5625 | $-13.125$ | $-77.4375$ | 36.875 |
| 2 | 240.25 | 115.5625 | 236.375 | $-163.9375$ | $-166.625$ |
| 3 | 210.25 | 410.0625 | 83.375 | $-116.4375$ | $-293.625$ |
| 4 | 2.25 | 27.5625 | $-22.125$ | $-77.4375$ | 7.875 |
| 計 | 459 | 770.75 | 284.5 | $-435.25$ | $-415.5$ |
| | $S_{22}$ | $S_{33}$ | $S_{12}$ | $S_{13}$ | $S_{23}$ |

表 1.5 学生生活費 (単位：万円)

| 人 No.＼項目 | 生活費 | アルバイト | 総支出 | 家賃 |
|---|---|---|---|---|
| 1 | 12 | 4 | 12 | 4 |
| 2 | 15 | 5 | 8 | 3 |
| 3 | 14.2 | 0.8 | 14.4 | 5.4 |
| 4 | 16 | 8 | 10 | 4 |
| 5 | 13 | 3 | 12 | 4.6 |
| 6 | 10.5 | 2.5 | 10 | 5 |
| 7 | 15 | 3 | 15 | 6 |
| 8 | 17 | 4 | 16 | 4.8 |
| 9 | 14 | 3 | 10 | 5 |
| 10 | 18 | 5 | 16 | 5.7 |

ことから線形結合になっているようである. ◁

　これは，ベクトル $\boldsymbol{w}$ とベクトル $\boldsymbol{x}$ の内積 $\|\boldsymbol{x}\|\cdot\|\boldsymbol{w}\|\cos\theta$ ($\theta$ はベクトル $\boldsymbol{x}$ とベクトル $\boldsymbol{w}$ の間のなす角) である. そこで，$\boldsymbol{w}$ が単位ベクトル (長さが 1 つまり $\|\boldsymbol{w}\|=1$ ) のときには図 1.27 のように，ベクトル $\boldsymbol{x}$ をベクトル $\boldsymbol{w}$ に正射影した長さが合成変量 $f$ の絶対値となる.

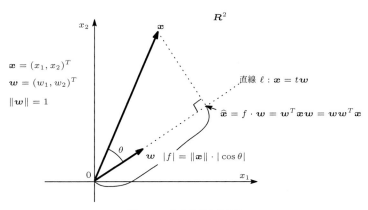

図 1.27 合成変量の概念図

注 1.5 直線の表し方は図のようにパラメータ $t$ を用いる方法があるが，以下のように方程式で表す方法と同値である.

$$\boldsymbol{x} = t\boldsymbol{w} \iff t = \frac{x_1}{w_1} = \frac{x_2}{w_2} \iff w_2 x_1 - w_1 x_2 = 0$$

◁

合成変量を求めることはまた，変量 $\boldsymbol{x}$ の $f$ への線形写像を与えることである．合成変量が $\boldsymbol{x}$ と同じ空間なら $\boldsymbol{x}$ の線形変換 (一次変換) をしたものになっていて，どのような変換を施せば良いかが後で議論される．

次に，第 $i$ サンプルの合成変量 $f_i$ は

(1.20) $$f_i = w_1 x_{i1} + \cdots + w_p x_{ip} = \boldsymbol{x}_i^\mathrm{T} \boldsymbol{w} = \boldsymbol{w}^\mathrm{T} \boldsymbol{x}_i \quad (i = 1, \ldots, n)$$

より，その平均 $m(f) = \overline{f}$ と分散 $v(f)$ はそれぞれ次のようになる．

(1.21) $$m(f) = \overline{f} = \frac{1}{n} \sum_{i=1}^n f_i = \frac{1}{n} \sum_{i=1}^n (w_1 x_{i1} + \cdots + w_p x_{ip}) \quad \to E(f)$$

$$= w_1 \frac{1}{n} \sum_{i=1}^n x_{i1} + \cdots + w_p \frac{1}{n} \sum_{i=1}^n x_{ip} = w_1 \overline{x}_1 + \cdots + w_p \overline{x}_p$$

$$= \boldsymbol{w}^\mathrm{T} \overline{\boldsymbol{x}}, \quad \overline{\boldsymbol{x}} = (\overline{x}_1, \cdots, \overline{x}_p)^\mathrm{T} \quad (\text{ベクトル・行列表現})$$

(1.22) $$v(f) = \frac{S(f,f)}{n-1} = \frac{1}{n-1} \sum_{i=1}^n (f_i - \overline{f})^2 \quad \to V(f)$$

$$= \frac{1}{n-1} \sum_{i=1}^n \{w_1(x_{i1} - \overline{x}_1) + \cdots + w_p(x_{ip} - \overline{x}_p)\}^2$$

$$\left( = \frac{1}{n-1} \sum_{i=1}^n \{(\boldsymbol{x}^i - \overline{\boldsymbol{x}}^\mathrm{T})\boldsymbol{w}\}^2 = \frac{1}{n-1} \sum_{i=1}^n \{\boldsymbol{w}^\mathrm{T}(\boldsymbol{x}^i - \overline{\boldsymbol{x}}^\mathrm{T})^\mathrm{T}\}^2 \right)$$

$$= \frac{1}{n-1} \sum_{i=1}^n \sum_{j,k=1}^p w_j w_k (x_{ij} - \overline{x}_j)(x_{ik} - \overline{x}_k)$$

$$= \sum_{j,k=1}^p w_j w_k \frac{1}{n-1} \sum_{i=1}^n (x_{ij} - \overline{x}_j)(x_{ik} - \overline{x}_k) = \sum_{j,k=1}^p w_j w_k s_{jk} = \sum_{j,k=1}^p w_j w_k V_{jk}$$

$$= \boldsymbol{w}^\mathrm{T} V_x \boldsymbol{w}, \quad \boldsymbol{w} = (w_1, \ldots, w_p)^\mathrm{T} \quad (\text{ベクトル・行列表現})$$

次に後の章でも大切な考えである射影について考えよう．

**(i) 直線への射影**

点 $\boldsymbol{x}$ から直線 $\boldsymbol{x} = t\boldsymbol{w}$ への正射影した点 $\widehat{\boldsymbol{x}}$ について考えよう．図 1.27 を参照されたい．ベクトル $t\boldsymbol{w}$ とベクトル $\boldsymbol{x} - t\boldsymbol{w}$ が直交する $t$ の値を $t_0$ とおくと

$$t_0 = \frac{\boldsymbol{w}^\mathrm{T} \boldsymbol{x}}{\|\boldsymbol{w}\|^2} = (\boldsymbol{w}^\mathrm{T}\boldsymbol{w})^{-1} \boldsymbol{w}^\mathrm{T} \boldsymbol{x}$$

である．何故なら，$t\boldsymbol{w}^\mathrm{T}(\boldsymbol{x} - t\boldsymbol{w}) = 0$ を $t\,(\neq 0)$ について解けば求まる．更に，$\boldsymbol{x}$ から直線 $\ell : \boldsymbol{x} = t\boldsymbol{w}$ への最短距離はこの $t_0$ のときで与えられる．つまり

$$\min_{t \in \boldsymbol{R}} \|\boldsymbol{x} - t\boldsymbol{w}\| = \|\boldsymbol{x} - t_0 \boldsymbol{w}\|$$

が成立する．何故なら $\boldsymbol{x} - t\boldsymbol{w} = \boldsymbol{x} - t_0\boldsymbol{w} + (t - t_0)\boldsymbol{w}$ で $\boldsymbol{x} - t_0\boldsymbol{w} \perp (t - t_0)\boldsymbol{w}$ だから，ピタゴラスの定理 (三平方の定理) より $\|\boldsymbol{x} - t\boldsymbol{w}\|^2 = \|\boldsymbol{x} - t_0\boldsymbol{w}\|^2 + \|(t - t_0)\boldsymbol{w}\|^2 \geqq 0$ より示される．

**演習 1.5** 以下の平面と空間の場合に関して，点 $\boldsymbol{x}_0$ から直線 $\ell$ への最短距離についての式が成り立つことを示せ．
① 平面での直線の方程式が $\ell : ax + by = 0$ で $\boldsymbol{x}_0 = (x_0, y_0)^\mathrm{T}$ のとき，

$$\|\boldsymbol{x} - t_0 \boldsymbol{w}\| = \frac{|ax_0 + by_0|}{\sqrt{a^2 + b^2}}$$

② 空間での直線の方程式が $\ell : ax + by + cz = 0$ で $\boldsymbol{x}_0 = (x_0, y_0, z_0)^\mathrm{T}$ のとき，

$$\|\boldsymbol{x} - t_0 \boldsymbol{w}\| = \frac{|ax_0 + by_0 + cz_0|}{\sqrt{a^2 + b^2 + c^2}}$$

◁

**(ii) 平面への射影**

空間の点 $\boldsymbol{x}$ から平面へ正射影した点 $\widehat{\boldsymbol{x}}$ を考えてみよう．

図 1.28 のようにベクトル $\bm{a}_1, \bm{a}_2$ の張る空間の点は
$$w_1\bm{a}_1 + w_2\bm{a}_2 = (\bm{a}_1, \bm{a}_2)\bm{w} = A\bm{w}$$
と書かれる. また
$$\bm{a}_1 \perp \bm{x} - \widehat{\bm{x}} = \bm{x} - A\widehat{\bm{w}}, \bm{a}_2 \perp \bm{x} - \widehat{\bm{x}} = \bm{x} - A\widehat{\bm{w}}$$
だから, 内積が 0 となり,
$$\bm{a}_1^\mathrm{T}(\bm{x} - A\widehat{\bm{w}}) = 0,$$
$$\bm{a}_2^\mathrm{T}(\bm{x} - A\widehat{\bm{w}}) = 0$$

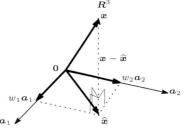

図 **1.28** 点から平面への正射影

が成立し, まとめて $A^\mathrm{T}(\bm{x} - A\widehat{\bm{w}}) = \bm{0}$ から, $\widehat{\bm{x}} = A(A^\mathrm{T}A)^{-1}A^\mathrm{T}\bm{x}$ と求まる.

一般に $\bm{a}_1, \ldots, \bm{a}_m$ で張られる空間への正射影の場合には $A = (\bm{a}_1, \ldots, \bm{a}_m)$ とすればよい ($A^\mathrm{T}A$: 正則なとき).

また

$$(1.23) \quad \bm{f} = \begin{pmatrix} f_1 \\ f_2 \\ \vdots \\ f_n \end{pmatrix} = w_1 \begin{pmatrix} x_{11} \\ x_{21} \\ \vdots \\ x_{n1} \end{pmatrix} + \cdots + w_p \begin{pmatrix} x_{1p} \\ x_{2p} \\ \vdots \\ x_{np} \end{pmatrix}$$

$$= w_1\bm{x}_1 + \cdots + w_p\bm{x}_p = \sum_{i=1}^{p} w_i\bm{x}_i = (\bm{x}_1, \ldots, \bm{x}_p)\bm{w}$$

$$= X\bm{w} \quad \left( X = (\bm{x}_1, \ldots, \bm{x}_p)_{n \times p} \ :\ \bm{x}_1, \ldots, \bm{x}_p を列ベクトルとする行列 \right)$$

と列ベクトル $\bm{x}_1, \ldots, \bm{x}_p$ の線形結合で書かれる (で張られる).

変量 $f$ と $x_j$ の相関係数 $r(f, x_j)$ は

$$(1.24) \quad r(f, x_j) = \frac{S(f, x_j)}{\sqrt{S(f,f)}\sqrt{S(x_j, x_j)}} = \frac{S(f, x_j)}{\sqrt{S(f,f)}\sqrt{S_{jj}}} = \frac{s_{fj}}{\sqrt{s_{ff}}\sqrt{s_{jj}}}$$

である.

次に, 2つの合成変量 $f_1 = \bm{w}_1^\mathrm{T}\bm{x}$, $f_2 = \bm{w}_2^\mathrm{T}\bm{x}$ の相関係数は以下のようになる.

$$(1.25) \quad r(f_1, f_2) = \frac{S(f_1, f_2)}{\sqrt{S(f_1, f_1)}\sqrt{S(f_2, f_2)}} = \frac{\sum_{i=1}^{n}(f_{i1} - \overline{f}_1)(f_{i2} - \overline{f}_2)}{\sqrt{\sum_{i=1}^{n}(f_{i1} - \overline{f}_1)^2}\sqrt{\sum_{i=1}^{n}(f_{i2} - \overline{f}_2)^2}}$$

$$= \frac{\sum_{i=1}^{n}\left\{w_{11}(x_{i1} - \overline{x}_1) + \cdots + w_{1p}(x_{ip} - \overline{x}_p)\right\}}{\sqrt{\sum_{i=1}^{n}\left\{w_{11}(x_{i1} - \overline{x}_1) + \cdots + w_{1p}(x_{ip} - \overline{x}_p)\right\}^2}} \cdot$$

$$\frac{\left\{w_{21}(x_{i1} - \overline{x}_1) + \cdots + w_{2p}(x_{ip} - \overline{x}_p)\right\}}{\sqrt{\sum_{i=1}^{n}\left\{w_{21}(x_{i1} - \overline{x}_1) + \cdots + w_{2p}(x_{ip} - \overline{x}_p)\right\}^2}}$$

$$= \frac{\sum_{j,k=1}^{n} w_{1j}w_{2k}S_{jk}}{\sqrt{\sum_{j,k=1}^{n} w_{1j}w_{1k}S_{jk}}\sqrt{\sum_{j,k=1}^{n} w_{2j}w_{2k}S_{jk}}} = \frac{\bm{w}_1^\mathrm{T}V\bm{w}_2}{\sqrt{\bm{w}_1^\mathrm{T}V\bm{w}_1}\sqrt{\bm{w}_2^\mathrm{T}V\bm{w}_2}}$$

(ベクトル・行列表現)

### 1.3.4 そ の 他

**a. 位置に関するものさし**

① モード (mode:最頻値)　$x_\mathrm{mod}$ または $M_0$ で表す

データが最も多い値をいい, ふつう度数分布表での最も度数の大きい階級値をいう.

② メディアン (median:中央値)　$\widetilde{x}$ (エックステュルダまたはエックスウェーブと読む), $Me$ または $x_\mathrm{med}$ で表す.

データを大小の順に並べたときの真ん中の値．そこでデータ数が奇数個のときは $(n+1)/2$ 番目の値で，偶数個のときは $n/2$ 番目と $n/2+1$ 番目をたして 2 で割ったもの．また，データが度数分布表で与えられた場合は真ん中の値が属す級 (クラス) を比例配分した値とする．つまり，

$$(1.26) \quad \tilde{x} = \text{属す級の下側境界値}$$
$$+ \text{級間隔} \times (n/2 - \text{その級の 1 つ前までの累積度数})/\text{その級の度数}$$

で与えられる．その定義から，異常に小さな値や大きな値の影響を受けにくい性質がある．

③ 調和平均 (harmonic mean)　$\overline{x}_H$(エックスバー・エイチ) で表す．

データ $x_1, \ldots, x_n$ に対し，

$$(1.27) \quad \overline{x}_H = \frac{n}{\frac{1}{x_1} + \cdots + \frac{1}{x_n}} = \frac{1}{\frac{1}{n}\sum_{i=1}^n \frac{1}{x_i}}$$

で与えられる．お金のドル換算，平均時速などの例がある．

④ 幾何平均 (geometric mean)　$\overline{x}_G$(エックスバー・ジー) で表す．

データ $x_1, \ldots, x_n$ に対し，

$$(1.28) \quad \overline{x}_G = \sqrt[n]{x_1 \times \cdots \times x_n} = \sqrt[n]{\prod_{i=1}^n x_i}$$

で与えられ，年平均成長率などで使われる．

**演習 1.6** 次の各人の通学時間に関するデータについて全体，自宅生，下宿生それぞれで (層別) 平均，モード，メディアンを求めよ．単位 (分)

下宿生　10, 10, 10, 1, 15, 5, 5, 10, 5, 10, 5, 10, 15, 15, 5, 10, 5, 5, 1, 10, 1, 3, 30, 15, 10, 10, 20, 15, 7, 20, 15, 10, 15, 20, 15

自宅生　40, 70, 60, 60, 30, 5, 90, 80, 40, 90, 60, 120　◁

**演習 1.7** 次の大小関係が成立することを示せ．

$$\overline{x}_H(\text{調和平均}) \leqq \overline{x}_G(\text{幾何平均}) \leqq \overline{x}(\text{算術平均})$$

$n=2$ のとき

$$\frac{2}{\frac{1}{x_1}+\frac{1}{x_2}} \leqq \sqrt{x_1 x_2} \leqq \frac{x_1+x_2}{2} \quad (x_1>0, x_2>0)$$

である．　◁

**b.　ばらつきを表すものさし**

① 範囲 (range：レンジ)　$R_e$ で表す．

データ $x_1, \ldots, x_n$ に対し，

$$(1.29) \quad R_e = \text{データの最大値} - \text{データの最小値}$$
$$= \max(x_1, \ldots, x_n) - \min(x_1, \ldots, x_n) = x_{\max} - x_{\min}$$

である．

② 四分位範囲(quantile)　$Q$ で表す

$$(1.30) \quad Q = Q_{(3/4)} - Q_{(1/4)}$$

である．ただし，データを昇順にならべたときの小さい方から $1/4$ 番目のデータを $Q_{(1/4)}$，小さい方から $3/4$ 番目のデータを $Q_{(3/4)}$ で表す．ちょうど $1/4$ 番目，$3/4$ 番目のデータがないときは線形 (直線) 補間を用いる．度数分布表の場合も $Q_{(1/4)}$ は，$n/4$ 番目のデータの属す級 (クラス) について，

$$(1.31) \quad Q_{(1/4)} = \text{その級の下側境界値}$$
$$+ \text{級間隔} \times (n/4 - \text{その級の 1 つ前までの累積度数})/\text{その級の度数}$$

で与えられる．同様に $Q_{(3/4)}$ も計算する．

**演習 1.8** 演習 1.6 の通学時間のデータに関して全体，自宅生，下宿生それぞれでの範囲および四分位範囲を求めよ．　◁

**c. その他**

① **変動係数** (coefficient of variation)　$CV$ で表す.

単位が異なるような場合のデータのばらつきの比較に用い，データ $x_1,\ldots,x_n$ に対し,

$$CV = \frac{s}{\overline{x}} \tag{1.32}$$

で定義される. ただし,

$$s = \sqrt{v(x)} = \sqrt{\frac{1}{n-1}\sum_{i=1}^{n}(x_i-\overline{x})^2} \tag{1.33}$$

である.

② **歪度** (skewness)　$S_k$ で表す.

分布が左右対称か, 偏っていないかをはかるものさしで, 以下の式 (1.34) のように与えられる. 分布が左右対称のとき 0 となる. $S_k > 0$ のとき, 分布は右に裾を引いている傾向があり, $S_k < 0$ の場合には, 左に裾を引いている傾向がある.

$$S_k = \frac{\frac{1}{n}\sum_{i=1}^{n}(x_i-\overline{x})^3}{s^3} \tag{1.34}$$

③ **尖度** (kurtosis)　$\kappa$ で表す.

分布が扁平かどうか, 尖っているかをはかるものさしで, 以下のように与えられる.

$$\kappa = \frac{\frac{1}{n}\sum_{i=1}^{n}(x_i-\overline{x})^4}{s^4} \tag{1.35}$$

で定義される. なお, $X \sim N(\mu,\sigma^2)$ ($X$ が平均 $\mu$, 分散 $\sigma^2$ の正規分布に従う) とき, $\frac{E(X-\mu)^4}{\sigma^2} = 3$ が成立する.

$\kappa > 3$ のとき正規分布より尖っていて, $\kappa < 3$ のとき正規分布より扁平である.

④ **ジニ係数**　$GI$ で表す.

平均差と算術平均 $\overline{x}$ の 2 倍との比である

$$GI = \frac{1}{2n^2\overline{x}}\sum_{i=1}^{n}\sum_{j=1}^{n}|x_i-x_j| \quad (x_i > 0) \tag{1.36}$$

をジニ (**Gini**) 係数という. データ $x_1,\ldots,x_n$ を大きさの順に並べ替えた $(0<) x_{(1)} < \cdots < x_{(n)}$ (順序統計量という) を用いれば

$$GI = \frac{1}{\overline{x}}\sum_{i=1}^{n}\left(\frac{2i-n-1}{n^2}\right)x_{(i)} = \frac{2}{n^2\overline{x}}\left(\sum_{i=1}^{n}ix_{(i)}\right) - \frac{1}{n} - 1 \tag{1.37}$$

とも書ける. $0 \leqq GI < 1$ が成立している. 不平等度や集中度の指標として用いられる. ジニ係数は, 45°の完全平等線とローレンツ曲線に囲まれる弓形の面積の 2 倍である. ローレンツ曲線は横軸を累積相対度数, 縦軸を累積データの割合 (累積所得の割合) をとって打点したもので, 図 1.29 を参照されたい. 実際には, 以下の点 $P_i$ を $i=0$ から $n$ まで直線で結んだものである.

$$P_i = \left(\frac{i}{n}, \frac{x_{(1)}+\cdots+x_{(i)}}{x_{\cdot}}\right)$$

ただし, $x_{\cdot} = n\overline{x} = \sum_{i=1}^{n}x_i$ (データの総和) である.

区間 $\left[\frac{i}{n}, \frac{i+1}{n}\right]$ $(i=0,\ldots,n-1)$ での直線 $y=x$ と点 $P_i, P_{i+1}$ で挟まれた部分の台形面積 $S_i$ (図 1.29 参照) を足しあわせて

$$\sum_{i=0}^{n-1}S_i = \sum_{i=0}^{n-1}\frac{1}{2}\left(\underbrace{\frac{i}{n}-\frac{\sum_{j=1}^{i}x_{(j)}}{x_{\cdot}}}_{\text{上底}}+\underbrace{\frac{i+1}{n}-\frac{\sum_{j=1}^{i+1}x_{(j)}}{x_{\cdot}}}_{\text{下底}}\right)\frac{1}{n}$$

$$= \sum_{i=1}^{n}\frac{1}{2n^2x_{\cdot}}\left((2i-1)x_{\cdot}-2\sum_{j=1}^{i-1}x_{(j)}-x_{(i)}\right)$$

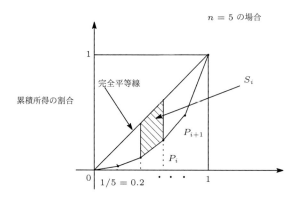

図 1.29 ジニ係数の図

### 1.3.5 基本となる分布

**a. 正規分布 (normal distribution)**

密度関数が

$$(1.38) \quad f(x) = \frac{1}{\sqrt{2\pi\sigma^2}} \exp\left\{-\frac{(x-\mu)^2}{2\sigma^2}\right\}, \quad -\infty < x < \infty \quad (\mu, \sigma^2 : 母数)$$

で与えられる分布を平均 $\mu$，分散 $\sigma^2$ の正規分布といい，$N(\mu, \sigma^2)$ で表す．ガウス分布 (Gaussian distribution) ともいわれる．

- $X \sim N(\mu, \sigma^2)$ のとき，$E(X) = \mu, V(X) = E((X - E[X])^2) = \sigma^2$
- $X \sim N(\mu, \sigma^2)$ のとき，$U = \dfrac{X - \mu}{\sigma} \sim N(0, 1^2)$

で，特に平均 0，分散が 1 の正規分布を**標準正規分布**という．また，この変換を**規準化**または**標準化** (standardization) という．更に，$U \sim N(0, 1^2)$ のとき，$P(U > u(2\alpha)) = \alpha$ を満足する点 $u(2\alpha)$ を上側 $\alpha$ 分位点 ($\alpha$th-quantile) または上側 $100\alpha$%点という．同様に下側 $\alpha$ 分位点も定義される．また，$P(|U| > u(\alpha)) = \alpha$ が成立する分位点 $u(\alpha)$ を両側 $\alpha$ 分位点または両側 $100\alpha$%点という．よく使われるのが両 (片) 側 5%点，両 (片) 側 10% 点，両 (片) 側 1%点などである．図 1.30 と図 1.31 を参照されたい．

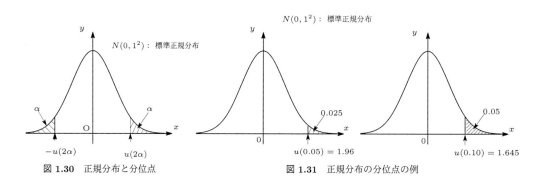

図 1.30 正規分布と分位点　　図 1.31 正規分布の分位点の例

**演習 1.9** R を利用して正規分布の

① 上側 1%点，② 両側 5%点，③ 下側 10%点

をそれぞれ求めよ． ◁

そして，正規分布と同様，$\chi^2$ 分布，$t$ 分布，$F$ 分布についても以下のように分位点が与えられる．

**b. $\chi^2$ 分布 (chi-square distribution)**

$u_1, \ldots, u_n \overset{i.i.d.}{\sim} N(0, 1^2)$ ($u_1, \ldots, u_n$ が互いに独立に同一の分布 $N(0, 1^2)$ に従う) のとき $\sum_{i=1}^n u_i^2 \sim \chi_n^2$ (自由度 $n$ の $\chi^2$ 分布)．

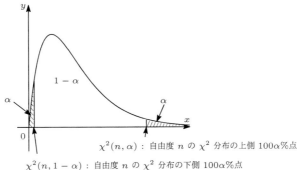

図 1.32 $\chi^2$ 分布と分位点

**演習 1.10** R を利用して
① 自由度 6 の $\chi^2$ 分布の上側 1%点, ② 自由度 9 の $\chi^2$ 分布の上側 5%点,
③ 自由度 5 の $\chi^2$ 分布の下側 10%点
をそれぞれ求めよ. ◁

### c.　$t$ 分布 ($t$ distribution)

$X \sim N(0, 1^2), Y \sim \chi^2_\phi$ かつ $X \perp Y$ ($X$ と $Y$ が独立) のとき $\dfrac{X}{\sqrt{Y/\phi}} \sim t_\phi$ (自由度 $\phi$ の $t$ 分布).

**演習 1.11** R を利用して
① 自由度 8 の $t$ 分布の上側 1%点, ② 自由度 1000 の $t$ 分布の両側 5%点,
③ 自由度 12 の $t$ 分布の下側 10%点
をそれぞれ求めよ. ◁

### d.　$F$ 分布 ($F$ distribution)

$X \sim \chi^2_m, Y \sim \chi^2_n$ かつ $X \perp Y$ のとき $\dfrac{X/m}{Y/n} \sim F_{m,n}$ (自由度 $(m,n)$ の $F$ 分布).

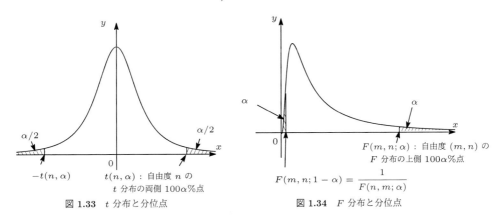

図 1.33　$t$ 分布と分位点　　　図 1.34　$F$ 分布と分位点

**補 1.1** データから計算した検定統計量の値より帰無仮説のもとで検定統計量が帰無仮説を棄却する確率を $p$ 値 ($p$-value) または**有意確率**という. ◁

**演習 1.12** R を利用して
① 自由度 $(4, 7)$ の $F$ 分布の上側 1%点, ② 自由度 $(4, 7)$ の $F$ 分布の上側 5%点,
③ 自由度 $(7, 4)$ の $F$ 分布の下側 95%点の逆数
をそれぞれ求めよ. ◁

(**参考**)　具体的な基本的な統計量である, 歪度, 尖度, 変動係数を計算する関数とペアごとの散布図を描く関数を以下に載せておこう.

- ● 歪みを計算する関数 skew
```
skew=function(x){
  n=length(x); m3=0;m2=0;m=mean(x)
  for (i in 1:n){
     m3=m3+(x[i]-m)^3; m2=m2+(x[i]-m)^2
  }
  sk=m3/n/(sqrt(m2/n)^3)
  c(skewness=sk)
}
```

- ● 尖りを計算する関数 kurt
```
kurt=function(x){
  n=length(x); m4=0;m2=0;m=mean(x)
  for (i in 1:n){
     m4=m4+(x[i]-m)^4; m2=m2+(x[i]-m)^2
  }
  kt=m4/n/(m2/n)^2
  c(kurtosis=kt)
}
```

- ● 変動係数を計算する関数 cv
```
cv=function(x){
  n=length(x); m2=0;m=mean(x)
  for (i in 1:n){
     m2=m2+(x[i]-m)^2
  }
  cv=sqrt(m2/n)/m
  c(cv=cv)
}
```

- ● 多変量連関図 (ヒストグラム含) の関数 pairsd
```
pairsd=function(x){
  pairs(x,gap=0,
  diag.panel=function(x){
  par(new=T)
  hist(x,main="")
  rug(x)
  })
}
```

実際に，skew() 関数を利用するには，R Script 画面で上記の関数 skew を入力し，つづいて，x<-c(2,4,1,8,5,6) と skew(x) を入力して実行すると，以下のような出力結果が得られる．

```
> skew=function(x){
+   n=length(x); m3=0;m2=0;m=mean(x)
+   for (i in 1:n){
+      m3=m3+(x[i]-m)^3; m2=m2+(x[i]-m)^2
+   }
+   sk=m3/n/(sqrt(m2/n)^3)
+   c(skewness=sk)
+ }
> x<-c(2,4,1,8,5,6)
> skew(x)
  skewness
0.05656854
```

# 2

# 相関分析と単回帰分析

## 2.1 相関分析とは

　身長と体重，数学と英語の成績といったように 2 つの変量があってその関係を調べ解析することを**相関分析** (correlation analysis) という．$n$ 個のペア (組) となったデータ $(x_1, y_1), \ldots, (x_n, y_n)$ が与えられるとき，以下の図 2.1 のように 2 変量の間の相関関係は**散布図** (scatter diagram) または相関図 (correlational diagram) といわれる 2 変量データの 2 次元データをプロット (打点) した図を描くことが解析の基本である．そして，$x$ が増加するとき $y$ も増加するときには**正の相関**があるという (①)．逆に $x$ が増加するとき $y$ が減少するときに**負の相関**があるという (②)．また $x$ の変化に対して，$y$ がその変化に対応することなく変化したり，一定であるような場合には**無相関**であるという (③)．$x$ が増加するとき $y$ が一度増えて減少する下に凸な関数のような場合 (④)，$x$ が増加するとき $y$ が一度減ってまた増加する上に凸な関数のような場合 (⑤) もある．$x$ が増加するとき $y$ が一度増えて減少し，また増加するような 3 次関数的な場合 (⑥) もある．とび離れた点がみられる異常値がある場合 (⑦)，2 つの集団が混在しているような層別する必要性があるような場合 (⑧) なども調べることができる．

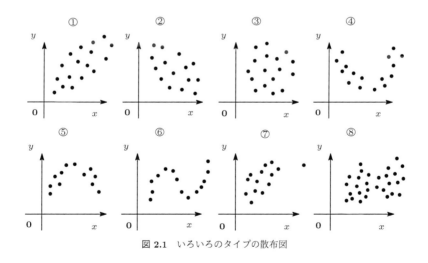

図 2.1　いろいろのタイプの散布図

　さらに，変量 $x$ と $y$ の間の相関の度合いを測るものさしとして，以下の (ピアソンの) **標本相関係数** $r$ がよく使われる．その $r$ は $-1 \leqq r \leqq 1$ であり (シュワルツの不等式から導かれる)，直線的な関係があるときには $|r|$ は 1 に近い値となり，相関関係が高いことを示している．しかし，散布図で相関があっても，相関係数の絶対値は小さいこともある (④, ⑤)．

(2.1) $$r = \frac{S(x, y)}{\sqrt{S(x,x)}\sqrt{S(y,y)}}$$

この式の定義から，分母は

(2.2) $$S(x,x) = \sum_{i=1}^{n}(x_i - \overline{x})^2 > 0 \quad \text{かつ} \quad S(y,y) = \sum_{i=1}^{n}(y_i - \overline{y})^2 > 0$$

から常に正である．そこで分子の正負により符号が定まる．分子は

$$(2.3) \quad S(x,y) = \sum_{i=1}^{n}(x_i - \overline{x})(y_i - \overline{y})$$

であるので，図 2.2 のように $(\overline{x}, \overline{y})$ を原点と考えて第 I, III 象限にデータ $(x_i, y_i)$ があれば，$(x_i - \overline{x})(y_i - \overline{y}) > 0$ であり，第 II, IV 象限にデータ $(x_i, y_i)$ があれば，$(x_i - \overline{x})(y_i - \overline{y}) < 0$ なので，$S(x,y) > 0$ つまり $r > 0$ であるときは第 I, III 象限のデータが第 II, IV 象限のデータより大体多くなり点が右上がりの傾向にある．つまり正の相関がある．逆に，$S(x,y) < 0$ つまり $r < 0$ であるときは第 II, IV 象限のデータが第 I, III 象限のデータより大体多くなり点が右下がりの傾向にある．つまり負の相関がある．

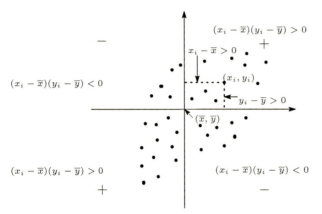

図 2.2　相関係数の正負と散布図　　図 2.3　2 次元正規分布の密度関数のグラフ

次に，2 つの確率変数 $X, Y$ について，

$$(2.4) \quad \rho = \frac{Cov[X,Y]}{\sqrt{Var[X]}\sqrt{Var[Y]}}$$

を $X$ と $Y$ の母相関係数という．$-1 \leqq \rho \leqq 1$ である．また $X$ と $Y$ が独立のときには $Cov[X,Y] = 0$ より $\rho = 0$ である．$X, Y$ が 2 変量正規分布に従っている場合，その同時密度関数 $g(x,y)$ は以下のように与えられる．

$$(2.5) \quad g(x,y) = \frac{1}{2\pi\sigma_1\sigma_y\sqrt{1-\rho_{xy}^2}} \cdot$$

$$\exp\left[-\frac{1}{2(1-\rho_{xy}^2)}\left\{\frac{(x-\mu_x)^2}{\sigma_x^2} - \frac{2\rho_{xy}(x-\mu_x)(x-\mu_y)}{\sigma_x\sigma_y} + \frac{(y-\mu_y)^2}{\sigma_y^2}\right\}\right]$$

このとき，$\rho = \rho_{xy}$ が成立する．また，<u>$X$ と $Y$ が正規分布に従う確率変数であるとき共分散が 0 なら，そこで $\rho = 0$ となるなら $X$ と $Y$ は独立である</u>．それはこの密度関数の形から $\rho = 0$ のとき，$X$ と $Y$ の同時密度関数が $X$ と $Y$ のそれぞれの密度関数の積に書けるからである．また

$$(2.6) \quad E[X] = \mu_x, \quad V[X] = \sigma_x^2, \quad E[Y] = \mu_y, \quad V[Y] = \sigma_y^2, \quad C[X,Y] = \rho\sigma_x\sigma_y$$

も成立する．なお，図 2.3 は平均 $(0.2, 0.4)$，相関係数 0.4，分散がいずれも 1 の 2 次元正規分布の密度関数をグラフ化したものである．

## 2.2　相関係数に関する検定と推定

### 2.2.1　2 次元正規分布における相関

**a.　無相関の検定**

$\begin{cases} H_0 & : \quad \rho = 0 \\ H_1 & : \quad \rho \neq 0 \end{cases}$ の検定をするには，$(x,y)$ が 2 次元正規分布に従い，$\rho = 0$ のとき，

$$t_0 = \frac{r\sqrt{n-2}}{\sqrt{1-r^2}} \sim t_{n-2} \quad \text{under} \quad H_0 \tag{2.7}$$

(帰無仮説 $H_0$ のもとで，自由度 $\phi = n-2$ の $t$ 分布に従う) である．そこで，$t$ 分布による次のような検定法がとられる．

---
**検定方式**

$$|t_0| \geqq t(\phi, \alpha) \quad \Longrightarrow \quad H_0 \text{を棄却する}$$

---

他に，<u>$r$ 表を用いて検定する方法</u>がある．これは $t = \dfrac{r\sqrt{n-2}}{\sqrt{1-r^2}}$ を $r$ について解いて

$$r = \frac{t}{\sqrt{n-2+t^2}} \tag{2.8}$$

から $t$ 分布の数表から $r$ 表 (付表) を作ることができる．そこで，以下のような検定法がとれる．

---
**検定方式**

$$|r| \geqq r(n-2, \alpha) \quad \Longrightarrow \quad H_0 \text{を棄却する}$$

---

**例題 2.1**

表 2.1 の学生 12 人の情報科学と統計学の成績データから，2 つの科目の成績に相関があるかどうか有意水準 5% で検定せよ．

表 2.1 成績データ

| No. \ 科目 | 情報科学 | 統計学 |
|---|---|---|
| 1 | 57 | 64 |
| 2 | 71 | 73 |
| 3 | 87 | 76 |
| 4 | 88 | 84 |
| 5 | 83 | 93 |
| 6 | 89 | 80 |
| 7 | 81 | 88 |
| 8 | 93 | 94 |
| 9 | 76 | 73 |
| 10 | 79 | 75 |
| 11 | 89 | 76 |
| 12 | 91 | 91 |

図 2.4 データの読み込みの指定　　図 2.5 データの表示

[予備解析]

**手順 1**　データの読み込み：【データ】▶【データのインポート】▶【テキストファイルまたはクリップボード，URL から...】を選択し，ダイアログボックスで，フィールドの区切り記号としてカンマにチェックをいれて，OK をクリックする．フォルダからファイルを指定後，開く (O) をクリックする．さらに，図 2.4 で データセットを表示 をクリックすると，図 2.5 のようにデータが表示される．

```
> rei21 <- read.table("rei21.csv", header=TRUE, sep=",", na.strings="NA",
+   dec=".",  strip.white=TRUE)
> showData(rei21, placement='-20+200', font=getRcmdr('logFont'),
+     maxwidth=80, maxheight=30)
```

**手順 2**　基本統計量の計算：図 2.6 のように，【統計量】▶【要約】▶【アクティブデータセット】をクリックすると，次の出力結果が表示される．

```
> summary(rei21)  #データrei21の要約
      No            jyouhou          toukei        #No  jyouhou   toukei
 Min.   : 1.00   Min.   :57.00   Min.   :64.00     #最小値
 1st Qu.: 3.75   1st Qu.:78.25   1st Qu.:74.50     #25%点
 Median : 6.50   Median :85.00   Median :78.00     #中央値
 Mean   : 6.50   Mean   :82.00   Mean   :80.58     #平均
 3rd Qu.: 9.25   3rd Qu.:89.00   3rd Qu.:88.75     #75%点
 Max.   :12.00   Max.   :93.00   Max.   :94.00     #最大値
```

図 2.6 アクティブデータセットの要約指定

図 2.7 数値による要約の指定

図 2.8 変数の指定

図 2.9 統計量の指定

図 2.7 のように，【統計量】▶【要約】▶【数値による要約...】をクリックし，図 2.8 で jyouhou と toukei を選択し，さらに統計量をクリックし，図 2.9 のように全てにチェックをいれ，OK を左クリックすると，次の出力結果が表示される．

```
> numSummary(rei21[,c("jyouhou", "toukei")], statistics=c("mean", "sd", "IQR",
 "quantiles","cv","skewness", "kurtosis"), quantiles=c(0,.25,.5,.75,1), type="2")
           mean       sd    IQR       cv    skewness   kurtosis  0%  25%  50%
jyouhou 82.00000 10.242514 10.75 0.1249087 -1.43270720  2.1885648 57 78.25  85
toukei  80.58333  9.404625 14.25 0.1167068  0.01416589 -0.9070396 64 74.50  78
         75% 100%  n
jyouhou 89.00   93 12
toukei  88.75   94 12
```

上記のように数値データの要約が変数 jyouhou と toukei ごとに表示される．順に平均，標準偏差，四分位範囲，変動係数，歪度，尖度，最小値，25%点，50%点，75%点，最大値，データ数である．

**手順 3** グラフ化 (散布図の作成)：図 2.10 で，【グラフ】▶【散布図】を選択し，図 2.11 のダイアログボックスで，$x$ 変数として jyouhou，$y$ 変数として toukei を選択して 開く(O) をクリックする．図 2.12 で適宜ラベルを入力し，点を特定で Interactively with mouse にチェックをいれ，点上でクリックを繰り返すと，図 2.13 のように散布図が表示される．$x$ が増えたとき，$y$ も増える傾向があり，正の相関が見られる．

```
> scatterplot(toukei~jyouhou, reg.line=lm, smooth=FALSE, spread=FALSE,
 id.method='identify', boxplots='xy', span=0.5, xlab="", data=rei21)
 [1] "1"  "2"  "3"  "4"  "5"  "6"  "7"  "8"  "9"  "10" "11" "12"
```

## 2.2 相関係数に関する検定と推定

図 2.10 散布図の指定

図 2.11 変数の指定

図 2.12 オプションの設定

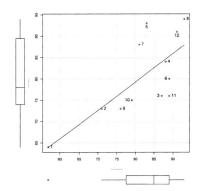

図 2.13 散布図

図 2.14 無相関の検定の指定

図 2.15 変数の指定

[検定]

**手順 1** 無相関の検定：図 2.14 で【統計量】▶【要約】▶【相関の検定...】を選択し，図 2.15 のように変数として jyouhou と toukei を選択し，開く (O) をクリックすると以下のような出力が表示される．$t$ 値が 3.3268 で $p$ 値が 0.007659 で有意水準 1%でも有意とわかる．

```
> cor.test(rei21$jyouhou, rei21$toukei, alternative="two.sided", method="pearson")
# ピアソンによる無相関の検定を対立仮説を両側にとって行う
Pearson's product-moment correlation
data:   rei21$jyouhou and rei21$toukei
t = 3.3268, df = 10, p-value = 0.007659 # t検定統計量　自由度　p値
alternative hypothesis: true correlation is not equal to 0
95 percent confidence interval:
 0.2583792 0.9171868 # 下側信頼限界　上側信頼限界
sample estimates:
      cor
0.7248039 # 点推定値
```

**演習 2.1** 表 2.2 の身長に関するデータに関して，男子大学生の本人と父親，母親の身長の間に相関があるといえるか． ◁

表 2.2 身長データ (単位：cm)

| 本人 | 172 | 173 | 169 | 183 | 171 | 168 | 170 | 165 | 168 | 176 | 177 | 173 |
|---|---|---|---|---|---|---|---|---|---|---|---|---|
| 父親 | 175 | 170 | 169 | 180 | 169 | 170 | 165 | 164 | 160 | 173 | 182 | 170 |
| 母親 | 158 | 160 | 152 | 165 | 156 | 155 | 155 | 152 | 162 | 160 | 165 | 150 |
| 本人 | 181 | 167 | 176 | 171 | 160 | 175 | 170 | 173 | 176 | 177 | 163 | 175 |
| 父親 | 173 | 160 | 172 | 170 | 169 | 170 | 160 | 168 | 162 | 170 | 165 | 170 |
| 母親 | 160 | 145 | 162 | 155 | 153 | 160 | 165 | 160 | 158 | 160 | 150 | 155 |
| 本人 | 172 | 171 | 172 | 163 | 172 | 162 | 167 | | | | | |
| 父親 | 177 | 160 | 172 | 160 | 176 | 161 | 170 | | | | | |
| 母親 | 155 | 165 | 158 | 155 | 158 | 154 | 155 | | | | | |

**b. 母相関係数が特定の値と等しいかどうかの検定**

$$\begin{cases} H_0 : \rho = \rho_0 \quad (\text{既知}) \\ H_1 : \rho \neq \rho_0 \end{cases}$$
を検定するには，$r$ について次の (フィッシャーの) $z$ 変換を行う．

$$(2.9) \qquad z = \tanh^{-1} r \fallingdotseq \frac{1}{2} \ln \frac{1+r}{1-r}$$

この $z$ は $n$ が十分大のとき近似的に正規分布 $N\left(\zeta, \dfrac{1}{n-3}\right)$ に従う．ただし，$\zeta = \dfrac{1}{2} \ln \dfrac{1+\rho}{1-\rho}$ である．そこで標準化した

$$(2.10) \qquad u_0 = \sqrt{n-3}\left(z - \frac{1}{2} \ln \frac{1+\rho_0}{1-\rho_0}\right)$$

は $H_0$ のもとで標準正規分布に従う．したがって次の検定方式がとられる．

---
**検定方式**

$|u_0| \geqq u(\alpha) \quad \Longrightarrow \quad H_0$ を棄却する

---

実用上 $n \geqq 10$ のとき用いられる．

次に以下に作成した関数 (soukan1.test) を用いて，無相関の検定を行ってみよう．自作の関数を利用するときには，まずその関数を R console (スクリプト) で実行しておく．そこで以下の関数 soukan1.test を定義とともにスクリプト上で実行しておく．

● 相関係数の検定関数 soukan1.test
```
soukan1.test=function(x,y,r0){    #関数名=function(引数){
n=length(x);r=cor(x,y)
if (r0==0) {
 t0=r*sqrt(n-2)/sqrt(1-r^2)
 pti=2*(1-pt(t0,n-2))
} else {
 t0=sqrt(n-3)*(0.5*log((1+r)/(1-r))-0.5*log((1+r0)/(1-r0)))
 pti=2*(1-pnorm(t0))
}
kai=c(t0,pti)
names(kai)=c("検定統計量の値","p値")
kai
}
```

この関数を利用して，例題 2.1 を実行してみると，以下のように $p$ 値が 0.0077 と 1% で有意である．

```
> soukan1.test(jyouhou,toukei,0)
 検定統計量の値        p値
   3.326821223      0.007658817
```

**演習 2.2** 表 2.3 の女子大生本人と両親の身長のデータに関して母相関係数が 0.5 であるといえるか． ◁

**表 2.3**　身長データ (単位：cm)

| | | | | | | | | | | | | | |
|---|---|---|---|---|---|---|---|---|---|---|---|---|---|
| 本人 | 158 | 166 | 153 | 153 | 160 | 163 | 150 | 162 | 154 | 155 | 157 | 158 | 154 |
| 父親 | 165 | 175 | 170 | 165 | 165 | 161 | 162 | 167 | 160 | 173 | 174 | 172 | 168 |
| 母親 | 156 | 159 | 152 | 147 | 165 | 158 | 147 | 156 | 152 | 156 | 151 | 156 | 159 |

### c.　母相関係数の差の検定

母相関係数が $\rho_1, \rho_2$ である 2 つの 2 変量正規分布に従う母集団からそれぞれ $n_1, n_2$ 個のサンプルをとり，標本相関係数が $r_1, r_2$ であるとする．このとき

$$\begin{cases} H_0 \quad : \quad \rho_1 - \rho_2 = \rho_0 \quad (\text{既知}) \\ H_1 \quad : \quad \rho_1 - \rho_2 \neq \rho_0 \end{cases}$$

を検定したい．$r_1, r_2, \rho$ をそれぞれ $z$ 変換したものを $z_1, z_2, \zeta_0$ とすれば，$H_0$ のもとで $n_1, n_2$ が十分大のとき近似的に $z_1 - z_2$ は正規分布

$$N\left(\zeta_0, \frac{1}{n_1-3} + \frac{1}{n_2-3}\right)$$

に従うので，標準化した

$$u_0 = \frac{z_1 - z_2 - \zeta_0}{\sqrt{\dfrac{1}{n_1-3} + \dfrac{1}{n_2-3}}} \tag{2.11}$$

は $H_0$ のもとで標準正規分布に従う．そこで検定法として

**検定方式**

$|u_0| \geqq u(\alpha) \quad \Longrightarrow \quad H_0$を棄却する

が採用される．

**例題 2.2**

次の例題 2.1 と異なる年度の大学生の情報科学と統計学の成績データの表 2.4 に関して，母相関係数は異なるといえるか有意水準 10%で検定せよ．

**表 2.4**　成績のデータ

| No.＼科目 | 情報科学 | 統計学 |
|---|---|---|
| 1 | 72 | 82 |
| 2 | 72 | 91 |
| 3 | 81 | 92 |
| 4 | 72 | 75 |
| 5 | 52 | 84 |
| 6 | 52 | 57 |
| 7 | 67 | 84 |
| 8 | 62 | 82 |
| 9 | 75 | 96 |
| 10 | 58 | 94 |
| 11 | 76 | 95 |
| 12 | 62 | 70 |
| 13 | 49 | 76 |
| 14 | 66 | 93 |
| 15 | 71 | 70 |

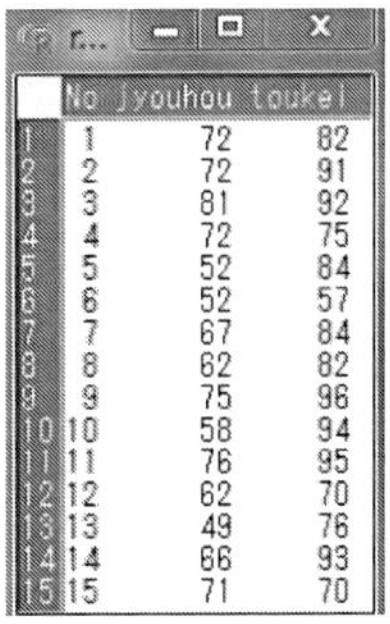

| | No | jyouhou | toukei |
|---|---|---|---|
| 1 | 1 | 72 | 82 |
| 2 | 2 | 72 | 91 |
| 3 | 3 | 81 | 92 |
| 4 | 4 | 72 | 75 |
| 5 | 5 | 52 | 84 |
| 6 | 6 | 52 | 57 |
| 7 | 7 | 67 | 84 |
| 8 | 8 | 62 | 82 |
| 9 | 9 | 75 | 96 |
| 10 | 10 | 58 | 94 |
| 11 | 11 | 76 | 95 |
| 12 | 12 | 62 | 70 |
| 13 | 13 | 49 | 76 |
| 14 | 14 | 66 | 93 |
| 15 | 15 | 71 | 70 |

**図 2.16**　データの表示

[予備解析]

**手順 1**　データの読み込み：【データ】▶【データのインポート】▶【テキストファイルまたはクリップボード，URL から...】 を選択し，ダイアログボックスで，フィールドの区切り記号としてカンマにチェックをいれて，OK を左クリックする．フォルダからファイルを指定後，開く (O) を左クリックし，さらに データセットを表示 をクリックすると，図 2.16 のようにデータが表示される (以下の手

順は例題 2.1 も参照).

**手順 2** 基本統計量の計算：【統計量】▶【要約】▶【数値による要約...】を選択し，統計量で全ての項目にチェックをいれて，変数として jyouhou, toukei を選択し，OK をクリックすると，次の出力結果が得られる．

```
> numSummary(rei22[,c("jyouhou", "toukei")], statistics=c("mean", "sd",
+     "IQR", "quantiles", "cv", "skewness", "kurtosis"), quantiles=c(0,
+     .25,.5,.75,1), type="2")
          mean       sd IQR        cv   skewness    kurtosis 0%   25%
jyouhou 65.80000  9.696833  12 0.1473683 -0.3952879 -0.8751620 49 60.0
toukei  82.73333 11.367037  17 0.1373937 -0.7789065  0.1117272 57 75.5
        50%  75% 100%  n
jyouhou  67 72.0   81 15
toukei   84 92.5   96 15
```

**手順 3** グラフの作成：【グラフ】▶【散布図】から，$x$ 変数として jyouhou, $y$ 変数として toukei を選択して 開く(O) をクリックする．すると図 2.17 のように散布図が表示される．$x$ が増えたとき，$y$ も増える傾向があり，正の相関が見られる．

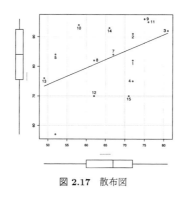

図 2.17 散布図

[検定]

**手順 1** 相関係数の検定：【統計量】▶【要約】▶【相関の検定...】から，変数として jyouhou と toukei を指定して，OK をクリックすると以下の出力結果が得られる．検定統計量 ($t$ 値) は，1.9641 で，$p$ 値が 0.0716 より有意水準 5% では仮説は棄却されない．つまり無相関でないとはいえない．また，95% の相関係数の信頼区間は，信頼下限が $-0.04488726$ で信頼上限が $0.79565889$ である．また点推定値は 0.4783754 である．

```
> cor.test(rei22$jyouhou, rei22$toukei, alternative="two.sided",
+     method="pearson")
 Pearson's product-moment correlation
data:  rei22$jyouhou and rei22$toukei
t = 1.9641, df = 13, p-value = 0.07126
alternative hypothesis: true correlation is not equal to 0
95 percent confidence interval:
 -0.04488726  0.79565889
sample estimates:
      cor
0.4783754
```

以下に相関係数の違いを検定する関数 soukan2.test を作成し，検定を行ってみよう．

● **相関係数の差の検定関数 soukan2.test**

```
soukan2.test=function(x1,y1,x2,y2,sa0){
n1=length(x1);n2=length(x2)
r1=cor(x1,y1);r2=cor(x2,y2)
z1=0.5*log((1+r1)/(1-r1));z2=0.5*log((1+r2)/(1-r2))
u0=(z1-z2-sa0)/sqrt(1/(n1-3)+1/(n2-3))
pti=2*(1-pnorm(u0))
result=c(u0,pti)
names(result)=c("検定統計量の値","p値")
result
}
```

以下のように $p$ 値が 36.8% であるので 10% で違いがあるとはいえない．

```
> soukan2.test(x1,y1,x2,y2,0)
検定統計量の値          p値
    0.8998960      0.3681756
```

**演習 2.3** 演習 2.1，演習 2.2 のデータを利用し，男子学生の父親との母相関係数と女子学生の母親との母相関係数に違いはあるか検定せよ． ◁

**補 2.1** 多くの母相関係数が等しいかどうかの検定，つまり $m$ 個の母集団の母相関係数を $\rho_1,\ldots,\rho_m$ とし，標本相関係数をそれぞれ $r_1,\ldots,r_m$ とするとき，$H_0:\rho_1=\cdots=\rho_m$ を検定する．各 $r_h$ $(h=1,\ldots,m)$ を $z$ 変換して $z_h$ とし

$$\bar{z} = \frac{(n_1-3)z_1 + \cdots + (n_m-3)z_m}{(n_1-3) + \cdots + (n_m-3)} \tag{2.12}$$

を計算し，$\chi_0^2 = (n_1-3)(z_1-\bar{z})^2 + \cdots + (n_m-3)(z_m-\bar{z})^2$ が $H_0$ のもと近似的に自由度 $m-1$ の $\chi^2$ 分布に従うことを利用して検定する． ◁

### d. 母相関係数 $\rho$ の推定

$n$ が十分大のとき近似的に $\sqrt{n-3}(z-\zeta) \sim N(0,1)$ だから

$$P\left(\left|\sqrt{n-3}(z-\zeta)\right| \leq u(\alpha)\right) \fallingdotseq 1-\alpha \tag{2.13}$$

である．そこで，

---
**推定方式**

$\zeta$ の点推定は $\quad \widehat{\zeta} = \dfrac{1}{2}\ln\dfrac{1+r}{1-r}$

$\zeta$ の信頼率 $100(1-\alpha)\%$ の信頼区間は $\quad \zeta_L, \ \zeta_U = z \pm \dfrac{u(\alpha)}{\sqrt{n-3}}$

---

である．さらに

---
**推定方式**

$\rho$ の点推定は $\quad \widehat{\rho} = r$

$\rho$ の信頼率 $100(1-\alpha)\%$ の信頼区間は

$\qquad$ 下側信頼限界 $\rho_L = \dfrac{e^{2\zeta_L}-1}{e^{2\zeta_L}+1}$，上側信頼限界 $\rho_U = \dfrac{e^{2\zeta_U}-1}{e^{2\zeta_U}+1}$

---

で与えられる．

---
**例題 2.3**

例題 2.1 のデータに関して情報科学と統計学の母相関係数の 95% 信頼区間を求めよ．

---

以下に相関係数の推定関数 soukan1.est を作成し，これを用いて母相関係数を推定してみよう．

● **相関係数の推定関数 soukan1.est**

```
soukan1.est=function(x,y,conf.level){
n=length(x);r=cor(x,y)
alpha=1-conf.level;cl=100*conf.level
z=0.5*log((1+r)/(1-r))
haba=qnorm(1-alpha/2)/sqrt(n-3)
zl=z-haba;zu=z+haba
sita=(exp(2*zl)-1)/(exp(2*zl)+1);ue=(exp(2*zu)-1)/(exp(2*zu)+1)
result=c(r,sita,ue)
names(result)=c("点推定値",paste((cl),"%下側信頼限界"),paste((cl),"%上側信頼限界"))
result
}
```

以下のように，点推定値は 0.725 であり，95%信頼限界は 0.258〜0.917 である．

```
> soukan1.est(jyouhou,toukei,0.95)
     点推定値  95 %下側信頼限界  95 %上側信頼限界
    0.7248039        0.2583792         0.9171868
```

**演習 2.4** 演習 2.1 のデータから，男子学生と父親の身長に関する母相関係数の 90%信頼区間を求めよ．◁

### 2.2.2 相関表からの相関係数

例えば英語 ($x$) と数学 ($y$) の成績がそれぞれ得点でクラス分け (カテゴリー化) されているときに各クラスに属する人数 (度数) がデータで与えられる場合の相関係数は次のように定義される．つまり変数 $x$ について $p$ 個にクラス分けされ，その級の代表値である階級値が $x_i$ $(i = 1, \ldots, p)$ で与えられ，同様に変数 $y$ について $q$ 個にクラス分けされ，階級値が $y_j$ $(j = 1, \ldots, q)$ で与えられとする．そして，表 2.5 のよう

表 2.5 相関表

| 変量 $x$ \ 変量 $y$ | $y_1$ | $y_2$ | $\cdots$ | $y_j$ | $\cdots$ | $y_q$ | 計 |
|---|---|---|---|---|---|---|---|
| $x_1$ | $n_{11}$ | $n_{12}$ | $\cdots$ | $n_{1j}$ | | $n_{1p}$ | $n_{1\cdot}$ |
| $\vdots$ | $\vdots$ | $\vdots$ | $\ddots$ | $\vdots$ | | $\vdots$ | $\vdots$ |
| $x_i$ | $n_{i1}$ | $n_{i2}$ | $\cdots$ | $n_{ij}$ | | $n_{ip}$ | $n_{i\cdot}$ |
| $\vdots$ | $\vdots$ | $\vdots$ | | $\vdots$ | $\ddots$ | $\vdots$ | $\vdots$ |
| $x_p$ | $n_{p1}$ | $n_{p2}$ | | $n_{pj}$ | | $n_{pq}$ | $n_{p\cdot}$ |
| 計 | $n_{\cdot 1}$ | $n_{\cdot 2}$ | | $n_{\cdot j}$ | | $n_{\cdot p}$ | $n_{\cdot\cdot}$ |

に階級値が $(x_i, y_j)$ に属する度数が $n_{ij}$ であたえられる相関表 (2 次元での度数分布表) からの相関係数 $r$ は，次のように定義される．

$$(2.14) \qquad r = \frac{\sum\sum n_{ij}(x_i-\overline{x})(y_j-\overline{y})}{\sqrt{\sum n_{i\cdot}(x_i-\overline{x})^2}\sqrt{\sum n_{\cdot j}(y_j-\overline{y})^2}}$$

これは数量化 III 類で $x, y$ をそれぞれサンプルスコア，カテゴリースコアとみたときの相関係数 $r$ に相当する．

### 2.2.3 クロス集計 (分割表) での相関

2 つの分類規準・属性によって分けられた各セル (クラス) のどこに各サンプル (個体) が属するかを決め，その個数 (度数) を表にしたものを分割表 (クロス集計表) という．例えば英語と数学での各評価 (A, B, C, D) を行ったとき，各生徒の属す各セルの人数を表にしたり，薬を飲んでいるかいないかで分け，風邪をひいているかいないかで分けたときの表などである．このときの分類規準・属性の関連性を測るとき (いずれもカテゴリーに分けられている) のものさしに以下のようなものがある．

**a.　$2 \times 2$ 分割表の場合**

① 分割する前に 2 変量正規分布の相関を想定し，その推定量としたものに四分相関係数 (four-fold correlation coefficient) またはテトラコリック相関係数 (tetrachoric correlation coefficient) がある．その形は複雑なので，省略するがその近似式を以下に与える．

各セルの度数を $n_{ij}$ $(i=1,2;\ j=1,2)$ で表すとき，その四分相関係数 $r_{\text{tet}}$ は近似的に

$$(2.15) \qquad r_{\text{tet}} \fallingdotseq \cos\left(\frac{\pi\sqrt{n_{12}n_{21}}}{\sqrt{n_{11}n_{22}}+\sqrt{n_{12}n_{21}}}\right)$$

で与えられる．

② $\phi$ 係数 (phi coefficient) または四分点相関係数 (four-fold point correlation coefficient) といわれるもので以下で定義される．なお，$\phi$ で表す．

$$(2.16) \qquad \phi = \frac{p_{11}p_{22}-p_{21}p_{12}}{\sqrt{p_{1\cdot}p_{2\cdot}p_{\cdot 1}p_{\cdot 2}}} \quad (\chi^2=n\phi^2)$$

その推定量 $\widehat{\phi}$ は各 $p_{ij}$ を対応する度数 $n_{ij}$ に置き換えたものとする．

なお似たものさしとしてユールの関連係数 $Q$ があり，以下で定義される．

$$(2.17) \qquad Q = \frac{p_{11}p_{22}-p_{21}p_{12}}{p_{11}p_{22}+p_{21}p_{12}}$$

③ オッズ比 (odds ratio)　相対確率の比を示すもので $\alpha$ で表し，以下で定義される．

$$(2.18) \qquad \alpha = \frac{p_{11}p_{22}}{p_{12}p_{21}} > 0$$

その推定量 $\widehat{\alpha}$ は各 $p_{ij}$ を対応する度数 $n_{ij}$ に置き換えたものとする．**見込み比，交差積比** (cross product ratio) ともいわれる．

**b.　一般の $\ell\times m$ 分割表の場合**

**ピアソンの一致係数** (Pearson's contigency coefficient)，独立係数または連関係数といわれ，以下で定義される．なお，$C$ で表す．

$$(2.19) \qquad C = \sqrt{\frac{\chi^2}{\chi^2+n}}$$

がある．ただし，2つの変量間の独立性を測るものさしである $\chi^2$ 統計量は以下で計算されるものである．

$$(2.20) \qquad \chi^2 = \sum_{i,j}\frac{\left(n_{ij}-\dfrac{n_{i\cdot}n_{\cdot j}}{n}\right)^2}{\dfrac{n_{i\cdot}n_{\cdot j}}{n}}$$

**クラーメルの連関係数 (独立係数)** $V$ は，

$$(2.21) \qquad V = \sqrt{\frac{\chi^2}{n(k-1)}} \quad (\leqq 1)$$

で定義される．なお，$k=\min(\ell,m)$ ($=\ell$ とする)：少ない方のカテゴリー数で，以下が成立する．

$$(2.22) \qquad \chi^2 \leqq n\times(k-1)$$

($\because$) $1=p_{1\cdot}+p_{2\cdot}+\cdots+p_{k\ell} \leqq p_{\cdot 1}+\cdots+n_{\cdot k}+n_{\cdot k+1}+\cdots+p_{\cdot m}=1$ より $p_{1\cdot}=p_{\cdot 1},\ldots,p_{k\cdot}=p_{\cdot k}, p_{\cdot k+1}=0,\ldots,p_{\cdot m}=0$ から，$\dfrac{(np_{1\cdot}-np_{1\cdot}^2)^2}{np_{1\cdot}^2}+\dfrac{(0-p_{1\cdot}p_{\cdot 2})^2}{np_{1\cdot}p_{\cdot 2}}+\cdots+\dfrac{(0-n_{1\cdot}n_{\cdot k})^2}{nn_{1\cdot}n_{\cdot k}}=n(1-p_{1\cdot})$, $\ldots,\dfrac{(0-np_{k\cdot}p_{\cdot 1})^2}{np_{k\cdot}p_{\cdot 1}}+\dfrac{(0-np_{k\cdot}p_{\cdot 2})^2}{np_{k\cdot}p_{\cdot 2}}+\cdots+\dfrac{(np_{k\cdot}-np_{k\cdot}^2)^2}{np_{k\cdot}^2}=n(1-p_{k\cdot})$ より，$\chi^2\leqq n(1-p_{1\cdot})+\cdots+n(1-p_{k\cdot})=n(k-p_{1\cdot}-\cdots-p_{k\cdot})=n(k-1)$　◁

他に，次の**テュプロウの** $T$ などがある．

$$(2.23) \qquad T = \sqrt{\frac{\chi^2}{n(\ell-1)(m-1)}}$$

## 2.3　回帰分析とは

　販売高はどのような変量によって左右されるのか，経済全体の景気はどんな経済要因できまるのか，家計での支出は収入・家族数で説明できるか，入学後の成績は入学試験の結果で予測できるのか，両親の身長が共に高いと子供の身長も高いか，コンピュータの売上げ高は保守サービス拠点数，保守サービス員数，保守料金で説明されるか，・・・など，社会，日常生活において，原因を説明したり，予測したい

事柄はたくさんある．

このような場合に，原因と考えられる変数 (量) を **説明変数** (explanatory variable：独立変数，内生変数) といい，結果となる変数 (量) を **目的変数** (criterion variable：従属変数，被説明変数，外生変数，外的基準) という．これらの変数の間に一方向の因果関係があると考え，結果となる変数の変動は 1 個あるいは複数個の説明変数によって説明されると考えるのである．つまり，指定できる変数 $(x_1, \ldots, x_p)$ に対して，次のような対応があると考える．

$$
\begin{array}{ccc}
\text{説明変数 (量)} & \text{関数 } f & \text{目的変数 (量)} \\
x_1, \cdots, x_p & \longrightarrow & y \\
\text{原因} & \text{対応} & \text{結果}
\end{array}
$$

このように，ある変数 (量) がいくつかの変数 (量) によってきまることの分析をする因果関係の解析手法の 1 つに，**回帰分析** (regression analysis) がある．この回帰という表現は，19 世紀後半にイギリスの科学者フランシス・ゴールトン卿が最初に使ったといわれている．実際の目的とされる変数は，誤差 $\varepsilon$ を伴って観測され，以下のように書かれる．

$$
(2.24) \qquad \underbrace{y}_{\text{目的変数}} = \underbrace{f(x_1, \ldots, x_p)}_{f(\text{説明変数})} + \underbrace{\varepsilon}_{\text{誤差}}
$$

更に，$f(x_1, \ldots, x_p)$ が $x_1, \ldots, x_p$ の線形な式 (それぞれ，定数 $\beta_0$ (ベータゼロ)，$\ldots$，$\beta_p$ (ベータピー) 倍して足した和の形で，1 次式ともいう) のとき，**線形回帰モデル** (linear regression model) という．つまり，

$$
(2.25) \qquad f(x_1, \ldots, x_p) = \beta_0 + \beta_1 x_1 + \cdots + \beta_p x_p \iff f(\boldsymbol{x}) = \boldsymbol{\beta}^{\mathrm{T}} \boldsymbol{x}
$$

(ただし，$\boldsymbol{x} = (1, x_1, \ldots, x_p)^{\mathrm{T}}$，$\boldsymbol{\beta} = (\beta_0, \beta_1, \ldots, \beta_p)^{\mathrm{T}}$ である．)

と書かれる場合である．そして，線形回帰モデルで説明変数が 1 個のときには，**単回帰モデル** (simple regression model) といい，説明変数が 2 個以上のとき，**重回帰モデル** (multiple regression model) という．また $f(x_1, \ldots, x_p)$ が $x_1, \ldots, x_p$ の非線形な式のときには，**非線形回帰モデル** (non-linear regression model) という．例えば，$x$ についての 2 次関数 $y = x^2$，無理関数 $y = \sqrt{x}$，分数関数 $y = \frac{1}{x}$，対数関数 $y = \log x$ などは非線形な式である．実際には，以下のような非線形なモデルが考えられている．

$$
y = ax^b, \quad y = ae^{bx}, \quad y = a + b \log x, \quad y = \frac{x}{a + bx}, \quad y = \frac{e^{a+bx}}{1 + e^{a+bx}}
$$

以上をまとめると，図 2.18 のように分類される．

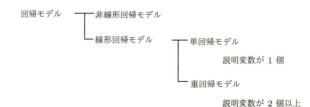

図 **2.18** 回帰モデルの分類

## 2.4 単回帰分析

### 2.4.1 繰返しがない場合

**a. モデルの設定と回帰式の推定**

説明変数が 1 個の場合で，目的変数 $y$ が式 (2.26) のように回帰式と誤差の和で書かれる場合である．

ここに，$x$ が指定できることが相関分析との違いである．

$$y = f(x) + \varepsilon = \underbrace{\beta_0 + \beta_1 x}_{\text{回帰式}} + \underbrace{\varepsilon}_{\text{誤差}} \tag{2.26}$$

これを $n$ 個の観測値 $y_1, \ldots, y_n$ が得られる場合について書くと，式 (2.27) のようになる．

$$y_i = \beta_0 + \beta_1 x_i + \varepsilon_i \quad (i = 1, \ldots, n) \tag{2.27}$$

ここに，$\beta_0$ を母切片，$\beta_1$ を母回帰係数といい，まとめて回帰母数という．そして $\varepsilon$ が誤差であり，誤差には普通，次の 4 個の仮定 (4 つのお願い) がされる．不等独正と覚えれば良いだろう．

1) **不偏性**：$E(\varepsilon_{ij}) = 0$，誤差の期待値が 0
2) **等分散性**：$Var(\varepsilon_{ij}) = \sigma^2$，誤差ごとのばらつきが同じ
3) **独立性**：$\varepsilon_{ij}$，異なる誤差は独立
4) **正規性**：$\varepsilon_{ij} \sim N(0, \sigma^2)$，誤差が正規分布に従う

1) 〜 4) は，まとめて $\varepsilon_1, \ldots, \varepsilon_n \overset{i.i.d.}{\sim} N(0, \sigma^2)$ のように書ける．ただし，$i.i.d.$ は independent identically distributed の略であり，互いに独立に同一の分布に従うことを意味する．そこで，このモデルは図 2.19 のように直線 $f = \beta_0 + \beta_1 x$ のまわりに，正規分布に従う誤差 $\varepsilon$ が加わってデータが得られることを仮定している．各 $i$ サンプルについて，$x = x_i$ と指定すればデータ $y_i$ は，$\beta_0 + \beta_1 x_i$ に誤差 $\varepsilon_i$ が加わって得られる．ここでまた，上記の式を行列表現での成分を使って書けば，次のようになる．

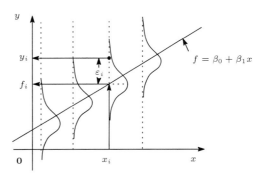

図 **2.19** (単) 回帰モデル

$$\begin{pmatrix} y_1 \\ y_2 \\ \vdots \\ y_n \end{pmatrix}_{n \times 1} = \begin{pmatrix} 1 & x_1 \\ 1 & x_2 \\ \vdots & \vdots \\ 1 & x_n \end{pmatrix}_{n \times 2} \begin{pmatrix} \beta_0 \\ \beta_1 \end{pmatrix}_{2 \times 1} + \begin{pmatrix} \varepsilon_1 \\ \varepsilon_2 \\ \vdots \\ \varepsilon_n \end{pmatrix}_{n \times 1} \tag{2.28}$$

$$\boldsymbol{y} = X\boldsymbol{\beta} + \boldsymbol{\varepsilon}, \quad \boldsymbol{\varepsilon} \sim N_n(\boldsymbol{0}, \sigma^2 I_n) \quad (\text{ベクトル・行列表現}) \tag{2.29}$$

ただし，

$$\boldsymbol{y} = \begin{pmatrix} y_1 \\ y_2 \\ \vdots \\ y_n \end{pmatrix}, \quad X = \begin{pmatrix} 1 & x_1 \\ 1 & x_2 \\ \vdots & \vdots \\ 1 & x_n \end{pmatrix}_{n \times 2}, \quad \boldsymbol{\beta} = \begin{pmatrix} \beta_0 \\ \beta_1 \end{pmatrix}, \quad \boldsymbol{\varepsilon} = \begin{pmatrix} \varepsilon_1 \\ \varepsilon_2 \\ \vdots \\ \varepsilon_n \end{pmatrix}$$

である．なお，$\boldsymbol{1} = \begin{pmatrix} 1 \\ 1 \\ \vdots \\ 1 \end{pmatrix}$, $\boldsymbol{x} = \begin{pmatrix} x_1 \\ x_2 \\ \vdots \\ x_n \end{pmatrix}$ とおけば，$X = (\boldsymbol{1}, \boldsymbol{x})$ と列ベクトル表示される．

**注 2.1** 正規分布に従う変数が互いに独立であることと，共分散が 0 であることは同値になることに注意しよう．一般の分布では，同値にはならない． ◁

データ行列は，表 2.6 のような表になる．

次に，データから回帰式を求める (推定する：直線を決める) には，$y$ 切片 $\beta_0$ と傾き $\beta_1$ がわかれば良い．求める基準としては，モデルとデータの離れ具合が小さいほど良いと考えられる．そして，離れ具合 (あてはまりの良さ) を測るものさしとしては，普通，誤差の平方和が採用されている．他に，絶対

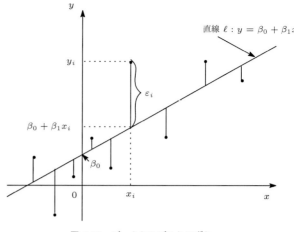

| 表 2.6 データ表 | | |
|---|---|---|
| 変量<br>データ番号 | $x$ | $y$ |
| 1 | $x_1$ | $y_1$ |
| 2 | $x_2$ | $y_2$ |
| ⋮ | ⋮ | ⋮ |
| $n$ | $x_n$ | $y_n$ |

**図 2.20** データとモデルとのずれ

偏差なども考えられている．図 2.20 で，データ $(x_i, y_i)$ と直線上の点 $(x_i, \beta_0 + \beta_1 x_i)$ との誤差 $\varepsilon_i$ の 2 乗を各点について足したもの，つまり，$\sum_{i=1}^{n} \varepsilon_i^2$ が誤差の平方和である．そこで，次の式 (2.30) を最小にするように $\beta_0$ と $\beta_1$ を決めれば良い．

$$(2.30) \quad Q(\beta_0, \beta_1) = \sum_{i=1}^{n} \varepsilon_i^2 = \sum_{i=1}^{n} \left\{ y_i - (\beta_0 + \beta_1 x_i) \right\}^2 \searrow \quad (\text{最小化})$$

$$(\boldsymbol{y} - X\boldsymbol{\beta})^{\mathrm{T}}(\boldsymbol{y} - X\boldsymbol{\beta}) \searrow \quad (\text{最小化}) \quad (\text{ベクトル・行列表現})$$

このように誤差の 2 乗和を最小にすることで $\beta_0, \beta_1$ を求める方法を，**最小 2 (自) 乗法** (method of least squares) という．最小化する $\beta_0, \beta_1$ をそれぞれ $\widehat{\beta}_0, \widehat{\beta}_1$ で表すと，次式で与えられる．

---
**公式**

$$(2.31) \quad \widehat{\beta}_1 = \frac{S_{xy}}{S_{xx}} = S^{xx} S_{xy}, \quad \widehat{\beta}_0 = \overline{y} - \widehat{\beta}_1 \overline{x} \quad (S_{xx}^{-1} = S^{xx})$$

$$(2.32) \quad \widehat{\boldsymbol{\beta}} = (X^{\mathrm{T}} X)^{-1} X^{\mathrm{T}} \boldsymbol{y} \quad (\text{ベクトル・行列表現})$$

---

なお，$S_{xx} = \sum_{i=1}^{n} (x_i - \overline{x})^2$, $S_{xy} = \sum_{i=1}^{n} (x_i - \overline{x})(y_i - \overline{y})$ である．

次に，推定される回帰式は $y = \widehat{\beta}_0 + \widehat{\beta}_1 x = \overline{y} + \widehat{\beta}_1 (x - \overline{x}) = \overline{y} + \dfrac{S_{xy}}{S_{xx}}(x - \overline{x})$ より

---
**公式**

$$(2.33) \quad y - \overline{y} = \frac{S_{xy}}{S_{xx}}(x - \overline{x}) = r_{xy} \sqrt{\frac{S_{yy}}{S_{xx}}}(x - \overline{x})$$

---

となる．これは点 $(\overline{x}, \overline{y})$ を通る直線であり，$y$ の $x$ への**回帰直線** (regression line of $y$ on $x$) と呼ぶ．また，$\widehat{\beta}_1$ を**回帰係数** (regression coefficient) と呼ぶ．逆に，$x$ への $y$ の回帰直線 (regression line of $x$ on $y$) は，以下のようになる．

$$(2.34) \quad x - \overline{x} = \frac{S_{yx}}{S_{yy}}(y - \overline{y}) \quad (S_{yx} = S_{xy})$$

---
**例題 2.4 回帰式の計算**

表 2.7 のある年度の全国の幾つかの県の 1 世帯あたりの平均月収入額 ($x$ 万円) と支出額 ($y$ 万円) のデータに回帰直線をあてはめたときの $y$ の $x$ への回帰直線の式を最小 2 乗法により求めよ (百円単位を四捨五入)．

## 2.4 単回帰分析

表 2.7 平均月収額と支出額

| 県<br>No. | 平均月収額<br>$x$ (万円) | 月消費額<br>$y$ (万円) |
|---|---|---|
| 鳥取 1 | 70.2 | 38.3 |
| 島根 2 | 60.1 | 32.6 |
| 岡山 3 | 57.5 | 32.7 |
| 広島 4 | 54.9 | 34.9 |
| 山口 5 | 62.4 | 35.1 |
| 徳島 6 | 61.1 | 36.6 |
| 香川 7 | 55.7 | 32.3 |
| 愛媛 8 | 56.4 | 31.4 |
| 高知 9 | 58.5 | 34.9 |
| 和歌山 10 | 54.0 | 31.8 |

図 2.21 データの表示

[予備解析]

**手順 1** データの読み込み：【データ】▶【データのインポート】▶【テキストファイルまたはクリップボード，URL から...】を選択し，ダイアログボックスで，フィールドの区切り記号としてカンマにチェックをいれて，OK を左クリックする．フォルダからファイルを指定後，開く(O) を左クリックし，データセットを表示 をクリックすると，図 2.21 のようにデータが表示される．

**手順 2** 基本統計量の計算：【統計量】▶【要約】▶【アクティブデータセット】を選択し，OK をクリックすると，以下のように要約が出力される．

```
> summary(rei24)
      ken         syunyu          syouhi
 愛媛   :1   Min.   :54.00   Min.   :31.40
 岡山   :1   1st Qu.:55.88   1st Qu.:32.38
 広島   :1   Median :58.00   Median :33.80
 香川   :1   Mean   :59.08   Mean   :34.06
 高知   :1   3rd Qu.:60.85   3rd Qu.:35.05
 山口   :1   Max.   :70.20   Max.   :38.30
 (Other):4
```

また，【統計量】▶【要約】▶【数値による要約...】を選択し，OK をクリックする．そして変数として syunyu, syouhi を選択後，OK をクリックすると，以下のように出力される．

```
> numSummary(rei24[,c("syouhi", "syunyu")], statistics=c("mean", "sd", "IQR",
+   "quantiles", "cv", "skewness", "kurtosis"), quantiles=c(0,.25,.5,.75,1),
+   type="2")
        mean       sd   IQR       cv skewness   kurtosis   0%    25%   50%
syouhi 34.06 2.265294 2.675 0.06650892 0.6389619 -0.5209245 31.4 32.375 33.8
syunyu 59.08 4.766970 4.975 0.08068669 1.4806333  2.6723880 54.0 55.875 58.0
         75% 100%  n
syouhi 35.05 38.3 10
syunyu 60.85 70.2 10
```

**手順 3** グラフの作成：【グラフ】▶【散布図...】を選択し，$x$ 変数として syunyu, $y$ 変数として syouhi を選択し，OK をクリックする．さらに，オプション を選択し，周辺箱ひげ図と最小 2 乗直線にチェックをいれて，OK をクリックすると，図 2.22 のようにマウスの終了の注意事項が表示される．各点をクリックして右クリックにより終了すると，図 2.23 のような散布図が作成される．前の例ほどではないが，正の相関がありそうである．

[モデルの設定と分析]

**手順 1** 回帰式の推定：【統計量】▶【モデルへの適合】▶【線形回帰...】を選択し，ダイアログボック

図 2.22 マウスの終了の注意事項

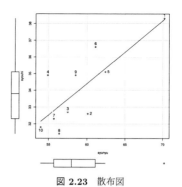

図 2.23 散布図

スで，目的変数で syouhi，説明変数で syunyu を選択し，OK をクリックすると，以下の出力結果が得られる．

```
> RegModel.1 <- lm(syouhi~syunyu, data=rei24)
> summary(RegModel.1) # 回帰分析の結果の要約
Call:
lm(formula = syouhi ~ syunyu, data = rei24)
Residuals:
    Min      1Q  Median      3Q     Max
-1.8438 -0.6962 -0.2789  0.8077  2.4128
Coefficients:
            Estimate Std. Error t value Pr(>|t|)
(Intercept)  11.8303     6.0805   1.946  0.08758 .
#推定値      標準誤差   t値   β0/sqrt((1/n+bar(x)^2/Sxx)Ve)  p値  P(|t|>1.946)
syunyu        0.3763     0.1026   3.667  0.00634 **
#推定値      標準誤差   t値   β1/sqrt(Ve/Sxx)  p値  P(|t|>3.667)
---
Signif. codes:  0 '***' 0.001 '**' 0.01 '*' 0.05 '.' 0.1 ' ' 1
Residual standard error: 1.468 on 8 degrees of freedom
Multiple R-squared:  0.6269,Adjusted R-squared:  0.5803
#寄与率(決定係数)：0.6269，調整済み寄与率：0.5803
F-statistic: 13.44 on 1 and 8 DF,  p-value: 0.006341
```

【モデル】▶【仮説検定】▶【分散分析表...】を選択し，ダイアログボックスで Type I にチェックをいれ，OK をクリックすると，以下の出力結果が得られる．syunyu が syouhi に 1% で有意である (効いている) ことがみられる．そして Coefficients の下の (Intercept) の行の Estimate の値が定数項 $\beta_0$ の推定値で 11.8303 であり，syunyu の行の 0.3763 が 1 次の係数 $\beta_0$ の推定値である．つまり，回帰式が $y = 11.8303 + 0.3763x$ と推定される．

```
> anova(RegModel.1)
Analysis of Variance Table
Response: syouhi
          Df  Sum Sq Mean Sq F value   Pr(>F)
syunyu     1  28.954 28.9543  13.444 0.006341 **
Residuals  8  17.230  2.1537
---
Signif. codes:  0 '***' 0.001 '**' 0.01 '*' 0.05 '.' 0.1 ' ' 1
```

**手順 2** 回帰診断：【モデル】▶【グラフ】▶【基本的診断プロット...】を選択すると，図 2.24 が得られる．

## 2.4 単回帰分析

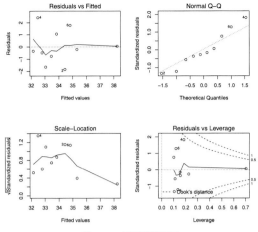

図 2.24　回帰診断の図

　左上の図は，横軸が予測値で縦軸が残差 (実測値から予測値を引いたもの) を表している．全体的な当てはまりの様子をみることができる．右上の図は，データの正規性をみるもので，点が直線上にのっていれば残差がほぼ正規分布に従っているとみなされる．左下の図は，横軸が予測値で縦軸が標準化残差の平方根を表している．全体のデータのあてはまりの様子を正の方でみるものである．右下の図は個々のデータのあてはまりへの影響度を梃子値 (leverage：レベレッジ) とクックの距離 (Cook's distance) でみている．レベレッジが大きい程あてはまりが良い．クックの距離は，0.5 を越えると影響度がやや高く，1 を越すと特に影響があるとみなされる．この場合は，特に問題なさそうである．

[分析後の推定・予測]
● 回帰係数の推定

図 2.25　信頼区間の指定

図 2.26　信頼水準の入力

　図 2.25 のように，【モデル】▶【信頼区間...】を選択し，図 2.26 のように信頼水準として 0.95 を入力し，OK を左クリックすると，以下の出力結果が得られる．

```
> Confint(RegModel.1, level=0.95)
             Estimate       2.5 %      97.5 %
(Intercept) 11.830325  -2.1913485  25.8519990
syunyu       0.376264   0.1396225   0.6129054
```

● 母回帰式の推定
母回帰式の推定と区間推定は以下のようになる．

```
> predict(RegModel.1,rei24,int="c",level=0.95)   # 推定
       fit      lwr      upr
1  38.24406 35.40331 41.08480
(中略)
10 32.14858 30.53910 33.75805
```

● データの予測

回帰式を用いたデータにおける予測と予測区間は以下のようになる．

```
> predict(RegModel.1,rei24,int="p",level=0.95)   # 予測
        fit      lwr      upr
1   38.24406 33.82562 42.66249
(中略)
10  32.14858 28.40116 35.89600
```

図 2.27 のように，【モデル】▶【グラフ】▶【効果プロット...】を選択すると，図 2.28 のように信頼区間を含めて推定される回帰式が表示される．

図 2.27　効果プロットの指定

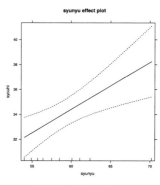

図 2.28　効果プロット

**演習 2.5** 以下に示す表 2.8 の小売店のいくつかの県での，年間の販売額 $y$ (億円/年) を売り場面積 $x$ (万 m$^2$) で説明するとき，回帰式を求めよ． ◁

**演習 2.6** 表 2.9 の大学生の月平均支出額 $y$ (万円) を，月平均収入額 $x$ (万円) で回帰するときの回帰式を推定せよ． ◁

表 2.8　県別小売店の売り場面積と販売高

| 県 (No.) | 売り場面積 $x$ (万 m$^2$) | 年間販売額 $y$ (億円) |
|---|---|---|
| 1 | 69.9 | 6944 |
| 2 | 92.9 | 7935 |
| 3 | 235.2 | 21520 |
| 4 | 350.9 | 35451 |
| 5 | 168.3 | 16542 |
| 6 | 95.1 | 8248 |
| 7 | 119.0 | 13470 |
| 8 | 168.6 | 15100 |
| 9 | 111.4 | 8418 |
| 10 | 543.9 | 54553 |
| 11 | 87.9 | 8896 |
| 12 | 138.9 | 14395 |

表 2.9　大学生の月収入額と支出額

| No. | 収入額 $x$ (万円) | 支出額 $y$ (万円) |
|---|---|---|
| 1 | 15 | 11 |
| 2 | 13 | 10 |
| 3 | 13 | 13 |
| 4 | 18.5 | 15.6 |
| 5 | 15 | 8 |
| 6 | 16 | 10 |
| 7 | 13 | 12 |
| 8 | 10.5 | 10 |
| 9 | 18 | 16 |
| 10 | 14.2 | 14.4 |
| 11 | 17 | 16 |
| 12 | 14 | 14 |
| 13 | 16 | 14.8 |
| 14 | 11 | 10 |
| 15 | 13 | 9.1 |

**b.　あてはまりの良さ**

予測値 $\hat{y}_i = \hat{\beta}_0 + \hat{\beta}_1 x_i$ $(i = 1, \ldots, n)$ と実際のデータ $y_i$ との離れ具合は，$y_i - \hat{y}_i$ でこれを**残差** (residual) といい，$e_i$ で表す．

そして，データと平均との差の分解をすると

(2.35) $$\underbrace{y_i - \overline{y}}_{\text{データと平均との差}} = y_i - \widehat{y}_i + \widehat{y}_i - \overline{y} = \underbrace{e_i}_{\text{残差}} + \underbrace{\widehat{y}_i - \overline{y}}_{\text{回帰による偏差}}$$

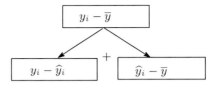

となる．

また，図 2.29 のように図示されることがわかる．

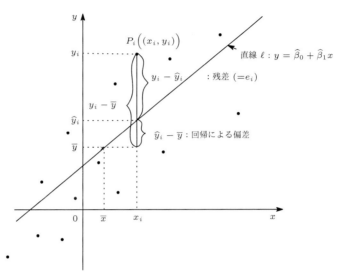

図 **2.29** 各データと平均との差の分解

そして，式 (2.35) の両辺を 2 乗して，$i$ について 1 から $n$ まで和をとると，次の全変動 (平方和) の分解の式が得られる．

(2.36) $$\underbrace{\sum_{i=1}^{n}(y_i - \overline{y})^2}_{\text{全変動}} = \sum_{i=1}^{n} e_i^2 + \sum_{i=1}^{n}(\widehat{y}_i - \overline{y})^2 + 2\underbrace{\sum_{i=1}^{n} e_i(\widehat{y}_i - \overline{y})}_{=0}$$

$$= \underbrace{\sum_{i=1}^{n} e_i^2}_{\text{残差変動}} + \underbrace{\sum_{i=1}^{n}(\widehat{y}_i - \overline{y})^2}_{\text{回帰による変動}}$$

が成立する．ここに，$S_T = S_{yy}$ であり，

(2.37) $$S_R = \sum_{i=1}^{n}(\widehat{y}_i - \overline{y})^2 = \widehat{\beta}_1^2 \sum_{i=1}^{n}(x_i - \overline{x})^2 = \frac{S_{xy}^2}{S_{xx}^2} S_{xx} = \frac{S_{xy}^2}{S_{xx}} = \widehat{\beta}_1 S_{xy}$$

(2.38) $$S_e = S_T - S_R = S_{yy} - \frac{S_{xy}^2}{S_{xx}}$$

である．つまり，

$$\underbrace{\text{全変動 (平方和)}}_{S_T} = \underbrace{\text{残差変動 (平方和)}}_{S_e} + \underbrace{\text{回帰による変動 (平方和)}}_{S_R}$$

と分解される．そこで，全変動のうちの回帰による変動の割合

(2.39) $$\frac{S_R}{S_T} = 1 - \frac{S_e}{S_T}$$

は，回帰モデルのあてはまりの良さを表す尺度 ($x$ で，どれだけ (全) 変動が説明できるか) とみられ，これを**寄与率** (proportion) または**決定係数** (coefficient of determination) といい，$R^2$ で表す．

また各平方和について，自由度 (degrees of freedom : $DF$) は次のようになる．

総平方和　$S_T(=S_{yy})$ の自由度　$\phi_T = $ データ数 $- 1 = n - 1$,

回帰平方和　$S_R$ の自由度　$\phi_R = 1$,

残差平方和　$S_e$ の自由度　$\phi_e = \phi_T - \phi_R = n - 2$

そして，変動の分解を表 2.10 のようにまとめて，分散分析表に表す．

表 2.10　分散分析表

| 要因 | 平方和 $S$ | 自由度 $\phi$ | 不偏分散 $V$ | 分散比 $F$ 値 $(F_0)$ | 期待値 $E(V)$ |
|---|---|---|---|---|---|
| 回帰による $(R)$ | $S_R$ | $\phi_R$ | $V_R$ | $\dfrac{V_R}{V_e}$ | $\sigma^2 + \beta_1^2 S_{xx}$ |
| 回帰からの残差 $(e)$ | $S_e$ | $\phi_e$ | $V_e$ | | $\sigma^2$ |
| 全変動 $(T)$ | $S_T$ | $\phi_T$ | | | |

$S_R = S_{xy}^2/S_{xx}, \quad S_e = S_{yy} - S_R, \quad S_T = S_{yy}$
$\phi_R = 1, \quad \phi_e = n - 2, \quad \phi_T = n - 1$
$V_R = S_R/\phi_R = S_R, \quad V_e = S_e/\phi_e = S_e/(n-2) \quad (=\widehat{\sigma}^2)$

**注 2.2** 期待値については，基礎的な確率・統計の本を参照されたい．　◁

$y$ と予測値 $\widehat{y}$ の相関係数を $r_{y\widehat{y}}$ で表し，これを特に**重相関係数** (multiple correlation coefficient) という．本によって $R$ で表しているが，相関行列を表すのに同じ文字 $R$ を用いているので，混同しないようにしていただきたい．

$$(2.40) \quad S_{y\widehat{y}} = \sum_{i=1}^{n}(y_i - \overline{y})(\widehat{y}_i - \overline{y}) = \sum_{i=1}^{n}(y_i - \widehat{y}_i + \widehat{y}_i - \overline{y})(\widehat{y}_i - \overline{y})$$
$$= \underbrace{\sum_{i=1}^{n} e_i(\widehat{y}_i - \overline{y})}_{=0} + \sum_{i=1}^{n}(\widehat{y}_i - \overline{y})^2 = S_R$$

だから，

$$(2.41) \quad r_{y\widehat{y}} = \frac{S_{y\widehat{y}}}{\sqrt{S_{yy}}\sqrt{S_{\widehat{y}\widehat{y}}}} = \frac{\sum_{i=1}^{n}(y_i - \overline{y})(\widehat{y}_i - \overset{=\overline{y}}{\overline{\widehat{y}}})}{\sqrt{\sum_{i=1}^{n}(y_i - \overline{y})^2}\sqrt{\sum_{i=1}^{n}(\widehat{y}_i - \overline{y})^2}}$$
$$= \frac{S_R}{\sqrt{S_T}\sqrt{S_R}} = \sqrt{\frac{S_R}{S_T}} = \sqrt{R^2}$$

であり，次の関係がある．

---
**公式**

$$(2.42) \quad r_{y\widehat{y}}^2 = \frac{S_R}{S_T} \quad \text{つまり，} y \text{ と予測値 } \widehat{y} \text{ の相関係数の 2 乗 = 寄与率}$$

---

**例題 2.5　寄与率の計算**

例題 2.4 のデータに関して，平均月収額による消費額に対する寄与率を求めよ．また回帰モデルを要因とした分散分析表を作成せよ．

【モデル】▶【モデルの要約】を選択し左クリックすると以下の出力が得られる．

```
> summary(RegModel.1, cor=FALSE)
Call:
```

```
lm(formula = syouhi ~ syunyu, data = rei24)
Residuals:
    Min      1Q  Median      3Q     Max
-1.8438 -0.6962 -0.2789  0.8077  2.4128
Coefficients:
            Estimate Std. Error t value Pr(>|t|)
(Intercept)  11.8303     6.0805   1.946  0.08758 .
syunyu        0.3763     0.1026   3.667  0.00634 **
---
Signif. codes:  0 '***' 0.001 '**' 0.01 '*' 0.05 '.' 0.1 ' ' 1
Residual standard error: 1.468 on 8 degrees of freedom
Multiple R-squared:  0.6269,Adjusted R-squared:  0.5803
F-statistic: 13.44 on 1 and 8 DF,  p-value: 0.006341
```

【モデル】▶【仮説検定】▶【分散分析表…】を選択し，Type I にチェックをいれ，OK を左クリックすると，以下の出力結果が得られる．syunyu が syouhi に 1% で有意である (効いている) ことがみられる．

```
> anova(RegModel.1)
Analysis of Variance Table
Response: syouhi
          Df Sum Sq Mean Sq F value   Pr(>F)
syunyu     1 28.954 28.9543 13.444 0.006341 **
Residuals  8 17.230  2.1537
---
Signif. codes:  0 '***' 0.001 '**' 0.01 '*' 0.05 '.' 0.1 ' ' 1
```

**演習 2.7** 演習 2.5, 演習 2.6 での寄与率を求めよ． ◁

**演習 2.8** 表 2.11 のある年の少年野球チームの勝率について，チーム打率で回帰する場合の寄与率，およびチーム得点/失点で回帰するときの寄与率を求めよ． ◁

表 2.11 少年野球チーム勝率表

| 項目<br>チーム名 | 勝率 | 打率 | 得点/失点 |
|---|---|---|---|
| A | 0.585 | 0.277 | 1.23 |
| B | 0.556 | 0.248 | 1.07 |
| C | 0.541 | 0.267 | 1.15 |
| D | 0.489 | 0.253 | 0.900 |
| E | 0.444 | 0.265 | 0.943 |
| F | 0.385 | 0.242 | 0.764 |

## c. 回帰に関する検定・推定

**(i) 回帰係数に関する検定**

① $\beta_1$ について，ある既知の値 $\beta_1^\circ$ と等しいかどうかを検定

仮説は

$$\begin{cases} 帰無仮説 & H_0 : \beta_1 = \beta_1^\circ \quad (\beta_1^\circ : 既知) \\ 対立仮説 & H_1 : \beta_1 \neq \beta_1^\circ \end{cases}$$

である．そして，$\dfrac{\widehat{\beta}_1 - \beta_1}{\sqrt{\sigma^2/S_{xx}}} \sim N(0, 1^2)$ で $\sigma^2$ : 未知だから，$\sigma^2$ の代わりに $V_e = \dfrac{S_e}{n-2}$ を代入して，

$$\frac{\widehat{\beta}_1 - \beta_1}{\sqrt{V_e/S_{xx}}} \sim t_{n-2}$$

である．そこで，仮説 $H_0$ のもとで，
$$t_0 = \frac{\widehat{\beta}_1 - \beta_1^\circ}{\sqrt{V_e/S_{xx}}} \sim t_{n-2}$$
であるので，次の検定方式が採用される．

---
**検定方式**

回帰係数に関する検定 ($H_0$:$\beta_1 = \beta_1^\circ$ ($\beta_1^\circ$: 既知), $H_1$:$\beta_1 \neq \beta_1^\circ$) について
$$|t_0| \geqq t(n-2, \alpha) \implies H_0 \text{ を棄却する}$$

---

特に，$\beta_1^\circ = 0$ のときは，帰無仮説 $H_0$ は $\beta_1 = 0$ で，傾きが 0 より，$x$ の変化が $y$ に効かないことを意味し，$y$ が $x$ によって説明されず，モデルが役に立たないことになる．**零仮説の検定** (回帰モデルが有効かどうかの検定) ともいわれる．

② <u>母切片 $\beta_0$ について，既知の値 $\beta_0^\circ$ に等しいかどうかの検定</u>

仮説は
$$\begin{cases} \text{帰無仮説} & H_0 : \beta_0 = \beta_0^\circ \quad (\beta_0^\circ: \text{既知}) \\ \text{対立仮説} & H_1 : \beta_0 \neq \beta_0^\circ \end{cases}$$

である．$\widehat{\beta}_0 \sim N\left(\beta_0, \left(\frac{1}{n} + \frac{\overline{x}^2}{S_{xx}}\right)\sigma^2\right)$ から
$$\frac{\widehat{\beta}_0 - \beta_0}{\sqrt{\left(\frac{1}{n} + \frac{\overline{x}^2}{S_{xx}}\right)V_e}} \sim t_{n-2}$$

である．そこで，帰無仮説 $H_0$ のもと
$$t_0 = \frac{\widehat{\beta}_0 - \beta_0^\circ}{\sqrt{\left(\frac{1}{n} + \frac{\overline{x}^2}{S_{xx}}\right)V_e}} \sim t_{n-2} \quad \text{under} \quad H_0$$

から，次の検定方式が採用される．

---
**検定方式**

母切片に関する検定 ($H_0$:$\beta_0 = \beta_0^\circ$ ($\beta_0^\circ$: 既知), $H_1$:$\beta_0 \neq \beta_0^\circ$) について
$$|t_0| \geqq t(n-2, \alpha) \implies H_0 \text{ を棄却する}$$

---

**(ii) 回帰係数，母回帰の推定**

---
**推定方式**

$\beta_1$ の点推定量は，$\widehat{\beta}_1 = \dfrac{S_{xy}}{S_{xx}}$

回帰係数 $\beta_1$ の信頼率 $100(1-\alpha)\%$ の信頼区間は，

(2.43)
$$\widehat{\beta}_1 \pm t(n-2, \alpha)\sqrt{\frac{V_e}{S_{xx}}}$$

---

である．また，ある指定された $x_0$ での母回帰 $f_0 = \beta_0 + \beta_1 x_0$ の点推定は，$\widehat{f}_0 = \widehat{\beta}_0 + \widehat{\beta}_1 x_0$ で，
$$\widehat{f}_0 \sim N\left(f_0, \left(\frac{1}{n} + \frac{(x_0 - \overline{x})^2}{S_{xx}}\right)\sigma^2\right)$$
より，次式で与えられる．

---
**推定方式**

$x = x_0$ での母回帰 $f_0$ の点推定量は，$\widehat{f}_0 = \widehat{\beta}_0 + \widehat{\beta}_1 x_0$

$f_0$ の信頼率 $100(1-\alpha)\%$ の信頼区間は，

(2.44)
$$\widehat{f}_0 \pm t(n-2, \alpha)\sqrt{\left(\frac{1}{n} + \frac{(x_0 - \overline{x})^2}{S_{xx}}\right)V_e}$$

---

特に $x_0 = 0$ のときには，母切片 $\beta_0$ の信頼区間となる．

**(iii) 個々のデータの予測**

$x = x_0$ のときの次のデータの値 $y_0$ の予測値 $\widehat{y_0}$ は, $y_0 = f_0 + \varepsilon = \beta_0 + \beta_1 x_0 + \varepsilon$ から $\widehat{y_0} = \widehat{\beta_0} + \widehat{\beta_1} x_0$ であり,

$$E[(\widehat{y_0} - y_0)^2] = E[(\widehat{y_0} - f_0)^2] + E[(y_0 - f_0)^2] = \left\{1 + \frac{1}{n} + \frac{(x_0 - \overline{x})^2}{S_{xx}}\right\}\sigma^2$$

より

---
**推定方式**

$x = x_0$ におけるデータ $y_0$ の予測値 $\widehat{y_0}$ は, $\quad \widehat{y_0} = \widehat{\beta_0} + \widehat{\beta_1} x_0$

$y_0$ の信頼率 $100(1-\alpha)\%$ の予測区間は,

(2.45) $\quad \widehat{\beta_0} + \widehat{\beta_1} x_0 \pm t(n-2, \alpha)\sqrt{\left(1 + \dfrac{1}{n} + \dfrac{(x_0 - \overline{x})^2}{S_{xx}}\right) V_e}$

---

で与えられる.

**(iv) 残差の検討**

仮定したモデルが, データに適合しているかどうかを検討するための有効な方法に残差の検討がある. データに異常値が含まれていないか, 層別の必要はないか, 回帰式は線形回帰でよいのか, 回帰のまわりの誤差は等分散か, 誤差は互いに独立か, などを調べる手段となる. 実際, **標準 (基準, 規準) 化残差** $e'_i = e_i/\sqrt{V_e}$ を求め, そのヒストグラム作成, $(x_i, e'_i)$ $(i = 1, \ldots, n)$ の打点 (プロット) などにより検討する. 図 2.30 に, その例として残差に関するグラフをのせている. 図 2.30 (a) は標準化残差のヒストグラム, (b) は標準化残差の時系列プロット, (c) は説明変数と標準化残差の散布図である.

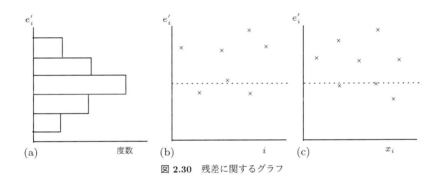

図 2.30 残差に関するグラフ

---
**例題 2.6 回帰診断, 信頼区間の構成**

例題 2.4 のデータに関して, 平均月収額による消費額の回帰モデルは有効か検討せよ. 回帰診断 (残差分析, 多重共線性) を行え. 更に回帰式の 95%信頼区間およびデータの 95%信頼予測区間を構成してみよ.

---

**手順 1** 回帰診断：【モデル】▶【グラフ】▶【基本的診断プロット...】を選択すると, 図 2.31 が得られる.

```
> anova(rei24.lm)
Analysis of Variance Table
Response: syouhi
          Df  Sum Sq  Mean Sq  F value   Pr(>F)
syunyu     1  28.9543  28.9543  13.444  0.006341 **
Residuals  8  17.2297   2.1537
---
Signif. codes:  0 '***' 0.001 '**' 0.01 '*' 0.05 '.' 0.1 ' ' 1
```

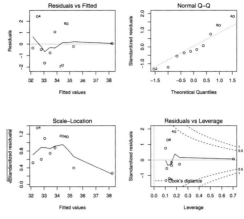

図 2.31　回帰診断の図

● 回帰式の信頼区間

```
> predict(rei24.lm,int="c",level=0.95)#intはinterval, cはconfidenceの短縮形
       fit      lwr      upr
1  38.24406 35.40331 41.08480
2  34.44379 33.34673 35.54085
(中略)
9  33.84177 32.76283 34.92071
10 32.14858 30.53910 33.75805
```

● データの予測区間

```
> predict(rei24.lm,int="p",level=0.95)#intはinterval, pはpredictionの短縮形
       fit      lwr      upr
1  38.24406 33.82562 42.66249
2  34.44379 30.88623 38.00135
(中略)
9  33.84177 30.28975 37.39379
10 32.14858 28.40116 35.89600
> x0<-data.frame(syunyu=50)
> predict(rei24.lm,x0,int="c",level=0.95)
        fit      lwr      upr
[1,] 30.64352 28.24306 33.04398
> predict(rei24.lm,x0,int="p",level=0.95)
        fit      lwr      upr
[1,] 30.64352 26.49444 34.79261
```

母回帰式の信頼区間，データの予測区間を従来のデータにおいて求めグラフ表示すると，図 2.32 のようになる．

```
> new<-data.frame(syunyu=seq(min(syunyu),max(syunyu),0.1))
> d<-lm(syouhi~syunyu,data=rei24)
> dp<-predict(d,new,int="p",level=0.95)
> dc<-predict(d,new,int="c",level=0.95)
> matplot(new$syunyu,cbind(dp,dc),lty=c(1,2,2,3,3),type="l")
```

次に，今までの手順をまとめておこう．

## 2.4 単回帰分析

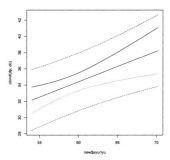

図 2.32 回帰式の信頼区間とデータの予測区間

---
**解析手順**

1) モデルの設定と前提条件の確認 (散布図の作成を含む)
2) 回帰式の推定
3) 分散分析表の作成
4) 残差の検討
5) 回帰に関する検定・推定，目的変数の予測など
---

**例題 2.7**

表 2.12 の 8 世帯の所得額 $x$ と，そのうちの貯蓄額 $y$ のデータに関して，$y$ の $x$ による単回帰モデルを設定し解析せよ．また，$x = x_0 = 30$ (万円) における回帰式の信頼区間，データの予測値の信頼区間を求めよ．

表 2.12 所得額と貯蓄額のデータ

| No. | 所得額 $x$ (万円) | 貯蓄額 $y$ (万円) |
|---|---|---|
| 1 | 36 | 6 |
| 2 | 32 | 4.5 |
| 3 | 19 | 2 |
| 4 | 24 | 3 |
| 5 | 28 | 4 |
| 6 | 42 | 6 |
| 7 | 51 | 8 |
| 8 | 26 | 3 |

図 2.33 データの表示

[予備解析]

**手順1** データの読み込み：【データ】▶【データのインポート】▶【テキストファイルまたはクリップボード，URL から...】 を選択し，ダイアログボックスで，フィールドの区切り記号としてカンマにチェックをいれて，OK を左クリックする．フォルダからファイルを指定後，開く (O) を左クリックする．データセットを表示 をクリックすると，図 2.33 のようにデータが表示される．

**手順2** 基本統計量の計算：【統計量】▶【要約】▶【アクティブデータセット】 を選択すると，以下の出力結果が得られる．

```
> summary(rei27)
      No.           syotoku         cyotiku
 Min.   :1.00   Min.   :19.00   Min.   :2.000
 1st Qu.:2.75   1st Qu.:25.50   1st Qu.:3.000
 Median :4.50   Median :30.00   Median :4.250
 Mean   :4.50   Mean   :32.25   Mean   :4.562
 3rd Qu.:6.25   3rd Qu.:37.50   3rd Qu.:6.000
 Max.   :8.00   Max.   :51.00   Max.   :8.000
```

次に，【統計量】▶【要約】▶【数値による要約...】を選択し，変数として cyotiku と syotoku を選択すると，以下の出力結果が得られる．

```
> numSummary(rei27[,c("cyotiku", "syotoku")], statistics=c("mean", "sd", "IQR",
+     "quantiles", "cv", "skewness", "kurtosis"), quantiles=c(0,.25,.5,.75,1),
+     type="2")
           mean       sd IQR        cv  skewness    kurtosis 0%  25%   50%  75%
cyotiku  4.5625  1.98993   3 0.4361490 0.5300079 -0.45458019  2  3.0  4.25  6.0
syotoku 32.2500 10.43004  12 0.3234121 0.7323914  0.02912591 19 25.5 30.00 37.5
        100% n
cyotiku    8 8
syotoku   51 8
```

手順 3　グラフの作成：【グラフ】▶【散布図...】を選択し，$x$ 変数として syotoku, $y$ 変数として cyotiku を選択すると図 2.34 のような散布図が得られる．正の相関がありそうである．

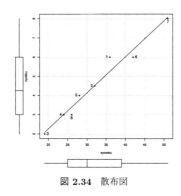

図 2.34　散布図

[モデルの設定と分析]

手順 1　回帰式の推定：【統計量】▶【モデルへの適合】▶【線形回帰...】を選択し，目的変数として cyotiku，説明変数として syotoku を選択して OK すると，以下の出力結果が得られる．

```
> RegModel.5 <- lm(cyotiku~syotoku, data=rei27)
> summary(RegModel.5)
Call:
lm(formula = cyotiku ~ syotoku, data = rei27)
Residuals:
     Min      1Q  Median      3Q     Max
-0.39183 -0.15779 -0.04604  0.04777  0.73391
Coefficients:
            Estimate Std. Error t value Pr(>|t|)
(Intercept) -1.48835    0.47605  -3.126   0.0204 *
syotoku      0.18762    0.01413  13.279 1.13e-05 ***
---
Signif. codes:  0 '***' 0.001 '**' 0.01 '*' 0.05 '.' 0.1 ' ' 1
Residual standard error: 0.3899 on 6 degrees of freedom
Multiple R-squared:  0.9671,Adjusted R-squared:  0.9616
F-statistic: 176.3 on 1 and 6 DF,  p-value: 1.127e-05
```

【モデル】▶【仮説検定】▶【分散分析表...】を選択し，逐次的平方和 (Type I) にチェックをいれて，OK を左クリックすると，以下の出力結果が得られる．

```
> anova(RegModel.5)
Analysis of Variance Table
Response: cyotiku
          Df  Sum Sq  Mean Sq  F value    Pr(>F)
syotoku    1 26.8067  26.807   176.34 1.127e-05 ***
Residuals  6  0.9121   0.152
---
Signif. codes:  0 '***' 0.001 '**' 0.01 '*' 0.05 '.' 0.1 ' ' 1
```

**手順 2** 回帰診断：【モデル】▶【グラフ】▶【基本的診断プロット...】を選択すると，図 2.35 が得られる．

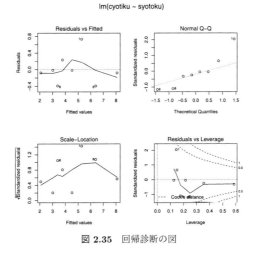

図 2.35 回帰診断の図

[分析後の推定・予測]

● 回帰母数の推定 (点推定・区間推定)

【モデル】▶【信頼区間】と選択し，信頼水準に 0.95 を入力して OK を左クリックすると，以下の出力結果が得られる．

```
> Confint(RegModel.1, level=0.95) #回帰係数の点推定・区間推定
             Estimate        2.5 %      97.5 %
(Intercept) -1.4883454  -2.6532067  -0.3234841
syotoku      0.1876231   0.1530508   0.2221954
```

● 母回帰式の推定

```
> predict(RegModel.1,rei27,int="c",level=0.95)  # 推定
       fit      lwr      upr
1 5.266087 4.904727 5.627446
2 4.515594 4.178182 4.853007
(中略)
7 8.080433 7.349697 8.811170
8 3.389856 2.989279 3.790432
```

● データの予測

```
> predict(RegModel.1,rei27,int="p",level=0.95) # 予測
       fit      lwr      upr
1 5.266087 4.245910 6.286263
```

```
2 4.515594 3.503652 5.527536
(中略)
7 8.080433 6.878703 9.282163
8 3.389856 2.355138 4.424573
#特定の値での推定・予測
> x0<-data.frame(syotoku=30)
> predict(RegModel.5,x0,int="c",level=0.90)
      fit      lwr      upr
1 4.140348 3.865454 4.415242
> predict(RegModel.5,x0,int="p",level=0.90)
      fit      lwr      upr
1 4.140348 3.334387 4.946309
```

● モデルのもとでの効果の確認

【モデル】▶【グラフ】▶【効果プロット...】を選択すると，図 2.36 が得られる．

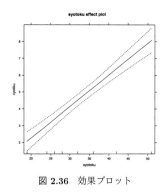

図 2.36 効果プロット

表 2.13 従業員数と売上げ高

| No. | 従業員数 $x$ (千人) | 売上げ高 $y$ (千万円) |
|---|---|---|
| 1 | 52 | 45.3 |
| 2 | 45 | 32.6 |
| 3 | 28 | 25.7 |
| 4 | 39 | 32.9 |
| 5 | 42 | 35.1 |
| 6 | 51 | 39.6 |
| 7 | 35 | 30.3 |
| 8 | 25 | 18.4 |

**演習 2.9** 表 2.13 の売上げ高を，従業員数で回帰する場合にモデルをたてて解析せよ． ◁

### 2.4.2 繰返しのある単回帰分析

各水準 $x_i$ で，繰返しが $n_i$ $(i=1,\ldots,k)$ 回ある場合の観測値 $y_{ij}$ について，以下のような単回帰モデルを考える．

$$(2.46) \quad y_{ij} = \beta_0 + \beta_1 x_i + \gamma_i + \varepsilon_{ij} \quad (i=1,\ldots,k; j=1,\ldots,n_i)$$

ただし，$\gamma_i$ はモデルのあてはまり具合を表す量であり，全サンプル数は $\sum_{i=1}^{k} n_i = n$ で，$\varepsilon_{ij}$ は互いに独立に $N(0,\sigma^2)$ に従う．そこで式 (2.46) の単回帰モデルでの誤差は，<u>あてはまりの悪さ $\gamma_i$ と誤差</u>の和に対応している．

そして，データと全平均との偏差を次のように分解する．

$$(2.47) \quad \underbrace{y_{ij} - \overline{\overline{y}}_{..}}_{\text{データと平均との偏差}} = \underbrace{y_{ij} - \overline{y}_{i.}}_{\text{級内の偏差}} + \underbrace{\overline{y}_{i.} - \overline{\overline{y}}_{..}}_{\text{級間の偏差}}$$

$$= \underbrace{y_{ij} - \overline{y}_{i.}}_{\text{級(群)内での偏差}} + \underbrace{\overline{y}_{i.} - (\widehat{\beta}_0 + \widehat{\beta}_1 x_i)}_{\text{モデルのあてはまりの偏差}} + \underbrace{(\widehat{\beta}_0 + \widehat{\beta}_1 x_i) - \overline{\overline{y}}_{..}}_{\text{回帰による偏差}}$$

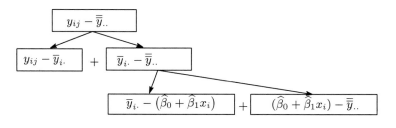

式 (2.47) の両辺を 2 乗し，$i, j$ について総和をとると，次の式がえられる．

(2.48)
$$S_T = \sum_{i=1}^{k} \sum_{j=1}^{n_i} (y_{ij} - \overline{\overline{y}}_{..})^2$$
$$= \underbrace{\sum_{i=1}^{k} \sum_{j=1}^{n_i} (y_{ij} - \overline{y}_{i.})^2}_{\text{級内の変動}} + \underbrace{\sum_{i=1}^{k} n_i (\overline{y}_{i.} - \overline{\overline{y}}_{..})^2}_{\text{級間の変動}} = S_E + S_A$$
$$= \underbrace{\sum_{i=1}^{k} \sum_{j=1}^{n_i} (y_{ij} - \overline{y}_{i.})^2}_{\text{級 (群) 内での変動}} + \underbrace{\sum_{i=1}^{k} n_i (\overline{y}_{i.} - \widehat{\beta}_0 - \widehat{\beta}_1 x_i)^2}_{\text{モデルのあてはまり}} + \underbrace{\sum_{i=1}^{k} n_i (\widehat{\beta}_0 + \widehat{\beta}_1 x_i - \overline{\overline{y}}_{..})^2}_{\text{回帰による変動}}$$
$$= S_E + S_{lof} + S_R \quad (S_A = S_{lof} + S_R, \quad S_e = S_E + S_{lof})$$

ここで，各平方和を計算するため，式を導いておこう．

$$T = y_{..} = \sum_{i=1}^{k} \sum_{j=1}^{n_i} y_{ij} \quad \text{(データの総和)}, \quad CT = \frac{T^2}{n} \quad \text{(修正項, } n = \sum_{i=1}^{k} n_i \text{は総データ数)}$$

$$S_T = S_{yy} = \sum_{i=1}^{k} \sum_{j=1}^{n_i} y_{ij}^2 - CT \quad \text{(総平方和)}, \quad S_A = \sum_{i=1}^{k} \frac{y_{i.}^2}{n_i} - CT \quad \text{(要因 } A \text{ の平方和)}$$

$$S_E = S_T - S_A \quad \text{(誤差 } E \text{ の平方和)}$$

$$S_{xy} = \sum_{i=1}^{k} \sum_{j=1}^{n_i} x_i y_{ij} - \frac{\left(\sum_{i=1}^{k} n_i x_i\right) \left(\sum_{i=1}^{k} \sum_{j=1}^{n_i} y_{ij}\right)}{n}, \quad S_{xx} = \sum_{i=1}^{k} n_i x_i^2 - \frac{\left(\sum_{i=1}^{k} n_i x_i\right)^2}{n}$$

$$S_R = \frac{S_{xy}^2}{S_{xx}} \quad \text{(回帰平方和)}, \quad S_{lof} = S_A - S_R \quad \text{(あてはまりの悪さの平方和)}$$

また自由度は，

$$\phi_T = n - 1, \quad \phi_A = k - 1, \quad \phi_E = \phi_T - \phi_A = n - k, \quad \phi_R = 1, \quad \phi_{lof} = \phi_A - \phi_R = k - 2$$

である．データの分解を図に表せば，図 2.37 のようになる．

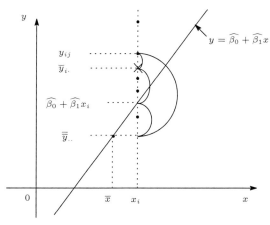

図 **2.37** 変動の分解

更に，表 2.14 のようにまとめられる．

この分散分析表から，あてはまりの悪さが十分小さい (例えば，有意水準 20%で有意ぐらい) ならば，誤差 $E$ へプールして表 2.15 のように分散分析表をつくりなおす．

そしてこの表 2.15 で，$R$ についての $F$ 値が大きく有意であれば，データの構造式を

$$y_{ij} = \beta_0 + \beta_1 x_i + \varepsilon_{ij}$$

として，解析をすすめる．

表 2.14 分散分析表

| 要因 | 平方和 $S$ | 自由度 $\phi$ | 不偏分散 $V$ | 分散比 $F$ 値 ($F_0$) | 期待値 $E(V)$ |
|---|---|---|---|---|---|
| 回帰による ($R$) | $S_R$ | $\phi_R$ | $V_R$ | $\dfrac{V_R}{V_E}$ | $\sigma^2 + \beta_1^2 \sum_{i=1}^{k} n_i (x_i - \overline{x})^2$ |
| あてはまり ($lof$) | $S_{lof}$ | $\phi_{lof}$ | $V_{lof}$ | $\dfrac{V_{lof}}{V_E}$ | $\sigma^2 + \sum_{i=1}^{k} \dfrac{n_i \gamma_i^2}{k-2}$ |
| 級間 ($A$) | $S_A$ | $\phi_A$ | $V_A$ | $\dfrac{V_A}{V_E}$ | $\sigma^2 + \sum_{i=1}^{k} \dfrac{n_i \alpha_i^2}{k-1}$ |
| 級内 ($W = E$) | $S_E$ | $\phi_E$ | $V_E$ | | $\sigma^2$ |
| 全変動 ($T$) | $S_T$ | $\phi_T$ | | | |

$S_A = S_R + S_{lof}, \quad S_T = S_A + S_E, \quad lof$：あてはまりの悪さ
$\phi_R = 1, \quad \phi_{lof} = k-2, \quad \phi_A = \phi_R + \phi_{lof} = k-1,$
$\phi_E = n-k, \quad \phi_T = \phi_A + \phi_E = n-1, \quad \alpha_i = \beta_1 x_i + \gamma_i$

表 2.15 プーリング後の分散分析表

| 要因 | 平方和 $S$ | 自由度 $\phi$ | 不偏分散 $V$ | 分散比 $F$ 値 ($F_0$) | 期待値 $E(V)$ |
|---|---|---|---|---|---|
| 回帰による ($R$) | $S_R$ | $\phi_R$ | $V_R$ | $\dfrac{V_R}{V_e}$ | $\sigma^2 + \beta_1^2 \sum_{i=1}^{k} n_i (x_i - \overline{x})^2$ |
| 級内 ($e$) | $S_e$ | $\phi_e$ | $V_e$ | | $\sigma^2$ |
| 全変動 ($T$) | $S_T$ | $\phi_T$ | | | |

$S_e = S_E + S_{lof}, \quad \phi_e = \phi_E + \phi_{lof}, \quad V_e = S_e/\phi_e$

---

**例題 2.8**

表 2.16 の，あるスーパーの 5 支店 (その売り場面積を水準とみる) での年 2 回ずつの決算での売上げ高のデータについて，単回帰分析により解析せよ．

表 2.16 売り場面積と売上げ高

| No. | 売り場面積 $x$ (百 $m^2$) | 売上げ $y$ (千万円) | |
|---|---|---|---|
| 1 | 4 | 5 | 6 |
| 2 | 6 | 8 | 7 |
| 3 | 12 | 11 | 13 |
| 4 | 8 | 10 | 9 |
| 5 | 5 | 7 | 7.5 |

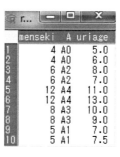

図 2.38 データの表示

[予備解析]

**手順 1** データの読み込み：【データ】▶【データのインポート】▶【テキストファイルまたはクリップボード，URL から...】を選択し，ダイアログボックスで，フィールドの区切り記号としてカンマにチェックをいれて，OK を左クリックする．フォルダからファイルを指定後，開く(O) をクリックする．そして，データセットを表示 をクリックすると，図 2.38 のようにデータが表示される．

**手順 2** 基本統計量の計算：【統計量】▶【要約】▶【アクティブデータセット】を選択すると，以下の出力結果が得られる．

```
> summary(rei28)
    menseki        A          uriage
 Min.   : 4    A0:2    Min.   : 5.00
 1st Qu.: 5    A1:2    1st Qu.: 7.00
 Median : 6    A2:2    Median : 7.75
```

```
   Mean   : 7     A3:2    Mean   : 8.35
   3rd Qu.: 8     A4:2    3rd Qu.: 9.75
   Max.   :12             Max.   :13.00
```

次に，【統計量】▶【要約】▶【数値による要約...】を選択し，変数として menseki と uriage を選択し，OK を左クリックする．以下の出力結果が得られる．

```
> numSummary(rei28[,c("menseki", "uriage")], statistics=c("mean", "sd", "IQR",
+   "quantiles", "cv", "skewness", "kurtosis"), quantiles=c(0,.25,.5,.75,1),
+   type="2")
        mean       sd  IQR        cv  skewness    kurtosis 0% 25%  50%  75% 100%
menseki 7.00 2.981424 3.00 0.4259177 0.9433412 -0.33950893  4   5 6.00 8.00   12
uriage  8.35 2.427276 2.75 0.2906917 0.6581846 -0.01302393  5   7 7.75 9.75   13
         n
menseki 10
uriage  10
```

**手順 3** グラフの作成：【グラフ】▶【散布図...】を選択し，$x$ 変数に menseki，$y$ 変数として uriage を選択し，オプションで周辺箱ひげ図，最小 2 乗直線，interactively with mouse にチェックを入れ，OK をクリックすると，図 2.39 の出力結果が得られる．

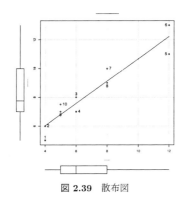

図 **2.39** 散布図

[モデルの設定と分析]

**手順 1** 回帰式の推定：【統計量】▶【モデルへの適合】▶【線形回帰...】を選択し，目的変数に uriage，説明変数として menseki を選択し，OK を左クリックすると，以下の出力結果が得られる．

```
> LinearModel.3 <- lm(uriage ~ A, data=rei28)
> summary(LinearModel.3)
Call:
lm(formula = uriage ~ A, data = rei28)
Residuals:
    1     2     3     4     5     6     7     8     9    10
-0.50  0.50  0.50 -0.50 -1.00  1.00  0.50 -0.50 -0.25  0.25
Coefficients:
            Estimate Std. Error t value Pr(>|t|)
(Intercept)   5.5000     0.6021   9.135 0.000263 ***
A[T.A1]       1.7500     0.8515   2.055 0.095003 .
(中略)
A[T.A4]       6.5000     0.8515   7.634 0.000614 ***
Signif. codes:  0 '***' 0.001 '**' 0.01 '*' 0.05 '.' 0.1 ' ' 1
Residual standard error: 0.8515 on 5 degrees of freedom
```

```
Multiple R-squared:  0.9316,Adjusted R-squared:  0.8769
F-statistic: 17.03 on 4 and 5 DF,  p-value: 0.004068
```

【モデル】▶【仮説検定】▶【分散分析表】を選択し，TypeIにチェックをいれて，OK を左クリックすると，以下の出力結果が得られる．

```
> anova(LinearModel.3)
Analysis of Variance Table
Response: uriage
          Df Sum Sq Mean Sq F value   Pr(>F)
A          4 49.400  12.350  17.035 0.004068 **
Residuals  5  3.625   0.725
Signif. codes:  0 '***' 0.001 '**' 0.01 '*' 0.05 '.' 0.1 ' ' 1
```

【統計量】▶【モデルへの適合】▶【線形回帰...】を選択し，目的変数に uriage, 説明変数として menseki を選択し，OK を左クリックすると，以下の出力結果が得られる．

```
> RegModel.1 <- lm(uriage~menseki, data=rei28)
> summary(RegModel.1)
Call:
lm(formula = uriage ~ menseki, data = rei28)
Residuals:
    Min      1Q  Median      3Q     Max
-1.2250 -0.4625  0.0875  0.6312  0.8750
Coefficients:
            Estimate Std. Error t value Pr(>|t|)
(Intercept)  2.92500    0.66565   4.394   0.0023 **
menseki      0.77500    0.08817   8.790  2.2e-05 ***
Signif. codes:  0 '***' 0.001 '**' 0.01 '*' 0.05 '.' 0.1 ' ' 1
Residual standard error: 0.7886 on 8 degrees of freedom
Multiple R-squared:  0.9062,Adjusted R-squared:  0.8944
F-statistic: 77.27 on 1 and 8 DF,  p-value: 2.203e-05
```

【モデル】▶【仮説検定】▶【分散分析表】を選択し，TypeIにチェックをいれて，OK を左クリックすると，以下の出力結果が得られる．

```
> anova(RegModel.1)
Analysis of Variance Table
Response: uriage
          Sum Sq Df F value    Pr(>F)
menseki   48.050  1  77.266 2.203e-05 ***
Residuals  4.975  8
Signif. codes:  0 '***' 0.001 '**' 0.01 '*' 0.05 '.' 0.1 ' ' 1
```

**手順2** 回帰診断：【モデル】▶【グラフ】▶【基本的診断プロット...】を選択すると，図 2.40 が得られる．

[分析後の推定・予測]
● 回帰母数の推定

【モデル】▶【信頼区間】と選択し，信頼水準に 0.95 を入力して OK を左クリックすると，以下の出力結果が得られる．

```
> Confint(RegModel.7, level=0.95)#回帰母数の点推定・区間推定
```

## 2.4 単回帰分析

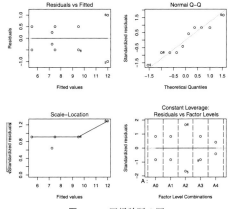

図 2.40 回帰診断の図

```
            Estimate     2.5 %      97.5 %
(Intercept) 2.925    1.3900153  4.4599847
menseki     0.775    0.5716863  0.9783137
```

● 母回帰式の推定

```
> predict(RegModel.1,rei24,int="c",level=0.95)   # 推定
       fit      lwr      upr
1   38.24406 35.40331 41.08480
(中略)
10  32.14858 30.53910 33.75805
```

● データの予測

```
> predict(RegModel.1,rei24,int="p",level=0.95)   # 予測
       fit      lwr      upr
1   38.24406 33.82562 42.66249
(中略)
10  32.14858 28.40116 35.89600
```

**演習 2.10** ある製品の強度特性 $y$ は，化合する際の添加剤の量 $x$ の影響をうけると考えられる．それを調べるために，添加剤の量 $x$ に関して 6 水準の各水準で繰り返し，3 回の計 18 回の実験をランダムに行い，以下の表 2.17 のデータを得た．このとき，単回帰モデルをたてて検討せよ． ◁

表 2.17 添加剤と強度特性のデータ

| No. | 添加剤の量 $x$ (g) | $y$ | | |
|---|---|---|---|---|
| 1 | 3  | 4.2  | 5.4  | 4.6  |
| 2 | 5  | 6.8  | 6.6  | 6.2  |
| 3 | 7  | 7.5  | 8.2  | 9.1  |
| 4 | 10 | 10.8 | 11.2 | 11.6 |
| 5 | 12 | 12.9 | 13.2 | 12.6 |
| 6 | 15 | 16.7 | 17.4 | 16.9 |

### 2.4.3 データの変換・保存など

以下では，例題 2.7 をもとに説明しよう．

● データの変換

[例]　　$x \to \log(x)$

図 2.41 のように，【データ】▶【アクティブデータセット内の変数の管理...】▶【新しい変数を計算...】を選択し，図 2.42 のように現在の変数に syotoku を選択し，新しい変数名に lnsyotoku を入力し，計算式として log(syotoku) を入力して OK をクリックする．そして データセットを表示 をクリックすると，図 2.43 のように確認される．

図 2.41　新しい変数を計算

図 2.42　新しい変数の計算式

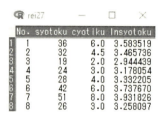

図 2.43　変換後のデータの確認

図 2.44　モデルのもとで計算された変数の保存の指定

● 計算結果の保存

例題 2.7 で回帰分析を実行したとき，図 2.44 のように，【モデル】▶【計算結果をデータとして保存...】を選択し，図 2.45 のように保存する項目にチェックをいれて，OK を左クリックする．そしてデータを表示すると図 2.46 にみられるようにチェックした変数の計算結果が保存されていることが確認される．

図 2.45　保存する変数にチェック

図 2.46　保存データの確認

● 解析対象データの一部削除

例えばサンプル番号 5 のデータを除くときには，図 2.47 のように，部分集合の表現のボックスに，-5 を入力する．また，サンプル番号 5 と 8 のデータを除くときには，図 2.48 のように，-c(5,8) のように入力する．

図 2.47　1 つのデータを除く

図 2.48　複数のデータを除く

# 3

# 重回帰分析

## 3.1 重回帰モデル

重回帰モデルは,線形回帰モデルで説明変数が 2 個以上の場合 (単回帰モデルは説明変数が 1 個の場合) で,目的変数 $y$ が以下のように回帰式と誤差の和で書かれる場合である.

(3.1) $$y = f + \varepsilon = \underbrace{\beta_0 + \beta_1 x_1 + \cdots + \beta_p x_p}_{\text{重回帰式}} + \underbrace{\varepsilon}_{\text{誤差}}$$

ここに,$\beta_0$ を**定数項**または**母切片**,$\beta_1, \ldots, \beta_p$ を**偏回帰係数** (partial regression coefficient) といい,$f = \beta_0 + \beta_1 x_1 + \cdots + \beta_p x_p$ なる一次式を**重回帰式** (multiple regression equation) という.単回帰モデルの場合と同様,誤差には 4 個の仮定がなされる.

これを $n$ 個の観測値 $y_1, \ldots, y_n$ が得られる場合について書くと,

(3.2) $$y_i = f_i + \varepsilon_i = \beta_0 + \beta_1 x_{i1} + \cdots + \beta_p x_{ip} + \varepsilon_i, \quad (i = 1, \ldots, n)$$
$$\varepsilon_1, \ldots, \varepsilon_n \overset{i.i.d.}{\sim} N(0, \sigma^2)$$

となる.ただし,$\varepsilon_1, \ldots, \varepsilon_n \overset{i.i.d.}{\sim} N(0, \sigma^2)$ の $i.i.d.$ は independent identically distributed の略で,$\varepsilon_i$ が互いに独立に同一分布 $N(0, \sigma^2)$ に従うことを意味する.さらに,ベクトル表現で成分を使って書けば

(3.3) $$\begin{pmatrix} y_1 \\ y_2 \\ \vdots \\ y_n \end{pmatrix}_{n \times 1} = \begin{pmatrix} 1 & x_{11} & \cdots & x_{1p} \\ 1 & x_{21} & \cdots & x_{2p} \\ \vdots & \vdots & \ddots & \vdots \\ 1 & x_{n1} & \cdots & x_{np} \end{pmatrix}_{n \times (p+1)} \begin{pmatrix} \beta_0 \\ \beta_1 \\ \vdots \\ \beta_p \end{pmatrix}_{(p+1) \times 1} + \begin{pmatrix} \varepsilon_1 \\ \varepsilon_2 \\ \vdots \\ \varepsilon_n \end{pmatrix}_{n \times 1}$$

(3.4) $$\boldsymbol{y} = X\boldsymbol{\beta} + \boldsymbol{\varepsilon}, \quad \boldsymbol{\varepsilon} \sim N_n(\boldsymbol{0}, \sigma^2 I_n) \quad (\text{ベクトル・行列表現})$$

ただし,

$$\boldsymbol{y} = \begin{pmatrix} y_1 \\ y_2 \\ \vdots \\ y_n \end{pmatrix}, \quad X = \begin{pmatrix} 1 & x_{11} & \cdots & x_{1p} \\ 1 & x_{21} & \cdots & x_{2p} \\ \vdots & \vdots & \ddots & \vdots \\ 1 & x_{n1} & \cdots & x_{np} \end{pmatrix}, \quad \boldsymbol{\beta} = \begin{pmatrix} \beta_0 \\ \beta_1 \\ \vdots \\ \beta_p \end{pmatrix}, \quad \boldsymbol{\varepsilon} = \begin{pmatrix} \varepsilon_1 \\ \varepsilon_2 \\ \vdots \\ \varepsilon_n \end{pmatrix}$$

である.また

$$\boldsymbol{1} = \begin{pmatrix} 1 \\ 1 \\ \vdots \\ 1 \end{pmatrix}, \quad \boldsymbol{x}_{(1)} = \begin{pmatrix} x_{11} \\ x_{21} \\ \vdots \\ x_{n1} \end{pmatrix}, \quad \ldots, \quad \boldsymbol{x}_{(p)} = \begin{pmatrix} x_{1p} \\ x_{2p} \\ \vdots \\ x_{np} \end{pmatrix}$$

とおけば,$X = (\boldsymbol{1}, \boldsymbol{x}_{(1)}, \ldots, \boldsymbol{x}_{(p)})$ と列ベクトル表記される.

データ行列は,表 3.1 のようである.

そこで,$\beta_0, \ldots, \beta_p$ を単回帰と同様な基準として,誤差の平方和が小さい程データと直線とのあてはまりが良いとする.

表 3.1 データ行列

| データ番号＼変量 | $x_1$ | $\cdots$ | $x_p$ | $y$ |
|---|---|---|---|---|
| 1 | $x_{11}$ | $\cdots$ | $x_{1p}$ | $y_1$ |
| 2 | $x_{21}$ | $\cdots$ | $x_{2p}$ | $y_2$ |
| $\vdots$ | $\vdots$ | $\ddots$ | $\vdots$ | $\vdots$ |
| $n$ | $x_{n1}$ | $\cdots$ | $x_{np}$ | $y_n$ |
| 計 | $x_{\cdot 1}$ | $\cdots$ | $x_{\cdot p}$ | $y_{\cdot}$ |

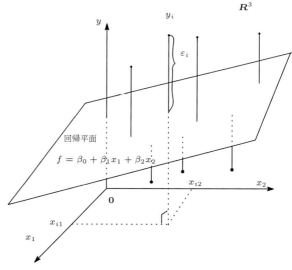

図 3.1 データと回帰平面

$$(3.5) \quad Q(\beta_0, \beta_1, \ldots, \beta_p) = \sum_{i=1}^{n} \varepsilon_i^2 = \sum_{i=1}^{n} \left\{ y_i - (\beta_0 + \beta_1 x_{i1} + \cdots + \beta_p x_{ip}) \right\}^2$$
$$= (\boldsymbol{y} - X\boldsymbol{\beta})^{\mathrm{T}}(\boldsymbol{y} - X\boldsymbol{\beta}) \quad \searrow \quad (\text{最小化})$$

とおくと, $Q$ を $\beta_0, \beta_1, \ldots, \beta_p$ について最小化すれば良い. このように誤差の 2 乗和を最小にすることで $\beta_0, \beta_1, \ldots, \beta_p$ を求める (図 3.1 参照). それは $\boldsymbol{R}^n$ において, $\boldsymbol{y}$ から $X$ の列ベクトルの張る空間への最短距離である点を求めることと同じである. つまり, $\boldsymbol{y}$ から $X$ の列ベクトルの張る部分空間への正射影を求めることだから, $\boldsymbol{y} \to X(X^{\mathrm{T}}X)^{-1}X^{\mathrm{T}}\boldsymbol{y}$ なる線形 (一次) 変換により求まる. 実際, 最小化する $\beta_0, \beta_1, \ldots, \beta_p$ をそれぞれ $\widehat{\beta}_0, \widehat{\beta}_1, \ldots, \widehat{\beta}_p$ で表すと, 次式で与えられる.

―― 公式 ――

回帰係数の点推定量は

$$(3.6) \quad \widehat{\beta}_j = S^{j1} S_{1y} + \cdots + S^{jp} S_{py} \quad (1 \leqq j \leqq p), \quad \widehat{\beta}_0 = \overline{y} - \widehat{\beta}_1 \overline{x}_1 - \cdots - \widehat{\beta}_p \overline{x}_p$$

ただし, $S$ の逆行列の $(j,k)$ 成分要素を $S^{jk}$ で表すとする. つまり, $S^{-1} = (S^{jk})_{p \times p}$ である.

なお, 式 (3.6) の成分ごとの各行に対応して, $\boldsymbol{y} - X\boldsymbol{\beta}$ がすべての $X$ の列ベクトル $\boldsymbol{1}, \boldsymbol{x}_1, \ldots, \boldsymbol{x}_n$ と直交する (内積が 0) ことが示されていて, 単回帰モデルの場合と同様である. $S_{jk}$ を $(j,k)$ 成分とする行列を $S = (S_{jk})$ とし, ベクトル $\boldsymbol{S}_y = (S_{1y}, \ldots, S_{py})^{\mathrm{T}}$ とすると, 式 (3.6) は $S\boldsymbol{\beta} = \boldsymbol{S}_y$ とかける. 推定される回帰式は

$$(3.7) \quad \widehat{\beta}_0 + \widehat{\beta}_1 x_1 + \cdots + \widehat{\beta}_p x_p$$

で, これを目的変数 $y$ の説明変数 $x_1, \ldots, x_p$ に対する (線形) **重回帰式** (linear multiple regression equation) と呼ぶ.

$f = \beta_0 + \beta_1 x_1 + \cdots + \beta_p x_p$ と $y$ の相関係数 $r_{fy} \,(= r(f,y))$ は

$$(3.8) \quad r_{fy} = \frac{S_{fy}}{\sqrt{S_{ff}}\sqrt{S_{yy}}} = \frac{\sum_{i=1}^{n}(y_i - \overline{y})(f_i - \overline{f})}{\sqrt{\sum_{i=1}^{n}(y_i - \overline{y})^2}\sqrt{\sum_{i=1}^{n}(f_i - \overline{f})^2}}$$

であるから,

$$r_{fy} \text{ を } \beta_0, \beta_1, \ldots, \beta_p \text{ に関して最大化} \iff Q \text{ の最小化と同値}$$

**注 3.1** 偏回帰係数の絶対値が大きいからといって, 単純に影響が大きいと考えるのは誤りである. 測定単位の変換で大きくもなり, 小さくもなりうるからである. ◁

## 3.1 重回帰モデル

そこで，測定単位の影響を取り除くため，各変数を次のように標準化する

$$\left[ y_i \quad \to \quad y_i' = \frac{y_i - \overline{y}}{s_y}, \quad x_{ij} \quad \to \quad x_{ij}' = \frac{x_{ij} - \overline{x}_j}{s_j} \right]$$

このときの $y'$ の $x_1', \ldots, x_p'$ に対する重回帰式を

$$(3.9) \qquad f' = \beta_0' + \beta_1' x_1' + \cdots + \beta_p' x_p'$$

と表すとき，$\widehat{\beta}_j'$ を標準偏回帰係数 (standard partial regression coefficient) という．

$$(3.10) \qquad \widehat{f} = \widehat{\beta}_0 + \widehat{\beta}_1 x_1 + \cdots + \widehat{\beta}_p x_p = \overline{y} + \widehat{\beta}_1 (x_1 - \overline{x}_1) + \cdots + \widehat{\beta}_p (x_p - \overline{x}_p)$$

だから

$$(3.11) \qquad \frac{\widehat{f} - \overline{y}}{s_y} = \widehat{\beta}_1 \frac{s_1}{s_y} \frac{x_1 - \overline{x}_1}{s_1} + \cdots + \widehat{\beta}_p \frac{s_p}{s_y} \frac{x_p - \overline{x}_p}{s_p}$$
$$\iff \widehat{f}' = \widehat{\beta}_1 \frac{s_1}{s_y} x_1' + \cdots + \widehat{\beta}_p \frac{s_p}{s_y} x_p'$$

より，係数を比較することで次の関係式が成立する．

$$(3.12) \qquad \widehat{\beta}_j' = \widehat{\beta}_j \frac{s_j}{s_y} = \widehat{\beta}_j \sqrt{\frac{S_{jj}}{S_{yy}}} \qquad (j = 1, \ldots, p), \quad \widehat{\beta}_0' = 0$$

---

**例題 3.1**

表 3.2 の 10 県についての家計収支のデータについて，月平均の支出 ($y$ 万円) を実収入 ($x_1$ 万円) と平均世帯人員 ($x_2$ 人) で直線回帰するモデルをあてはめたときの回帰直線の式を推定せよ．(最小2乗法)

---

表 3.2　家計収支のデータ

| 項目<br>県名 No. | 実収入 ($x_1$) | 世帯人員 ($x_2$) | 消費支出 ($y$) |
|---|---|---|---|
| 鳥取 1 | 70.2 | 3.58 | 38.3 |
| 島根 2 | 60.1 | 3.43 | 32.6 |
| 岡山 3 | 57.5 | 3.60 | 32.7 |
| 広島 4 | 54.9 | 3.43 | 34.9 |
| 山口 5 | 62.4 | 3.62 | 35.1 |
| 徳島 6 | 61.1 | 3.46 | 36.6 |
| 香川 7 | 55.7 | 3.46 | 32.3 |
| 愛媛 8 | 56.4 | 3.35 | 31.4 |
| 高知 9 | 58.5 | 3.38 | 34.9 |
| 和歌山 10 | 54.0 | 3.49 | 31.8 |

図 3.2　データの表示

[予備解析]

**手順 1**　データの読込み：【データ】▶【データのインポート】▶【テキストファイルまたはクリップボード，URL から...】を選択し，ダイアログボックスで，フィールドの区切り記号としてカンマにチェックをいれて，OK を左クリックする．フォルダからファイルを指定後，開く (O) を左クリックする．データセットを表示 をクリックすると，図 3.2 のようにデータが表示される．

```
> rei31 <- read.table("rei31.csv",
  header=TRUE, sep=",",na.strings="NA", dec=".", strip.white=TRUE)
> showData(rei31, placement='-20+200',
+   font=getRcmdr('logFont'), maxwidth=80, maxheight=30)
```

**手順 2**　基本統計量の計算：【統計量】▶【要約】▶【アクティブデータセット】を選択し，OK をク

リックすると，以下のように要約が出力される．

```
> summary(rei31)   #データの要約
     ken       syunyu          kazoku         syouhi
 愛媛   :1   Min.   :54.00   Min.   :3.350   Min.   :31.40
 岡山   :1   1st Qu.:55.88   1st Qu.:3.430   1st Qu.:32.38
 広島   :1   Median :58.00   Median :3.460   Median :33.80
 香川   :1   Mean   :59.08   Mean   :3.480   Mean   :34.06
 高知   :1   3rd Qu.:60.85   3rd Qu.:3.558   3rd Qu.:35.05
 山口   :1   Max.   :70.20   Max.   :3.620   Max.   :38.30
 (Other):4
```

また，【統計量】▶【要約】▶【数値による要約...】を選択する．そして，変数として kazoku, syunyu, shouhi の 3 つを選択し，OK をクリックすると，以下のように出力される．

```
> numSummary(rei31[,c("kazoku", "syouhi", "syunyu")],
+   statistics=c("mean", "sd", "IQR", "quantiles", "cv",
+   "skewness", "kurtosis"), quantiles=c(0,.25,.5,.75,1),
+   type="2")   #データの数値による要約
        mean         sd       IQR         cv  skewness   kurtosis
kazoku   3.48 0.09237604  0.1275 0.02654484 0.3541486 -1.0723899
syouhi  34.06 2.26529370  2.6750 0.06650892 0.6389619 -0.5209245
syunyu  59.08 4.76696969  4.9750 0.08068669 1.4806333  2.6723880
          0%    25%    50%     75%   100%   n
kazoku  3.35   3.430  3.46  3.5575   3.62  10
syouhi 31.40  32.375 33.80 35.0500  38.30  10
syunyu 54.00  55.875 58.00 60.8500  70.20  10
```

さらに，【統計量】▶【要約】▶【相関行列】を選択する．そして，変数を選択し，ピアソンの積率相関にチェックをいれて OK をクリックすると，以下の出力結果が得られる．

```
> cor(rei31[,c("kazoku","syouhi","syunyu")], use="complete")   #相関行列
          kazoku    syouhi    syunyu
kazoku 1.0000000 0.3509741 0.4864775
syouhi 0.3509741 1.0000000 0.7917909
syunyu 0.4864775 0.7917909 1.0000000
```

**手順 3** グラフの作成：【グラフ】▶【散布図...】を選択し，変数を選択し，OK をクリックする．さらに，オプション を選択し，適宜チェックをいれて，OK をクリックすると，図 3.3 のような散布

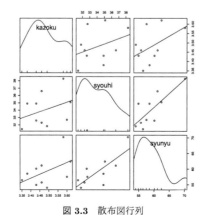

図 **3.3** 散布図行列

図行列が作成される．正の相関がありそうである．2つの変数ごとに散布図を描いて，データの状況をみてもよい．そして点ごとにサンプル番号を付けて表示できる．この場合，変数が3つあるため，2変数ごとに3つの組があるので3通りの散布図を作成する．

[本解析]

**手順1** モデルの設定：

$$y_i = \beta_0 + \beta_1 x_{i1} + \beta_2 x_{i2} + \varepsilon_i \quad (i = 1, \ldots, 10)$$

**手順2** 回帰分析：【統計量】▶【モデルへの適合】▶【線形回帰...】を選択し，ダイアログボックスにおいて，目的変数として syouhi を選択し，説明変数で kazoku と syunyu を選択後，OK をクリックする．すると以下のような出力結果が得られる．

```
> RegModel.1 <- lm(syouhi~kazoku+syunyu, data=rei31)
> summary(RegModel.1)
Call:
lm(formula = syouhi ~ kazoku + syunyu, data = rei31)
Residuals:
    Min      1Q  Median      3Q     Max
-1.9093 -0.5817 -0.1873  0.7284  2.4011
Coefficients:
            Estimate Std. Error t value Pr(>|t|)
(Intercept)  15.0432    19.9835   0.753   0.4761
kazoku       -1.0991     6.4663  -0.170   0.8698
syunyu        0.3866     0.1253   3.085   0.0177 *
---
Signif. codes:  0 '***' 0.001 '**' 0.01 '*' 0.05 '.' 0.1 ' ' 1
Residual standard error: 1.566 on 7 degrees of freedom
Multiple R-squared:  0.6285,Adjusted R-squared:  0.5223
F-statistic:  5.92 on 2 and 7 DF,  p-value: 0.03126
```

回帰式が $y = 15.0432 - 1.0991 x_1 (\text{kazoku}) + 0.3866 x_2 (\text{syunyu})$ と推定され，syunyu が 5%（$p$ 値が 0.0177）で有意であることがわかる．また，モデルの寄与率が 0.6285，自由度調整済み寄与率が 0.5223 である．

**手順3** モデルの解析：分散分析表を作成するため，【モデル】▶【仮説検定】▶【分散分析表...】を選択し，Type I にチェックをいれて，OK をクリックすると，以下の出力結果が得られる．

```
> anova(RegModel.1)
Analysis of Variance Table
Response: syouhi
          Df  Sum Sq Mean Sq F value  Pr(>F)
kazoku     1  5.6891  5.6891  2.3209 0.17147
syunyu     1 23.3360 23.3360  9.5200 0.01768 *
Residuals  7 17.1589  2.4513
---
Signif. codes:  0 '***' 0.001 '**' 0.01 '*' 0.05 '.' 0.1 ' ' 1
> 5.6891+23.3360
[1] 29.0251 #回帰による平方和
```

● 変数ごとの偏回帰が直線的かの検討

目的変数が説明変数ごとに線形な関係があるかみるため，図3.4のように，【モデル】▶【グラフ】▶【偏残差プロット...】を選択し，図3.5で，そのまま OK を左クリックすると，図3.6の出力結果が得られる．

```
> crPlots(RegModel.1, span=0.5)
```

図 3.4 偏残差の指定

図 3.5 スムージング幅の指定

● 回帰診断

モデルの妥当性をチェックするため，【モデル】▶【グラフ】▶【基本的診断プロット...】 を選択し，そのまま OK をクリックすると，図 3.7 の出力結果が得られる．

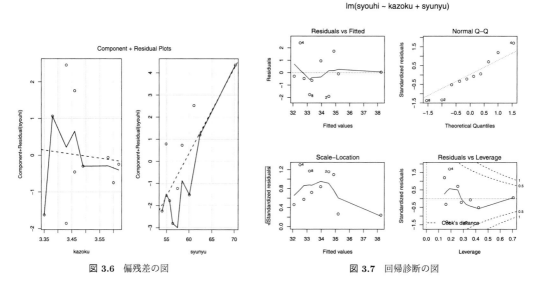

図 3.6 偏残差の図　　　　　　　　　　　図 3.7 回帰診断の図

● 変数選択

モデルの変数選択をチェックするため，図 3.8 のように，【モデル】▶【逐次モデル選択】を選択し，図 3.9 で，方向で減少，基準で AIC にチェックをいれて， OK を左クリックすると，次の出力結果が得られる．

```
> stepwise(RegModel.1, direction='backward', criterion='AIC')
Direction:  backward
Criterion:  AIC
Start:  AIC=11.4
syouhi ~ kazoku + syunyu
          Df Sum of Sq     RSS     AIC
- kazoku   1    0.0708  17.230  9.4405
<none>                  17.159 11.3993
- syunyu   1   23.3360  40.495 17.9859
Step:  AIC=9.44
```

```
syouhi ~ syunyu
         Df Sum of Sq     RSS     AIC
<none>                 17.230  9.4405
- syunyu  1    28.954 46.184 17.3005
Call:
lm(formula = syouhi ~ syunyu, data = rei31)
Coefficients:
(Intercept)        syunyu
    11.8303        0.3763
```

図 3.8 逐次変数選択

図 3.9 方向と基準の選択

**(参考)** AIC による変数選択後のモデルを例えば reg とおいて，コマンド入力による変数選択を行うには，次のように入力して実行する：reg=step(RegModel.1)

[解析後の推定・予測]

● 回帰母数の推定 (点推定・信頼区間)

回帰モデルの特定の説明変数における，信頼区間を求めるため，【モデル】▶【信頼区間】を選択し，信頼水準として 0.95 を入力後，OK をクリックすると，次の出力結果が得られる．

```
> Confint(RegModel.1, level=0.95)
              Estimate      2.5 %       97.5 %
(Intercept) 15.0431807 -32.21027206 62.2966335
kazoku      -1.0991468 -16.38953306 14.1912394
syunyu       0.3866258   0.09032319  0.6829283
```

● 回帰式の信頼区間

```
> predict(RegModel.1,rei31,int="c")
        fit      lwr      upr
1  38.24936 35.14081 41.35791
(中略)
10 32.08495 30.11426 34.05564
```

● データの予測・予測区間

```
> predict(RegModel.1,rei31,int="p")
        fit      lwr      upr
1  38.24936 33.41519 43.08354
(中略)
10 32.08495 27.89093 36.27897
```

● 特定の (説明変数の) 値での推定・予測

```
#特定の(説明変数の)値での推定・予測
> x0=data.frame(t(c(1,40,3,30)))
```

```
> colnames(x0)=c("ken","syunyu","kazoku","syouhi")
> x0
  ken syunyu kazoku syouhi
1   1     40      3     30
> predict(RegModel.6,x0,int="c",level=0.95)
       fit      lwr      upr
1 27.21077 20.36767 34.05387
> predict(RegModel.6,x0,int="p",level=0.95)
       fit     lwr      upr
1 27.21077 19.4304 34.99114
```

**(参考)** 相関係数，偏相関係数を同時に計算する関数を載せておこう．青木氏 [C3] を参照されたい．

● 単相関係数，重相関係数と偏相関係数を計算する関数 cor3

```
cor3 <- function(x)
    {# 上半三角行列：単相関係数,下半三角行列：偏相関係数,対角要素：重相関係数
    r <- cor(x);ir <- solve(r); d <- diag(ir)
    p <- -ir/sqrt(outer(d, d))
    r[lower.tri(r)] <- p[lower.tri(p)]
    diag(r) <- sqrt(1-1/d)
    rownames(r) <- colnames(r) <- paste("Var", 1:ncol(x))
    r
}
```

**演習 3.1** 表 3.3 の製造品出荷額 ($y$) を，事業所数 ($x_1$) と従業員数 ($x_2$) で説明する回帰モデルを考えるときの，$y$ の $x$ への回帰直線の式を求めよ．(平成 7 年工業統計表産業編，通商産業省調査統計部より．) ◁

表 3.3 製造業のデータ

| 県名 No. | 事業所数 ($x_1$) | 従業員数 ($x_2$) 千人 | 製造品出荷額 ($y$) 億円 |
|---|---|---|---|
| 鳥取 1 | 1718 | 54 | 11575 |
| 島根 2 | 2346 | 61 | 10500 |
| 岡山 3 | 6455 | 192 | 68634 |
| 広島 4 | 8756 | 257 | 77162 |
| 山口 5 | 3161 | 124 | 48967 |
| 徳島 6 | 2698 | 65 | 14653 |
| 香川 7 | 3873 | 90 | 23872 |
| 愛媛 8 | 4568 | 119 | 35807 |
| 高知 9 | 1934 | 39 | 7054 |
| 和歌山 10 | 3507 | 69 | 22560 |

## 3.2 あてはまりの良さ

単回帰モデルの場合と同様，予測値 $\widehat{y_i} = \widehat{\beta}_0 + \widehat{\beta}_1 x_{i1} + \cdots + \widehat{\beta}_p x_{ip}\ (i = 1, \ldots, n)$ と実際のデータ $y_i$ との離れ具合の $y_i - \widehat{y_i}$ を**残差** (residual) といい，$e_i$ で表す．データと平均との差の分解をすると

(3.13) $\quad y_i - \overline{y} = y_i - \widehat{y_i} + \widehat{y_i} - \overline{y} = e_i + \widehat{y_i} - \overline{y} =$ 回帰からの残差＋回帰による偏差

である．単回帰モデルと同様全変動 (偏差平方和) の分解を行うと

(3.14) $\quad \sum_{i=1}^{n}(y_i - \overline{y})^2 = \sum_{i=1}^{n} e_i^2 + \sum_{i=1}^{n}(\widehat{y_i} - \overline{y})^2 + 2\underbrace{\sum_{i=1}^{n} e_i(\widehat{y_i} - \overline{y})}_{=0} = \sum_{i=1}^{n} e_i^2 + \sum_{i=1}^{n}(\widehat{y_i} - \overline{y})^2$

が成立する．つまり，

全変動 ＝ 回帰からの残差変動＋回帰による変動

$$S_T = S_e + S_R$$

と分解され，単回帰モデルと同様に全変動のうちの回帰による変動の割合

(3.15)
$$\frac{S_R}{S_T} = 1 - \frac{S_e}{S_T}$$

を**寄与率** (proportion) または**決定係数** (coefficient of determination) という．

分散分析表でかくと，以下の表 3.4 のようである．

表 3.4 分散分析表

| 変動<br>要因 | 平方和<br>$S$ | 自由度<br>$\phi$ | 不偏分散<br>$V$ | 分散比<br>$F$ 値 : $F_0$ | 期待値<br>$E(V)$ |
|---|---|---|---|---|---|
| 回帰による ($R$) | $S_R$ | $\phi_R$ | $V_R$ | $\dfrac{V_R}{V_e}$ | $\sigma^2 + \dfrac{1}{p}\sum_{j,k}^{p}\beta_j\beta_k S_{jk}$ |
| 回帰からの残差 ($e$) | $S_e$ | $\phi_e$ | $V_e$ |  | $\sigma^2$ |
| 全変動 ($T$) | $S_T$ | $\phi_T$ |  |  |  |

回帰平方和：$S_R = \sum(\widehat{y}_i - \overline{y})^2$，　　残差平方和：$S_e = \sum(y_i - \widehat{y}_i)^2$，
全平方和：$S_T = S_{yy} = \sum(y_i - \overline{y})^2$，
$\phi_R = p$ (= 説明変数の個数)，　$\phi_T = n - 1$ (= データ数 − 1)，
$\phi_e = n - p - 1$ (= データ数 − 説明変数の個数 − 1)

次に，$y$ と 予測値 $\widehat{y}$ の相関係数を，**重相関係数** (multiple correlation coefficient) というが，以下の関係がある．

---
**公式**

$y$ と予測値 $\widehat{y}$ の相関係数の 2 乗 = 寄与率

---

なぜなら

(3.16) $\displaystyle r_{y\widehat{y}} = \frac{S_{y\widehat{y}}}{\sqrt{S_{yy}}\sqrt{S_{\widehat{y}\widehat{y}}}} = \frac{\sum_{i=1}^{n}(y_i - \overline{y})(\widehat{y}_i - \overbrace{\overline{\widehat{y}}}^{=\overline{y}})}{\sqrt{\sum_{i=1}^{n}(y_i - \overline{y})^2}\sqrt{\sum_{i=1}^{n}(\widehat{y}_i - \overline{y})^2}} = \frac{S_R}{\sqrt{S_T}\sqrt{S_R}} = \sqrt{\frac{S_R}{S_T}} = R$

と変形されるからである．ここに

$$S_{y\widehat{y}} = \sum_{i=1}^{n}(y_i - \overline{y})(\widehat{y}_i - \overline{y}) = \sum_{i=1}^{n}(y_i - \widehat{y}_i + \widehat{y}_i - \overline{y})(\widehat{y}_i - \overline{y})$$
$$= \sum_{i=1}^{n} e_i(\widehat{y}_i - \overline{y}) + \sum_{i=1}^{n}(\widehat{y}_i - \overline{y})^2 = S_R$$

である．

$$S_R = \sum_{i=1}^{n}(\widehat{y}_i - \overline{y})^2 = \sum_{i=1}^{n}\left\{\sum_{j=1}^{p}\widehat{\beta}_j(x_{ij} - \overline{x}_j)\right\}^2$$
$$= \sum_{i=1}^{n}\sum_{j=1}^{p}\sum_{k=1}^{p}\widehat{\beta}_j(x_{ij} - \overline{x}_j)\widehat{\beta}_k(x_{ik} - \overline{x}_k) = \sum_{j=1}^{p}\sum_{k=1}^{p}\widehat{\beta}_j\widehat{\beta}_k S_{jk}$$

また

$$\sum_{k=1}^{p}\widehat{\beta}_k S_{jk} = S_{jy}$$

だから，次の関係がある．

---
**公式**

回帰による変動 ($S_R$) と残差変動 ($S_e$) は，次式で与えられる

(3.17) $$S_R = \sum_{j=1}^{p}\widehat{\beta}_j S_{jy} = \widehat{\beta}_1 S_{1y} + \cdots + \widehat{\beta}_p S_{py}$$

(3.18) $$S_e = S_T - S_R = S_{yy} - \widehat{\beta}_1 S_{1y} - \cdots - \widehat{\beta}_p S_{py}$$

---

$R$ は，また観測値 $y$ と $x_1, \ldots, x_p$ の重相関係数ともいい，$r_{y\cdot 12\cdots p}$ で表すと

(3.19) $$r_{y \cdot \hat{y}} = r_{y \cdot 12 \cdots p} = R = \frac{\sum_{i=1}^{n}(y_i - \overline{y})(\widehat{y_i} - \overline{\widehat{y}})}{\sqrt{\sum_{i=1}^{n}(y_i - \overline{y})^2}\sqrt{\sum_{i=1}^{n}(\widehat{y_i} - \overline{\widehat{y}})^2}}$$

である．

$S_e$ を $V_e = \dfrac{S_e}{n-p-1}$，$S_T$ を $V_T = \dfrac{S_T}{n-1}$ で置き換えた

(3.20) $$R^{*2} = 1 - \frac{V_e}{V_T} = 1 - \frac{S_e/(n-p-1)}{S_T/(n-1)} = 1 - \frac{n-1}{n-p-1}(1-R^2)$$

を自由度調整済み寄与率 (adjusted propotion)，$R^*$ を自由度調整済み重相関係数 (adjusted multiple correlation coefficient) という．$n$ が $p$ よりかなり大きい場合は調整する必要はないが，$n-p-1$ があまり大きくないときは，回帰の寄与率を回帰変動と全変動を，それらの自由度で割った上記の $R^*$ を用いるのが良い．説明変数を増やせば，寄与率は単調に増えるので，説明変数が多い場合，単純な寄与率で見るのも良くない．$S_R$ には真の回帰による変動と誤差による変動 (分散) も含まれているため，それを取り除いた $S_R - pV_e$ と $S_T$ の比で寄与率を考えるのが良いだろう．

更に，ペナルティーを $(R^*)^2$ の倍のほぼ 2 倍として

(3.21) $$(R^{**})^2 = 1 - \frac{(n+p+1)S_e/(n-p-1)}{(n+1)S_T/(n-1)}$$

を自由度 2 重調整済み寄与率という．

**a. 偏回帰係数**

偏回帰係数は，対応する説明変数の目的変数に対する寄与の程度を示していると考えられる．他の説明変数との間になんら相関がない場合は，単回帰分析と直接に結びつくが，普通の場合，そうではない．実際には以下のことが成立する．

---- 公式 ----

偏回帰係数 $\widehat{\beta_1}$ は，$y$ から $x_2, \ldots, x_p$ の影響を取り除いた残差 (それらを一定としたもとで) の，$x_1$ から $x_2, \ldots, x_p$ の影響を取り除いた残差 (それらを一定としたもの) に対する単回帰係数の推定量に等しい．

**b. 偏相関係数**

偏相関係数の場合についても，以下の公式が成立する．

---- 公式 ----

$x_2, \ldots, x_p$ の影響を除いたとき (それらを一定としたとき) の，$x_1$ と $y$ の偏相関係数 (partial correlation coefficient) $r_{1y \cdot 23 \cdots p}$ は，$x_1$ および $y$ の $x_2, \ldots, x_p$ に対する回帰残差の間の (単) 相関係数である．

実際，各説明変数 $x_1, \ldots, x_p$ と $y$ の相関行列 $R$ とその逆行列 $R^{-1}$ を成分を使って，それぞれを表すと，

$$R = \begin{bmatrix} 1 & r_{12} & \cdots & r_{1p} & r_{1y} \\ r_{21} & 1 & \cdots & r_{2p} & r_{2y} \\ \vdots & \vdots & \ddots & \vdots & \vdots \\ r_{p1} & r_{p2} & \cdots & 1 & r_{py} \\ r_{y1} & r_{y2} & \cdots & r_{yp} & 1 \end{bmatrix}_{(p+1)\times(p+1)}, \quad R^{-1} = \begin{bmatrix} r^{11} & r^{12} & \cdots & r^{1p} & r^{1y} \\ r^{21} & r^{22} & \cdots & r^{2p} & r^{2y} \\ \vdots & \vdots & \ddots & \vdots & \vdots \\ r^{p1} & r^{p2} & \cdots & r^{pp} & r^{py} \\ r^{y1} & r^{y2} & \cdots & r^{yp} & r^{yy} \end{bmatrix}_{(p+1)\times(p+1)}$$

となる．このとき，$x_1, \ldots, x_{j-1}, x_{j+1}, x_p$ を一定としたときの $x_j$ と $y$ の相関係数である偏相関係数は

---- 公式 ----

(3.22) $$r_{jy \cdot 1 \cdots j-1, j+1 \cdots p} = r_{jy \cdot \hat{j}} = \frac{-r^{jy}}{\sqrt{r^{jj}r^{yy}}}$$

で与えられる．

## c. 偏相関と偏回帰係数

一般に，$x_2,\ldots,x_p$ を一定としたもとでの $y$ と $x_1$ の偏相関係数 $r_{y1\cdot 2\cdots p}$ と，$y$ を $x_1,\ldots,x_p$ で回帰したときの $x_1$ の偏回帰係数 $\widehat{b}_{y1\cdot 2\cdots p}$，および $x_1$ を $y,x_2,\ldots,x_p$ で回帰したときの $y$ の偏回帰係数 $\widehat{b}_{1y\cdot 2\cdots p}$ の間に，次の関係がある．

--- 公式 ---
$$(3.23) \quad r_{y1\cdot 2\cdots p}^2 = r_{y1\cdot\tilde{1}}^2 = \widehat{b}_{y1\cdot 2\cdots p} \cdot \widehat{b}_{1y\cdot 2\cdots p} = \widehat{b}_{y1\cdot 2\tilde{1}} \cdot \widehat{b}_{1y\cdot\tilde{1}}$$

## d. 重相関と偏相関

一般に，$y$ と $x_1,\ldots,x_p$ との重相関係数を $R_{y\cdot 12\cdots p}$ で表すと，

--- 公式 ---
$$(3.24) \quad 1 - R_{y\cdot 12\cdots p}^2 = (1-r_{y1}^2)(1-r_{y2\cdot 1}^2)(1-r_{y3\cdot 12}^2)\cdots(1-r_{yp\cdot 12\cdots p-1}^2)$$

が成立する．

そして，今まででてきたいくつかの係数をまとめると，図 3.10 のようになるだろう．

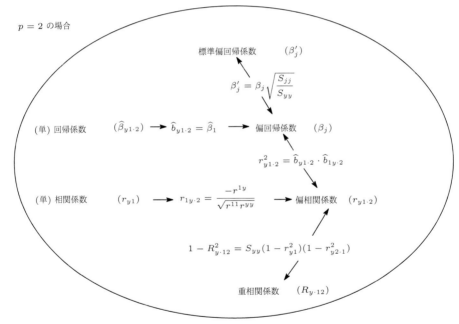

**図 3.10** 各係数間の関係

--- 例題 3.2 ---
例題 3.1 の 10 県における平均月消費支出額を，平均月収額と世帯人員で回帰するときの寄与率を求めよ．また，分散分析表も作成せよ．

**手順 1** 回帰分析：【統計量】▶【モデルへの適合】▶【線形回帰...】を選択し，ダイアログボックスにおいて，目的変数として syouhi を選択し，説明変数で kazoku と syunyu を選択後，OK をクリックする．すると以下のような出力結果が得られる．

```
> summary(RegModel.1, cor=FALSE)   #モデルを要約
Call:
```

```
lm(formula = syouhi ~ kazoku + syunyu, data = rei31)
Residuals:
    Min      1Q  Median      3Q     Max
-1.9093 -0.5817 -0.1873  0.7284  2.4011
Coefficients:
            Estimate Std. Error t value Pr(>|t|)
(Intercept) 15.0432    19.9835   0.753   0.4761
kazoku      -1.0991     6.4663  -0.170   0.8698
syunyu       0.3866     0.1253   3.085   0.0177 *
---
Signif. codes:  0 '***' 0.001 '**' 0.01 '*' 0.05 '.' 0.1 ' ' 1
Residual standard error: 1.566 on 7 degrees of freedom
Multiple R-squared:  0.6285,Adjusted R-squared:  0.5223
F-statistic:  5.92 on 2 and 7 DF,  p-value: 0.03126
```

**手順2　モデル解析**：【モデル】▶【仮説検定】▶【分散分析表...】を選択し，ダイアログボックスにおいて，逐次的平方和 (Type I) にチェックをいれて，OK を左クリックする．すると以下のような出力結果が得られる．

```
> anova(RegModel.1)
Analysis of Variance Table
Response: syouhi
          Df  Sum Sq Mean Sq F value  Pr(>F)
kazoku     1  5.6891  5.6891  2.3209 0.17147
syunyu     1 23.3360 23.3360  9.5200 0.01768 *
Residuals  7 17.1589  2.4513
---
Signif. codes:  0 '***' 0.001 '**' 0.01 '*' 0.05 '.' 0.1 ' ' 1
> 5.6891+23.3360
[1] 29.0251  #回帰要因の平方和
> 5.6891+23.3360+17.1589
[1] 46.184  #全平方和
```

**手順3　解析後の推定・予測**：【モデル】▶【数値による診断】▶【分散拡大要因】を選択すると，以下のような出力結果が得られる．いずれも 1.3 前後 (10 を超えるように大きな値でない) で問題ない．

```
> vif(RegModel.2)
  kazoku   syunyu
1.310033 1.310033
```

【モデル】▶【信頼区間...】を選択し，信頼水準として 0.95 を入力して，OK を左クリックする．すると以下のような出力結果が得られる．

```
> Confint(RegModel.2, level=0.95)
             Estimate         2.5 %      97.5 %
(Intercept) 15.0431807 -32.21027206 62.2966335
kazoku      -1.0991468 -16.38953306 14.1912394
syunyu       0.3866258   0.09032319  0.6829283
```

**演習 3.2** 演習 3.1 での寄与率と分散分析表を作成せよ．　◁

## 3.3 回帰に関する検定と推定

母数 $\boldsymbol{\beta}$ に関する推定・検定を，ここでは考えよう．

(3.25) $y_i = \beta_0 + \beta_1 x_{i1} + \cdots + \beta_p x_{ip} + \varepsilon_i \quad (i = 1, \ldots, n), \quad \varepsilon_1, \ldots, \varepsilon_n \overset{i.i.d.}{\sim} N(0, \sigma^2)$

(互いに独立に，同一の分布 $N(0, \sigma^2)$ に従う)．

これを，ベクトル表現での成分を使って書けば

$$(3.26) \quad \begin{pmatrix} y_1 \\ y_2 \\ \vdots \\ y_n \end{pmatrix}_{n \times 1} = \begin{pmatrix} 1 & x_{11} & \cdots & x_{1p} \\ 1 & x_{21} & \cdots & x_{2p} \\ \vdots & \vdots & \ddots & \vdots \\ 1 & x_{n1} & \cdots & x_{np} \end{pmatrix}_{n \times (p+1)} \begin{pmatrix} \beta_0 \\ \beta_1 \\ \vdots \\ \beta_p \end{pmatrix}_{(p+1) \times 1} + \begin{pmatrix} \varepsilon_1 \\ \varepsilon_2 \\ \vdots \\ \varepsilon_n \end{pmatrix}_{n \times 1},$$

$$\boldsymbol{\varepsilon} \sim N_n(\mathbf{0}, \sigma^2 I_n)$$

である．ただし，

$$I_n = \begin{pmatrix} 1 & 0 & \cdots & 0 \\ 0 & 1 & \cdots & 0 \\ \vdots & \vdots & \ddots & \vdots \\ 0 & \cdots & 0 & 1 \end{pmatrix}_{n \times n} \quad \text{で}, \quad S = \begin{pmatrix} S_{11} & S_{12} & \cdots & S_{1p} \\ S_{21} & S_{22} & \cdots & S_{2p} \\ \vdots & \vdots & \ddots & \vdots \\ S_{p1} & S_{p2} & \cdots & S_{pp} \end{pmatrix}_{p \times p}$$

$\overline{\boldsymbol{x}} = (\overline{x}_1, \ldots, \overline{x}_p)^{\mathrm{T}}$ とおくと，正規方程式は，式 (3.26) から $\dfrac{\partial}{\partial \widetilde{\boldsymbol{\beta}}}(\boldsymbol{y} - \widetilde{X}\widetilde{\boldsymbol{\beta}})^{\mathrm{T}}(\boldsymbol{y} - \widetilde{X}\widetilde{\boldsymbol{\beta}}) = \mathbf{0}$ より

$$(3.27) \quad \begin{bmatrix} n & \mathbf{0}^{\mathrm{T}} \\ \mathbf{0} & S \end{bmatrix} \begin{bmatrix} \widehat{\alpha} \\ \widehat{\boldsymbol{\beta}}_1 \end{bmatrix} = \begin{bmatrix} n\overline{y} \\ \boldsymbol{S}_{xy} \end{bmatrix} \quad (\text{ただし}, \boldsymbol{\beta}_1 = (\beta_1, \ldots, \beta_p)^{\mathrm{T}})$$

である．したがって，推定量は以下の式で与えられる．

(3.28) $\quad \widehat{\alpha} = \overline{y}, \quad \widehat{\boldsymbol{\beta}}_1 = S^{-1} \boldsymbol{S}_{xy}$

そして

(3.29) $\quad E[\widehat{\boldsymbol{\beta}}] = E[(X^{\mathrm{T}}X)^{-1}X^{\mathrm{T}}\boldsymbol{y}] = (X^{\mathrm{T}}X)^{-1}X^{\mathrm{T}}E[\boldsymbol{y}] = (X^{\mathrm{T}}X)^{-1}X^{\mathrm{T}}X\boldsymbol{\beta} = \boldsymbol{\beta}$

より，$\widehat{\boldsymbol{\beta}}$ は $\boldsymbol{\beta}$ の不偏推定量である．また，

(3.30) $\quad Var[\widehat{\boldsymbol{\beta}}] = Var[(X^{\mathrm{T}}X)^{-1}X^{\mathrm{T}}\boldsymbol{y}] = (X^{\mathrm{T}}X)^{-1}X^{\mathrm{T}}Var[\boldsymbol{y}]X(X^{\mathrm{T}}X)^{-1} = \sigma^2(X^{\mathrm{T}}X)^{-1}$

である．ここで

$$(3.31) \quad (X^{\mathrm{T}}X)^{-1} = \begin{bmatrix} n & \mathbf{0}^{\mathrm{T}} \\ \mathbf{0} & S \end{bmatrix}^{-1} = \begin{bmatrix} n^{-1} & \mathbf{0}^{\mathrm{T}} \\ \mathbf{0} & S^{-1} \end{bmatrix}$$

が成立するので，次の関係式が成立する．

- $Var[\widehat{\alpha}] = \frac{1}{n}\sigma^2, \quad Var[\widehat{\boldsymbol{\beta}}_1] = \sigma^2 S^{-1}, \quad Cov[\widehat{\alpha}, \widehat{\boldsymbol{\beta}}_1] = \mathbf{0}$ ,
- $E[\widehat{\beta}_0] = E[\widehat{\alpha} - \overline{\boldsymbol{x}}^{\mathrm{T}}\widehat{\boldsymbol{\beta}}_1] = \alpha - \overline{\boldsymbol{x}}^{\mathrm{T}}\boldsymbol{\beta}_1 = \beta_0,$
- $Var[\widehat{\beta}_0] = Var[\widehat{\alpha}] + 2Cov[\widehat{\alpha}, \overline{\boldsymbol{x}}^{\mathrm{T}}\widehat{\boldsymbol{\beta}}_1] + \overline{\boldsymbol{x}}^{\mathrm{T}} Var[\widehat{\boldsymbol{\beta}}_1]\overline{\boldsymbol{x}} = \sigma^2(\frac{1}{n} + \overline{\boldsymbol{x}}^{\mathrm{T}} S^{-1} \overline{\boldsymbol{x}}),$
- $Cov[\widehat{\beta}_0, \widehat{\beta}_j] = Cov[\widehat{\alpha} - \overline{\boldsymbol{x}}^{\mathrm{T}}\widehat{\boldsymbol{\beta}}_1, \widehat{\beta}_j] = -Cov[\overline{\boldsymbol{x}}^{\mathrm{T}}\boldsymbol{\beta}_1, \widehat{\beta}_j] = -\sigma^2 \sum_{k=1}^{p} \overline{x}_k S^{jk} \quad (j = 1, \ldots, p)$

**a. 分布について**

1) $\widehat{\beta}_j$ の分布 $(j = 1, \ldots, p)$

$$(3.32) \quad \frac{\widehat{\beta}_j - \beta_j}{\sqrt{S^{jj}\sigma^2}} \sim N(0, 1^2)$$

である．

2) $\widehat{\beta}_0$ の分布

$$(3.33) \quad \frac{\widehat{\beta}_0 - \beta_0}{\sqrt{\left(\dfrac{1}{n} + \overline{\boldsymbol{x}}^{\mathrm{T}} S^{-1} \overline{\boldsymbol{x}}\right)\sigma^2}} \sim N(0, 1^2)$$

である．

### 3) 平方和の分布

(3.34) $$\frac{S_e}{\sigma^2} = \sum_{i=1}^{n} \left(\frac{\widehat{y_i} - \overline{y}}{\sigma}\right)^2 \sim \chi^2_{n-p-1}$$

(3.35) $$\frac{S_R}{\sigma^2} \sim \chi^2_p \left(\frac{1}{\sigma^2} \sum_{j=1}^{p} \sum_{k=1}^{p} \beta_j \beta_k S_{jk}\right)$$

ただし，式 (3.35) の右辺は非心度 $\frac{1}{\sigma^2} \sum_{j=1}^{p} \sum_{k=1}^{p} \beta_j \beta_k S_{jk}$，自由度 $p$ の $\chi^2$ 分布を表す．更に，$\frac{S_e}{\sigma^2}$ と $\frac{S_R}{\sigma^2}$ は独立である．

### b. いろいろな検定・推定

**(i) 零仮説の検定** (モデルが役に立つか立たないかの検定)

回帰モデルが有効かどうかを調べたいときは，全ての回帰係数が 0 であるかどうかを調べればよいので，

$$\boldsymbol{\beta}_1 = \boldsymbol{0} \iff \beta_1 = \beta_2 = \cdots = \beta_p = 0$$

を調べればよい．つまり，以下のような仮説検定問題について調べればよい．

$$\begin{cases} H_0 & : \boldsymbol{\beta}_1 = \boldsymbol{0} \\ H_1 & : \boldsymbol{\beta}_1 \neq \boldsymbol{0} \quad (少なくとも 1 つの \beta_j \neq 0) \end{cases}$$

このとき，帰無仮説 $H_0$ のもとで

(3.36) $$F_0 = \frac{V_R}{V_e} = \frac{S_R/p}{S_e/(n-p-1)} \sim F_{p,n-p-1}$$

である．そこで，次の検定法が採られる．有意水準 $\alpha$ のとき

---
**検定方式**

零仮説の検定 ($H_0: \boldsymbol{\beta}_1 = \boldsymbol{0}$, $H_1: \boldsymbol{\beta}_1 \neq \boldsymbol{0}$) について
$$F_0 \geqq F(p, n-p-1; \alpha) \implies H_0 を棄却$$

---

**例題 3.3**

例題 3.2 の 10 県に関する月平均支出の実収入と世帯人数による線形回帰モデルは，意味があるか (有効か) を有意水準 5% で検定せよ．

**手順 1** モデルの解析：【モデル】▶【仮説検定】▶【分散分析表...】を選択し，ダイアログボックスにおいて，逐次的平方和 (Type I) にチェックをいれて，OK を左クリックする．すると以下のような出力結果が得られる．

```
> LinearModel.1 <- lm(syouhi ~ syunyu + kazoku, data=rei31)
> summary(LinearModel.1)
Call:
lm(formula = syouhi ~ syunyu + kazoku, data = rei31)
Residuals:
    Min     1Q  Median     3Q    Max
-1.9093 -0.5817 -0.1873  0.7284  2.4011
Coefficients:
            Estimate Std. Error t value Pr(>|t|)
(Intercept)  15.0432    19.9835   0.753   0.4761
syunyu        0.3866     0.1253   3.085   0.0177 *
kazoku       -1.0991     6.4663  -0.170   0.8698
Signif. codes:  0 '***' 0.001 '**' 0.01 '*' 0.05 '.' 0.1 ' ' 1
Residual standard error: 1.566 on 7 degrees of freedom
Multiple R-squared:  0.6285,Adjusted R-squared:  0.5223
F-statistic: 5.92 on 2 and 7 DF,  p-value: 0.03126
```

**手順 2　回帰分析:**

```
> anova(LinearModel.1)
Analysis of Variance Table
Response: syouhi
          Df  Sum Sq Mean Sq F value  Pr(>F)
syunyu     1 28.9543 28.9543 11.8119 0.01088 *
kazoku     1  0.0708  0.0708  0.0289 0.86983
Residuals  7 17.1589  2.4513
Signif. codes:  0 '***' 0.001 '**' 0.01 '*' 0.05 '.' 0.1 ' ' 1
> 28.9543+0.0708
[1] 29.0251
```

**演習 3.3** 以下に示す表 3.5 の高速道路の 1 日当たりの平均料金収入 (百万円) について，開通距離 (km) と平均 1 日当たり利用台数 (千台) による線形回帰モデルが有効か検定せよ (日本道路公団年報). ◁

表 3.5　高速道路料金収入データ (1996 年度)

| 項目<br>道路名 | 開通距離 ($x_1$) | 日平均台数 ($x_2$) | 日平均収入 ($y$) |
|---|---|---|---|
| 東名高速道路 | 346.7 | 412.7 | 733.9 |
| 名神高速道路 | 189.3 | 241.3 | 370.3 |
| 中央自動車道 | 366.8 | 256.4 | 403.4 |
| 長野自動車道 | 75.8 | 39.0 | 51.6 |
| 東北自動車道 | 679.5 | 271.4 | 574.6 |
| 道央自動車道 | 270.2 | 95.5 | 96.3 |
| 関越自動車道 | 246.3 | 194.3 | 303.3 |
| 北陸自動車道 | 481.1 | 143.2 | 267.5 |
| 中国自動車道 | 543.1 | 158.8 | 280.6 |
| 山陽自動車道 | 385.9 | 181.8 | 276.1 |
| 九州自動車道 | 345.3 | 187.1 | 275.5 |

**(ii)　個々の (偏) 回帰係数に関する検定・推定**

① $\beta_j$ に関して

$$\frac{\widehat{\beta}_j - \beta_j}{\sqrt{S^{jj}\sigma^2}} \sim N(0, 1^2) \tag{3.37}$$

より，$\sigma^2$ が未知のとき，その推定量 $V_e = \dfrac{S_e}{n-p-1}$ を代入すると

$$\frac{\widehat{\beta}_j - \beta_j}{\sqrt{S^{jj}V_e}} \sim t_{n-p-1} \tag{3.38}$$

である．$\beta_j$ が，特定の値 $\beta_j^\circ$ に等しいかどうか調べたいときには，

$$\begin{cases} H_0 : \beta_j = \beta_j^\circ \text{ (既知)} & (\rightleftarrows y_i = \beta_0 + \beta_1 x_{i1} + \cdots + \beta_j^\circ x_{ij} + \cdots + \beta_p x_{ip} + \varepsilon_i) \\ H_1 : \beta_j \neq \beta_j^\circ & (\rightleftarrows y_i = \beta_0 + \beta_1 x_{i1} + \cdots + \beta_j x_{ij} + \cdots + \beta_p x_{ip} + \varepsilon_i) \end{cases}$$

を検定する問題となる．

$$t_0 = \frac{\widehat{\beta}_j - \beta_j^\circ}{\sqrt{S^{jj}V_e}} \sim t_{n-p-1} \quad \text{under} \quad H_0 \tag{3.39}$$

なので，検定方式として

---
**検定方式**

個々の偏回帰係数に関する検定 ($H_0:\beta_j = \beta_j^\circ$ (既知), $H_1:\beta_j \neq \beta_j^\circ$) について
$$|t_0| \geqq t(n-p-1, \alpha) \quad \Longrightarrow \quad H_0 を棄却する$$

---

が採用される．特に，$\beta_j^\circ = 0$ の場合には $x_j$ が $y$ の変動の説明に寄与しているかどうか知りたいときである．また，$\beta_j$ の点推定は $\widehat{\beta}_j$ で行い，信頼率 $100(1-\alpha)$% の信頼区間は

$$\text{(3.40)} \qquad \Pr\left(\frac{|\widehat{\beta}_j - \beta_j|}{\sqrt{S^{jj}V_e}} < t(n-p-1,\alpha)\right) = 1-\alpha$$

より，次のように与えられる．

---
**推定方式**

偏回帰係数 $\beta_j$ の点推定量は，$\widehat{\beta}_j = S^{j1}S_{1y} + \cdots + S^{jp}S_{py} \ (1 \leqq j \leqq p)$

$\beta_j$ の信頼率 $100(1-\alpha)\%$ の信頼区間は，

$$\text{(3.41)} \qquad \widehat{\beta}_j \pm t(n-p-1,\alpha)\sqrt{S^{jj}V_e}$$
---

② $\beta_0$ ($y$ 切片) に関して

$$\begin{cases} H_0 \ : \ \beta_0 = \beta_0^\circ \quad (\text{既知}) \\ H_1 \ : \ \beta_0 \neq \beta_0^\circ \end{cases}$$

の検定は

$$\text{(3.42)} \qquad t_0 = \frac{\widehat{\beta}_0 - \beta_0^\circ}{\sqrt{\left(\frac{1}{n} + \sum_{j=1}^p \sum_{k=1}^p \overline{x}_j \overline{x}_k S^{jk}\right)V_e}} \sim t_{n-p-1} \quad \text{under} \quad H_0$$

であることより

---
**検定方式**

母切片に関する検定 ($H_0 : \beta_0 = \beta_0^\circ$ (既知)，$H_1 : \beta_0 \neq \beta_0^\circ$) について

$$|t_0| \geqq t(n-p-1,\alpha) \implies H_0\text{を棄却する}$$
---

また，推定に関しては以下の公式が得られる．

---
**推定方式**

$\beta_0$ の点推定量は，$\widehat{\beta}_0 = \overline{y} - \widehat{\beta}_1 \overline{x}_1 - \cdots - \widehat{\beta}_p \overline{x}_p$

$\beta_0$ の信頼率 $100(1-\alpha)\%$ の信頼区間は，

$$\text{(3.43)} \qquad \widehat{\beta}_0 \pm t(n-p-1,\alpha)\sqrt{\left(\frac{1}{n} + \sum_{j=1}^p \sum_{k=1}^p \overline{x}_j \overline{x}_k S^{jk}\right)V_e}$$
---

---
**例題 3.4**

例題 3.2 の平均月消費支出額は，平均月収額に影響をうけるかどうかを有意水準 5% で検定せよ．更に，偏回帰係数 $\beta_1$ の 90% 信頼区間も求めよ．

---

【モデル】▶【モデルの要約】を選択すると，以下のような出力結果が得られる．

```
> summary(RegModel.1, cor=FALSE)
Call:
lm(formula = syouhi ~ kazoku + syunyu, data = rei31)
Residuals:
    Min     1Q  Median     3Q     Max
-1.9093 -0.5817 -0.1873 0.7284  2.4011
Coefficients:
            Estimate Std. Error t value Pr(>|t|)
(Intercept)  15.0432    19.9835   0.753   0.4761
kazoku       -1.0991     6.4663  -0.170   0.8698
syunyu        0.3866     0.1253   3.085   0.0177 *
---
Signif. codes:  0 '***' 0.001 '**' 0.01 '*' 0.05 '.' 0.1 ' ' 1
```

```
Residual standard error: 1.566 on 7 degrees of freedom
Multiple R-squared:  0.6285,Adjusted R-squared:  0.5223
F-statistic:  5.92 on 2 and 7 DF,  p-value: 0.03126
```

● 回帰係数の推定

【モデル】▶【信頼区間...】を選択し，ダイアログボックスにおいて，信頼水準として 0.90 を入力して，OK をクリックする．すると以下のような各回帰母数に関する点推定値，区間推定値の出力結果が得られる．

```
> Confint(RegModel.1, level=0.90)
              Estimate        5 %         95 %
(Intercept) 15.0431807 -22.8171181  52.9034795  #β0の点推定，95%信頼区間
kazoku      -1.0991468 -13.3500736  11.1517800  #β1の点推定，95%信頼区間
syunyu       0.3866258   0.1492229   0.6240286  #β2の点推定，95%信頼区間
```

【モデル】▶【仮説検定】▶【分散分析表...】を選択し，ダイアログボックスにおいて，逐次的平方和 (Type I) にチェックをいれて，OK をクリックする．すると以下のような出力結果が得られる．

```
> anova(RegModel.1)   #RegModel.1に基づく分散分析
Analysis of Variance Table
Response: syouhi
          Df  Sum Sq Mean Sq F value  Pr(>F)
kazoku     1  5.6891  5.6891  2.3209 0.17147
syunyu     1 23.3360 23.3360  9.5200 0.01768 *
Residuals  7 17.1589  2.4513
---
Signif. codes:  0 '***' 0.001 '**' 0.01 '*' 0.05 '.' 0.1 ' ' 1
> anova(rei31.lm)
Analysis of Variance Table
Response: syouhi
          Df  Sum Sq Mean Sq F value  Pr(>F)
syunyu     1 28.9543 28.9543 11.8119 0.01088 *
kazoku     1  0.0708  0.0708  0.0289 0.86983
Residuals  7 17.1589  2.4513 # SE, Ve
---
Signif. codes:  0 '***' 0.001 '**' 0.01 '*' 0.05 '.' 0.1 ' ' 1
```

**演習 3.4** 例題 3.2 のデータについて，世帯人員は支出に影響があるか，有意水準 10% で検定せよ．また，有意である場合，$\beta_2$ の 95% 信頼区間も求めよ． ◁

③ いくつかの回帰係数の同時検定

$$\begin{cases} H_0 &: \beta_{q+1} = \cdots = \beta_p = 0 \quad (1 \leqq q \leqq p) \\ H_1 &: \text{not} \quad H_0 \end{cases}$$

については

$$S_e = S_{yy} - \widehat{\beta}_1 S_{1y} - \widehat{\beta}_2 S_{2y} - \cdots - \widehat{\beta}_p S_{py},$$
$$S'_e = S_{yy} - \widehat{\beta}'_1 S_{1y} - \widehat{\beta}'_2 S_{2y} - \cdots - \widehat{\beta}'_q S_{qy}$$

に関して，$H_0$ のもと

$$\frac{S_e}{\sigma^2} \sim \chi^2_{n-p-1}, \quad \frac{S'_e - S_e}{\sigma^2} \sim \chi^2_{p-q}$$

かつ $\dfrac{S_e}{\sigma^2}$ と $\dfrac{S'_e - S_e}{\sigma^2}$ は独立なので，$H_0$ のもとで以下のことが成立することを利用すると，

$$(3.44) \quad F_0 = \frac{(S_e' - S_e)/(p-q)}{S_e/(n-p-1)} \sim F_{p-q, n-p-1}$$

> **検定方式**
> 
> 回帰係数の同時検定：$(H_0: \beta_{q+1} = \cdots = \beta_p = 0 \ (1 \leqq q \leqq p), \ H_1: \text{not } H_0)$ について
> $$F_0 \geqq F(p-q, n-p-1; \alpha) \implies H_0 \text{を棄却する}$$

となる．ここで

$$(3.45) \quad S_e' - S_e = (\widehat{\beta}_{q+1}, \ldots, \widehat{\beta}_p) \begin{pmatrix} S^{q+1\,q+1} & \cdots & S^{q+1\,p} \\ \vdots & \ddots & \vdots \\ S^{p\,q+1} & \cdots & S^{pp} \end{pmatrix} \begin{pmatrix} \widehat{\beta}_{q+1} \\ \vdots \\ \widehat{\beta}_p \end{pmatrix}$$

と行列表現される．

④ 特定の回帰式 $f^\circ = \beta_0^\circ + \beta_1^\circ x_1 + \cdots + \beta_p^\circ x_p$ ($\beta_j^\circ$：既知) と一致するかどうか調べたいときは，各係数が一致するかどうかの検定，つまり

$$\begin{cases} H_0 & : \quad \beta_j = \beta_j^\circ \quad (j = 0, 1, \ldots, p) \\ H_1 & : \quad \text{not} \quad H_0 \end{cases}$$

を検定すればよい．これには

$$\widehat{f}_i = \widehat{\beta}_0 + \widehat{\beta}_1 x_{i1} + \cdots + \widehat{\beta}_p x_{ip} \quad \text{と} \quad f_i^\circ = \beta_0^\circ + \beta_1^\circ x_{i1} + \cdots + \beta_p^\circ x_{ip}$$

とのくい違いをみればよい．いま，$H_0$ のもと

$$(3.46) \quad \frac{\sum_{i=1}^n (\widehat{f}_i - f_i^\circ)^2}{\sigma^2} \sim \chi_{p+1}^2$$

で，この統計量は $S_e$ と独立なので $H_0$ のもと

$$(3.47) \quad F_0 = \frac{\sum_{i=1}^n (\widehat{f}_i - f_i^\circ)^2/(p+1)}{S_e/(n-p-1)} \sim F_{p+1, n-p-1}$$

である．これを利用すれば，次の検定方式が得られる．

> **検定方式**
> 
> 特定の回帰式との一致性の検定：$(H_0: \beta_j = \beta_j^\circ \ (j = 0, 1, \ldots, p), \ H_1: \text{not } H_0)$ について
> $$F_0 \geqq F(p+1, n-p-1; \alpha) \implies H_0 \text{を棄却する}$$

⑤ 回帰式の信頼区間

観測値が $y_0$，説明変数が $(x_{01}, \ldots, x_{0p})$ のとき，$y_0$ の期待値 $f_0 = \beta_0 + \beta_1 x_{01} + \cdots + \beta_p x_{0p}$ の推定量は

$$(3.48) \quad \widehat{f}_0 = \widehat{\beta}_0 + \widehat{\beta}_1 x_{01} + \cdots + \widehat{\beta}_p x_{0p} = \overline{y} + \widehat{\beta}_1(x_{01} - \overline{x}_1) + \cdots + \widehat{\beta}_p(x_{0p} - \overline{x}_p)$$

である．このとき

$$(3.49) \quad Var[\widehat{f}_0] = \left\{ \frac{1}{n} + \underbrace{\sum_{j=1}^p \sum_{k=1}^p (x_{0j} - \overline{x}_j)(x_{0k} - \overline{x}_k) S^{jk}}_{= D_0^2/(n-1)} \right\} \sigma^2$$

である．ここに，$D_0^2$ をマハラノビス **(Mahalanobis) の距離**という．そして，

$$\widehat{f}_0 \sim N\left(f_0, \left(\frac{1}{n} + \frac{D_0^2}{n-1}\right)\sigma^2\right)$$

なので，

> **推定方式**
> 
> $x = x_0$ における回帰式 $f_0$ の点推定量は，$\widehat{f}_0 = \widehat{\beta}_0 + \widehat{\beta}_1 x_{01} + \cdots + \widehat{\beta}_p x_{0p}$
> 
> $f_0$ の信頼係数 $100(1-\alpha)\%$ の信頼区間は，

$$\text{(3.50)} \qquad \widehat{f_0} \pm t(n-p-1, \alpha)\sqrt{\left(\frac{1}{n} + \frac{D_0^2}{n-1}\right)V_e}$$

また，$y_0 = \beta_0 + \beta_1 x_{01} + \cdots + \beta_1 x_{0p} + \varepsilon$ の予測値 $\widehat{y_0}$ について，

$$E[\widehat{y_0}] = f_0, \quad E[(\widehat{y_0} - y_0)^2] = Var[\widehat{y_0}] + Var[y_0] = \left(1 + \frac{1}{n} + \frac{D_0^2}{n-1}\right)\sigma^2$$

が成立するので，

─── 推定方式 ───

$x = x_0$ でのデータ $y_0$ の点推定量は，$\widehat{y_0} = \widehat{f_0}$

$y_0$ の信頼率 $100(1-\alpha)\%$ の信頼区間は，

$$\text{(3.51)} \qquad \widehat{y_0} \pm t(n-p-1, \alpha)\sqrt{\left(1 + \frac{1}{n} + \frac{D_0^2}{n-1}\right)V_e}$$

で与えられる．このように，上式で回帰式の場合より $V_e$ の係数が 1 増えていることに注意しよう．

─── 例題 **3.5** ───

例題 3.2 のデータに関して，説明変数が $(x_{01}, x_{02}) = (40, 3)$ であるときの回帰式 $f = \beta_0 + \beta_1 x_{01} + \beta_2 x_{02}$ の 95% 予測区間および将来予測される消費支出額 $y_0$ の 95% 信頼区間を求めよ．

● 回帰式の推定

```
> predict(RegModel.1,rei31,int="c")
       fit      lwr      upr
1  38.24936 35.14081 41.35791
(中略)
10 32.08495 30.11426 34.05564
```

● データの予測

```
> predict(RegModel.1,rei31,int="p")
       fit      lwr      upr
1  38.24936 33.41519 43.08354
(中略)
10 32.08495 27.89093 36.27897
```

● 特定の値における推定・予測

```
> x0=data.frame(t(c(1,40,3,30)))
> colnames(x0)=c("ken","syunyu","kazoku","syouhi")
> x0
  ken syunyu kazoku syouhi
1   1     40      3     30
> predict(RegModel.1,x0,int="c",level=0.95)
       fit      lwr      upr
1 27.21077 20.36767 34.05387
> predict(RegModel.1,x0,int="p",level=0.95)
       fit     lwr      upr
1 27.21077 19.4304 34.99114
```

分散分析表を作成するため，【モデル】▶【仮説検定】▶【分散分析表...】を選択し，Type I にチェッ

クをいれて，OK を左クリックすると，以下の出力結果が得られる．

```
> anova(RegModel.2)
Analysis of Variance Table
Response: syouhi
          Df  Sum Sq  Mean Sq  F value  Pr(>F)
kazoku     1  5.6891   5.6891   2.3209  0.17147
syunyu     1 23.3360  23.3360   9.5200  0.01768 *
Residuals  7 17.1589   2.4513
---
Signif. codes:  0 '***' 0.001 '**' 0.01 '*' 0.05 '.' 0.1 ' ' 1
```

**(参考)** 参考として，マハラノビスの距離を計算する関数を載せておこう．

■ **データとのマハラノビスの距離の (n−1) 倍を計算する関数 manobi**

```
manobi <- function(dat, x) {
    dat <- dat[complete.cases(dat),]
    n <- nrow(dat);  p <- ncol(dat)
    ss <- var(dat)*(n-1);  m <- apply(dat, 2, mean)
    dif <- x-m;  d2 <- dif%*%solve(ss)%*%dif
    c("mahalanobis distance no n-1 bai=",d2)
}
```

**演習 3.5** 高速道路の料金収入に関するデータに関して，$(x_{01}, x_{02}) = (107.7, 43.0)$ (長崎自動車道) であるときの回帰式 $f = \beta_0 + \beta_1 x_{01} + \beta_2 x_{02}$ の 90% 予測区間，および 将来予測される料金収入額 $y_0$ の 90% 信頼区間を求めよ． ◁

## 3.4 回帰診断

　回帰分析において仮定したモデルが，妥当か (データとモデルのずれが大きくないか，データの分布などに関する仮定は満たされているか，影響の大きいデータはないか，など) を調べるための方法がいろいろ考えられており，1. 残差分析，2. 感度分析，3. 多重共線性の検出等が実際に行われる．寄与率 $R^2$ が大きいとか，係数の $t$ 検定で有意だから，モデルがデータに良く適合しているとは単純にはいえない．例えば，以下のような図 3.11 のデータをみると，寄与率は同じだがデータに癖があり，誤差の仮定が満足されていない．

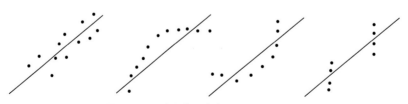

図 3.11　同じ寄与率だがデータに癖がある場合

　データに内在する固有の癖を見逃し，誤った解釈をしかねない．そこで，簡単かつ効果的な方法で残差を検討することがある．

**a.　残差分析** (residuals analysis)

残差の解析により，以下のようなことを調べる．
- データに異常値 (outlier)，外れ値が混ざってないか．
- 回帰式は，本当に説明変数の線形式 (一次式) か．
- 誤差について独立性，等分散性，正規性，不偏性を満足しているか．
- 特に影響を与えているデータは，どれか．

**(i) 残差の分布**

残差 $e_i$ は，実測値 $y_i$ と回帰式による予測値 $\widehat{y_i}$ の差であり，

$$e_i = y_i - \widehat{y_i} \quad (\boldsymbol{e} = \boldsymbol{y} - X\widehat{\boldsymbol{\beta}}) \tag{3.52}$$

で定義される．そこで

$$E[\boldsymbol{e}] = \boldsymbol{0} \tag{3.53}$$

$$Var[\boldsymbol{e}] = \sigma^2 \{I - X(X^{\mathrm{T}}X)^{-1}X^{\mathrm{T}}\}$$

が成立する．また，成分ごとにみれば

$$Var[e_i] = \sigma^2 \left\{ 1 - \frac{1}{n} - (\boldsymbol{x}_i - \overline{\boldsymbol{x}})^{\mathrm{T}} S^{-1} (\boldsymbol{x}_i - \overline{\boldsymbol{x}}) \right\}$$

$$Cov[e_i, e_j] = -\sigma^2 \left\{ \frac{1}{n} + (\boldsymbol{x}_i - \overline{\boldsymbol{x}})^{\mathrm{T}} S^{-1} (\boldsymbol{x}_i - \overline{\boldsymbol{x}}) \right\} \quad (i \neq j)$$

で，$e_i$ は不偏で正規分布にしたがうが，等分散でもなく無相関でもない．

ただし，$n \to \infty$ のとき $Var[e_i] \to \sigma^2$ かつ $Cov[e_i, e_j] \to 0$ である．

**(ii) 残差のプロット**

$e_i \sim N(0, \sigma^2)$ とみなせるので，

$$e'_i = \frac{e_i}{\sqrt{V_e}} \sim N(0, 1^2) \tag{3.54}$$

を**標準化残差** (standardized residual) という．この残差を検討することの有効性は，アンスコム (Anscombe) の数値例でも確認される．

**(ii–1) 残差のヒストグラム**

誤差が正規分布からずれているかどうかなど，視覚的に確認する．正規確率紙上にプロットすれば，より正規性からの乖離がみてとれる．

**(ii–2) 残差の時系列プロット**

打点された点の並び方から癖 (傾向があるか，中心からの変動の大きさなど) があるかどうか，読み取れれば大体の傾向がつかめる．

傾向的な変化には，
- 右上がりか右下がりか
- 周期性があるか
- 曲線的か
- 残差の大きさの変化

などをみることがある．また，誤差が互いに無相関であるかどうかを，定量的に評価するために調べるための方法に，以下のダービン・ワトソン (**Durbin-Watson**) 比によって判定する方式がある．

$$d = \frac{\sum_{i=2}^n (e_i - e_{i-1})^2}{\sum_{i=2}^n e_i^2} \tag{3.55}$$

残差がランダム (独立) であれば，$d$ がほぼ 2 であるが，正の自己相関があれば 2 より小さく，負の自己相関があれば 2 より大きくなる．その値が 2 からのずれが大きいときには，独立性を疑い，調べる必要がある．

**(ii–3) 残差と目的変数，または説明変数との散布図**

説明変数を横軸にとり，$(x_i, e_i)$ をプロットしてみる．予測値 (推計値) を横軸にとり，$(\widehat{y_i}, e_i)$ をプロットすると，図 3.12 のようなものがえられるとき，以下のように解釈される．

図 3.12 の①のような場合は大体，誤差としての性質が満足されていると思われ，問題なさそうである．②の場合は，ばらつきが次第に大きくなっており，等分散性が成り立っていなさそうである．そこで，データの変数変換により等分散になるようにして解析することが望まれる．③の場合，少数の異常値が存在することが疑われ，それらのデータについて調査する必要がある．④の場合は，線形回帰でなく 2 乗の項や積の項などを付け加えるか，$y_i$ の変数変換を行ったほうがよいか検討する必要がある．

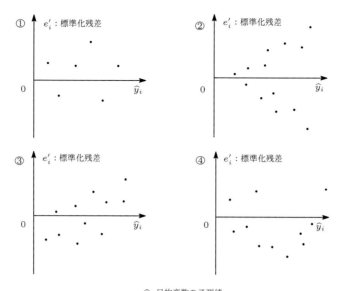

$\widehat{y}_i$:目的変数の予測値
図 3.12 (予測値, 残差) の散布図

**(ii–4) 偏回帰プロット**

各説明変数が，どのように目的変数に影響を与えているかを検討する際に有効である．

$$y_i - \left(\widehat{\beta}_0 + \widehat{\beta}_1 x_{i1} + \cdots + \widehat{\beta}_p x_{ip}\right) \text{ と } x_j - \left(\widehat{\beta}_0 + \widehat{\beta}_1 x_{i1} + \cdots + \widehat{\beta}_p x_{ip}\right)$$

の散布図である．ただし，回帰の式からいずれも $x_j$ の項を除く．

**(iii) 定量的解析の方法**

3 つ以上の母集団 (群) の分散が，均一かどうか (母分散の一様性) を定量的にみる方法には，以下のような検定方法がある．

**① コクラン (Cochran) の検定**

各サンプルの大きさが，一定 $(n_h = n)$ の場合に用いられ，$h (= 1, \ldots, m)$ 群の不偏分散を $V_h$ とし，最大のものを $V_{\max}$ で表すとするとき，

$$\begin{cases} H_0 &: \quad 母分散が一様 \\ H_1 &: \quad 母分散が一様でない \end{cases}$$

を検定するための統計量は

$$(3.56) \qquad C = \frac{V_{\max}}{\sum_{h=1}^{m} V_h}$$

で，$C$ の分布の上側 $\alpha$ 分位点を $C(m, \phi; \alpha)$ で表せば，以下のような検定方式となる．なお，$C(m, \phi; \alpha)$ は，統計数値表 [A51] pp.76～79 を参照されたい．

―― 検定方式 ――

$$C \geqq C(m, \phi; \alpha) \quad (\phi = n - 1) \quad \Longrightarrow \quad H_0 \text{ を棄却する}$$

**② ハートレー (Hartley) の検定**

各サンプルの大きさが，一定 $(n_h = n)$ の場合に用いられ，検定統計量に

$$(3.57) \qquad H = \frac{V_{\max}}{V_{\min}}$$

を用いる．検定方式としては

## 3.4 回帰診断

---
**検定方式**

$$H \geqq F_{\max}(m,\phi;\alpha) \implies H_0 \text{ を棄却する}$$
---

ただし，$F_{\max}(m,\phi;\alpha)$ は $H$ の分布の上側 $\alpha$ 分位点であり，統計数値表 [A51] pp.72〜75 に与えられている．また，$\phi = n-1$ である．

③ **バートレット (Bartlett) の検定**

各サンプルの大きさが一定でなくても，用いることができ，検定統計量に

(3.58)
$$B = \frac{1}{c}\left\{\phi_T \ln V - \sum_{h=1}^{m}\phi_h \ln V_h\right\}$$

を用いる．ただし，

$$c = 1 + \frac{1}{3(m-1)}\left\{\sum_{h=1}^{m}\frac{1}{\phi_h} - \frac{1}{\phi_T}\right\}, \quad \phi_T = \sum_{h=1}^{m}\phi_h, \quad V = \frac{\sum_{h=1}^{m}\phi_h V_h}{\phi_T}$$

である．そして，次の検定方式となる．

---
**検定方式**

$$B \geqq \chi^2(m-1,\alpha) \implies H_0 \text{ を棄却する}$$
---

バートレット検定のプログラム (関数 bartlett.test) が R にある．

そして，データが正規分布に従っていないような場合には，次のフリグナー・キリーン検定，ルビーン検定が用いられる．

④ **フリグナー・キリーン (Fligner-Killeen) 検定**

$$Z_i^{(h)} = \left|X_i^{(h)} - \underset{1 \leqq i \leqq n_h}{\text{median}}\, X_i^{(h)}\right|, \quad a_N(i) = \Phi^{-1}\left(\frac{1}{2(N+1)} + \frac{1}{2}\right), \quad N = \sum_{h=1}^{m}n_h$$

とし，

$$X^2 = \frac{1}{V}\sum_{h=1}^{m}n_h(\overline{A}^{(h)} - \overline{a}_N)^2$$

$$\overline{a}_N = \frac{1}{N}\sum_{i=1}^{n}a_N(i), V = \frac{1}{N-1}\sum_{i=1}^{N}(a_N(i) - \overline{a}_N)^2, \overline{A}^{(h)} = \frac{1}{n_h}\sum_{i=1}^{n_h}a_n(R(Z_i^{(h)}))$$

とおくとき $X^2$ は漸近的に自由度 $k-1$ の $\chi^2$ 分布に従う．そこで，次の検定方式となる．

---
**検定方式**

$$X^2 \geqq \chi^2(m-1,\alpha) \implies H_0 \text{ を棄却する}$$
---

フリグナー・キリーン検定のプログラム (関数 fligner.test) が R にある．

以下はその実行例である．

```
> x <- c(1,2,3,2,3,4); y <- c(3,2,4,3,4,4,5); z <- c(4,5,6,7,6)
> fligner.test(list(x, y, z))# リストを使う
        Fligner-Killeen test of homogeneity of variances
data:  list(x, y, z)
Fligner-Killeen:med chi-squared = 0.0721, df = 2, p-value = 0.9646
> d <- c(x, y, z)
> g <- rep(1:3, c(6, 7, 5))
> fligner.test(d, g)
        Fligner-Killeen test of homogeneity of variances
data:  d and g
```

```
Fligner-Killeen:med chi-squared = 0.0721, df = 2, p-value = 0.9646
> bartlett.test(d, g)
        Bartlett test of homogeneity of variances
data:  d and g
Bartlett's K-squared = 0.1083, df = 2, p-value = 0.9473
> levene.test(d,g)
     F value         df b        df w       P value
 0.05880305    2.00000000 15.00000000    0.94310870
```

⑤ ルビーン (**Levene**) 検定

$$Z_i^{(h)} = |X_i^{(h)} - \overline{X}^{(h)}| \qquad \left(\overline{X}^{(h)} = \frac{1}{n_h}\sum_{i=1}^{n_h} X_i^{(h)}\right)$$

とおき，

$$L = \frac{\sum_{h=1}^m n_h(\overline{Z}^{(h)} - \overline{\overline{Z}})^2/(m-1)}{\sum_{h=1}^m \sum_{i=1}^{n_h}(Z_i^{(h)} - \overline{Z}^{(h)})^2/(N-m)} \qquad \left(\overline{\overline{Z}} = \frac{1}{m}\sum_{h=1}^m \frac{1}{n_h}\sum_{i=1}^{n_h} Z_i^{(h)} = \frac{1}{m}\sum_{h=1}^m \overline{Z}^{(h)}\right)$$

とおくとき，$L$ は漸近的に自由度 $(m-1, N-m)$ の $F$ 分布に従う．$\overline{X}^{(h)}$ の代わりに $\mathrm{median}_{1 \leqq i \leqq n_h} X_i^{(h)}$ を用いる場合もある．

そこで，次の検定方式となる．

―――― 検定方式 ――――

$$L \geqq F(m-1, N-m; \alpha) \quad \Longrightarrow \quad H_0 \text{ を棄却する}$$

データの変換による分散安定化，正規分布へ近づけることによって改善する方法もとられている．

**b. 感度分析**

その観測値がある場合と，ない場合での分析結果に大きな違いがある場合，そのデータの取り扱いには注意を要する．そのような影響の大きい観測値をみつける，またはその影響度をはかるには，以下のような方法がとられている．

① 説明変数の外れ値の検出

回帰モデル $\boldsymbol{y} = X\boldsymbol{\beta} + \boldsymbol{\varepsilon}$ での回帰母数の推定量は $\widehat{\boldsymbol{\beta}} = (X^\mathrm{T} X)^{-1} X^\mathrm{T} \boldsymbol{y}$ で，予測値は $\widehat{\boldsymbol{y}} = X\widehat{\boldsymbol{\beta}}$ である．そこで

(3.59)
$$H = X(X^\mathrm{T} X)^{-1} X^\mathrm{T} = (h_{ij})_{n \times n}$$

とおくとき，$H$ は**射影行列**といわれ，$\widehat{\boldsymbol{y}} = H\boldsymbol{y}$ と表される．そして，$y_i$ について，$\widehat{y}_i$ を偏微分すると

$$\frac{\partial \widehat{y}_i}{\partial y_i} = h_{ii}$$

である．これは，観測値 $y_i$ が予測値 $\widehat{y}_i$ に及ぼす影響の大きさを表していると解釈される．平均との比較の意味で

$$h_{ii} \geqq \frac{2(p+1)}{n}$$

なら $i$ 組の影響が大きいとする基準もある．また，$\boldsymbol{\varepsilon} \sim N(\boldsymbol{0}, \sigma^2 I)$ より，予測値 $\widehat{y}_i$ の分散について $V(\widehat{y}_i) = h_{ii}\sigma^2$ だから，$h_{ii}$ が予測値のばらつきへの影響を表す尺度になっている．なお，射影行列

$$H = X(X^\mathrm{T} X)^{-1} X^\mathrm{T}$$

の対角要素 $h_{ii}$ は，**てこ比**または**レベレッジ** (leverage) と呼ばれる．

② 回帰係数ベクトルへの影響

$i$ 番目のデータを除いた $n-1$ 個のデータによる回帰パラメータの推定量を $\widehat{\boldsymbol{\beta}}_{(i)}$ で表す．このとき，$i$ 番のデータの影響を調べるための量 $DFFITS$ は

(3.60) $$DFFITS_i = \frac{e_i}{|e_i|}\frac{\left(\widehat{\boldsymbol{\beta}}_{(i)} - \widehat{\boldsymbol{\beta}}\right)^{\mathrm{T}} X^{\mathrm{T}} X \left(\widehat{\boldsymbol{\beta}}_{(i)} - \widehat{\boldsymbol{\beta}}\right)^{1/2}}{s_{(i)}}$$

ただし，$s_{(i)}^2 = \dfrac{1}{n-p-2}\sum_{j\neq i}\left(y_j - \boldsymbol{x}^{\mathrm{T}}\widehat{\boldsymbol{\beta}}_{(i)}\right)^2$ で定義される．また影響を測る量として，**クック (Cook) の $\boldsymbol{D}$** があり，$i$ 番のデータの $D$ は

(3.61) $$D_i = \frac{\left(\widehat{\boldsymbol{\beta}}_{(i)} - \widehat{\boldsymbol{\beta}}\right)^{\mathrm{T}} X^{\mathrm{T}} X \left(\widehat{\boldsymbol{\beta}}_{(i)} - \widehat{\boldsymbol{\beta}}\right)}{(p+1)s^2}$$

で定義される．その他，詳しくは，田中・垂水 [A23] pp.46, 47 を参照されたい．

#### c. 多重共線性 (multicolinearity) の検出

説明変数間の相関が高い場合，行列 $X^{\mathrm{T}}X$ の行列式は 0 に近くなり，正規方程式 $X^{\mathrm{T}}X\boldsymbol{\beta} = X^{\mathrm{T}}\boldsymbol{y}$ の解 $\boldsymbol{\beta}$ が不安定となる．このようなときを，**多重共線性 (multicolinearity：マルチコ)** があるという．そして，それを検出するための量として，**トレランス (tolerance：$t$)，分散拡大要因 (variance inflation factor：$VIF$)** がある．各変数 $x_j$ を，他の $p-1$ 個の変数で回帰するときの寄与率である $R_j^2$ を用いて，トレランス $t_j$ と $VIF_j$ は，それぞれ

(3.62) $$t_j = 1 - R_j^2, \qquad VIF_j = \frac{1}{1-R_j^2} = \frac{1}{t_j}$$

で定義される．これらの量を用いて，次のように多重共線性を判定する．具体的には，$VIF$ が 10 以上であれば多重共線性を疑う．

$$t_j：小さい\ (VIF_j：大きい)\quad\Longrightarrow\quad 多重共線性がある$$

多重共線性への対応策として，次のような方法がある．
① リッジ (ridge) 回帰 ($\widehat{\boldsymbol{\beta}} = (X^{\mathrm{T}}X + kI)^{-1}X^{\mathrm{T}}\boldsymbol{y}\ (k>0)$) による方法
② 主成分への回帰をする方法
③ 変数のクラスター分析の後，それらのクラスターごとの代表する変数にしぼって回帰する方法

## 3.5　説明変数の選択

回帰分析において，あらかじめ含まれる変数が決まっていることはない．結果系を制御する変数は何か，またそれはいくつかなどを検討することが必要である．そして，説明変数が過不足であることによる回帰係数の推定誤差に与える影響を考えると，以下のようなことがある．

説明変数が足りないと**偏り**が生じ，余分な説明変数があると推定量のばらつきが増える．

[具体例]
① 余分な変数がある場合

(3.63) $$y = \beta_0 + \beta_1 x_1 + \varepsilon：真のモデル$$

(3.64) $$y = \beta_0 + \beta_1 x_1 + \beta_2 x_2 + \varepsilon：仮定したモデル$$

の場合，仮定したモデルのもとでの推定量は

(3.65) $$\widetilde{\beta}_1 = S^{11}S_{1y} + S^{12}S_{2y}$$

より

(3.66) $$E[\widetilde{\beta}_1] = \beta_1$$

(3.67) $$Var[\widetilde{\beta}_1] = S^{11}\sigma^2$$

ここに，
$$S^{11} = \frac{S_{22}}{S_{11}S_{22} - (S_{12})^2} = \frac{1}{S_{11}(1 - r^2)}$$

である．また，真のモデルのときの $\beta_1$ の推定量

(3.68) $$\widehat{\beta}_1 = \frac{S_{1y}}{S_{11}}$$

の分散は

(3.69) $$Var[\widehat{\beta}_1] = \frac{\sigma^2}{S_{11}}$$

なので，$r = 0$ 以外では大きくなる $(Var[\widetilde{\beta}_1] > Var[\widehat{\beta}_1])$．

② 変数が足りない場合

逆に，

(3.70) $$y = \beta_0 + \beta_1 x_1 + \beta_2 x_2 + \varepsilon : 真のモデル$$

(3.71) $$y = \beta_0 + \beta_1 x_1 + \varepsilon : 仮定したモデル$$

のとき，仮定したモデルでの推定量 $\widehat{\beta}_1$ の期待値は

(3.72) $$E[\widehat{\beta}_1] = E\left[\frac{1}{S_{11}} \sum_{i=1}^{n}(x_{i1} - \overline{x}_1)y_i\right] \frac{1}{S_{11}} \sum_{i=1}^{n}(x_{i1} - \overline{x}_1)E[y_i]$$
$$= \frac{1}{S_{11}} \sum_{i=1}^{n}(x_{i1} - \overline{x}_1)(\beta_0 + \beta_1 x_{i1} + \beta_2 x_{i2}) = \beta_1 + \frac{S_{12}}{S_{11}}\beta_2$$

となり，$S_{12} \neq 0$ のとき**偏り**が生じる．また分散は

(3.73) $$Var[\widehat{\beta}_1] = S^{11}\sigma^2 = \frac{\sigma^2}{S_{11}(1 - r^2)}$$

より，$r \neq 0$ のとき小さくなる． □

### 3.5.1 変数の増減による回帰係数の推定量の変化について

$p$ 個の説明変数 $x_1, \ldots, x_p$ から1つの説明変数 $x_p$ を除去した場合の偏差平方和，残差平方和，偏回帰係数がどのように変化するかの関係式を導こう．

$S_{jk}$ ： もとの $p$ 個の変数での偏差平方和の $(j, k)$ 要素

$S^{jk}$ ： もとの $p$ 個の変数での偏差平方和の逆行列の $(j, k)$ 要素

$\beta_j$ ： もとの $p$ 個の変数での偏回帰係数

$S_e$ ： もとの $p$ 個の変数での残差平方和

を表すとし，第 $p$ 変数 $x_p$ を除いた変数についての上記の要素を，それぞれ $S_{jk}^*, S_*^{jk}, \beta_j^*, S_e^*$ とする．このとき，次の関係式が成立する．

---
**公式**

$$S_{jk} = S_{jk}^*, \quad S_*^{jk} = S^{jk} - \frac{S^{jp}S^{kp}}{S^{pp}}$$

$$\widehat{\beta}_j^* = \widehat{\beta}_j - \widehat{\beta}_p \frac{S^{jp}}{S^{pp}}, \quad S_e^* = S_e + \frac{\widehat{\beta}_p^2}{S^{pp}} \quad (j, k = 1, \ldots, p - 1)$$

---

変数選択において，説明変数を2つ以上同時に除去することは寄与率の変化等の考慮をすると，極めて危険なため，1つずつの変化でみるほうが良い．

次に，変数選択の手順と変数の追加・除去の判断基準を分けて考えよう．

### 3.5.2 変数選択の手順

変数を選択するときの変数を追加したり，除去する手順として，以下のような方法がある．

**(i) 変数指定法**

過去の知識・経験や固有技術から，変数を指定して変数を選択する方法である．

**(ii) 総当たり法**

$p$ 個の中から $r$ 個の変数を選ぶ，すべての組合せについて重回帰式を計算する．その総組数は，${}_pC_1 + \cdots + {}_pC_p = (1+1)^p - {}_pC_0 = 2^p - 1$ である．そのときの基準を決めて，変数が少なくできるだけ基準が満足される変数を選択する方法である．

**(iii) 逐次選択法 (stepwise method)**

各段階で逐次変数を選択する方法で，以下のような方法がある．

① **変数増加法 (forward selection method)**　各段階で，基準とする量の増加が最大となる変数を1つずつ加えていく方法．

② **変数減少法 (backward elimination method)**　まず，$p$ 個の説明変数全部を含めた回帰分析を行い，それから変数を1つずつ除去していく方法．

③ **変数増減法 (stepwise method)**　最初，変数なしの状態から出発し，変数を入れたり出したりを，$F$ 値などの基準によって決めていく方法．

④ **変数減増法**　最初，全変数を含む状態から出発し，変数を出したり，入れたりを繰り返すことで，モデルを設定する方法．

### 3.5.3 変数選択の判断基準

変数を追加・除去する際の判断基準に，以下のような量が使われている．

① $F$ 値　その変数の偏回帰係数の検定統計量

$$(3.74) \quad F_0 = \frac{\widehat{\beta}_j^2}{s^{jj} V_e/n} \sim F_{1, n-p-1}$$

が小さい時には，変数 $x_j$ を除去する．変数を取り込む $F$ 値である $F_{IN}$ は，大体2ぐらいの値が使われている．

② $C_p$ 統計量　以下のマローズ (C.L. Mallows) の $C_p$ 統計量が小さいほど，望ましい．これは平均2乗誤差の推定量である．

$$(3.75) \quad C_p = \frac{(\boldsymbol{y} - \widehat{\boldsymbol{y}})^{\mathrm{T}} (\boldsymbol{y} - \widehat{\boldsymbol{y}})}{\widehat{\sigma}^2} + 2p - n$$

③ $AIC$　赤池の情報量基準 (Akaike's Information Criterion) といわれ，モデルとデータの適合度を測る量で以下で定義され，小さいほど良い．

$$(3.76) \quad AIC = -2\log L(\widehat{\boldsymbol{\theta}}) + 2p \quad \text{：モデルの適合度 + 母数増加に対するペナルティ}$$

ただし，$\widehat{\boldsymbol{\theta}}$ は，$\boldsymbol{\theta} = (\theta_1, \ldots, \theta_p)^{\mathrm{T}}$ の最尤推定量 (maximum likelihood estimator) である．回帰モデルの場合には，母数は $\beta_0, \beta_1, \ldots, \beta_p, \sigma^2$ の $p+2$ 個である．

④ $PSS$ (Prediction Sum of Squares)　予測平方和で，小さいほど良い．

⑤ $BIC$ (Bayes Information Crietrion)　以下のベイズ型モデル評価基準が小さいほど良いとされる．

$$(3.77) \quad BIC = -2\log L(\widehat{\boldsymbol{\theta}}) + \log p$$

$$\text{：} -2(\text{モデルの最大対数尤度}) + \log(\text{モデルの自由なパラメータ数})$$

R では $AIC$ 最小化に基づく逐次変数選択を行うことができる．step(回帰モデル) のように記述する．

## 3.6　数量化 I 類

数量化とは言葉の通り，サンプル，変数などに数値を与えることでデータを解析しやすくする手法で，林知己夫氏により提案された手法である．データに分布形まで仮定することなく解析する記述統計的手法である．大きく4種類の手法に分類され，I, II, III, IV 類がある．評価するもの，つまり目的とする変数 (外的基準) がある場合が I 類と II 類であり，外的基準がない場合が III 類と IV 類である．I 類は外的基準が量的データで，説明変数がカテゴリカル (質的) データの場合であり，スコア (評点) を説

明変数 (カテゴリー) に与える方法である．II 類は外的基準，説明変数ともカテゴリカルデータの場合であり，説明変数にスコアを与える方法である．III 類は個体も変量 (項目) もカテゴリカルデータの場合で，個体 (サンプル)，変量 (カテゴリー) ともにスコアを与える方法である．IV 類は分析の対象とする任意の 2 つの間に似ている程度が量として与えられているとき，それをもとに対象にスコアを与え，直線上，平面上などにプロットすることで視覚化して解析する手法である．以下にそれぞれの手法の適用場面を挙げておこう．なお，数量化の R による関数が，青木氏 [C3] により作成されているので参考にされたらよいと思われる．

[適用場面]

① **数量化 I 類** 科目の成績得点を好き，嫌いで説明する．売上げ高を天候，曜日，値段 (高いか安いかなど) で予測する．プロ野球観客動員数をリーグ (セかパか)，本拠地 (東京かその他か) などでどの程度説明できるか．給料を年代，性別，都市圏，職業で説明できるか．成績を塾へ行っているかいないか，クラブに入っているかいないか，性別で説明できるか．情報処理能力の評価が性別，パソコン所有の有無で説明できるか．乗用車の価格を高級車，中級車，大衆車別に走行性能，装備性能，操縦性能，メーカーによってどれだけ説明できるか．製品の価格を説明する要因は何か．人の身長が子供の頃牛乳を飲んだか飲まなかったか，運動をしたかしなかったかなどによって変わるか．以上のような説明変数がカテゴリカルデータであるときの場面に適用される．

② **数量化 II 類** お酒の好き嫌いが性別・年代によるものであるか．パソコンを持っているかいないかを性別・年代・年収で説明できるか．電器製品の保有，非保有を説明するものは何か．セ・パの好みの分類は何でなされるか．乗用車を購入するか否かの要因は何か．いくつかの旅行先から選択するときの要因は何か，スーパー，マンション，車，ラーメン，コンビニ店，ファーストフード店，就職先などでいくつかの選択肢から選択するときの要因は何かをさぐる手法として用いられる．

③ **数量化 III 類** 食べ物と年代，居住地域と性格，飲み物の好みと年代，家の概観の好みと年代 (職業)，レジャーと職業，都市と県民性 (イメージ調査)，年齢とテレビ視聴時間，年代と車の好み，音楽のジャンル別好みと年代，製品の購買に関して合理的要素と情緒的要素 (口コミ，宣伝効果も入る)，購買後の満足度と期待度などカテゴリカルデータ同士の関連データから，分類されるか，傾向があるかなどをみるときに利用できる．

④ **数量化 IV 類** 教科間の親近性，生徒の相性による親近性 (席順決定)，各国の料理間の親近性，都市間の交通所要時間からの類似性，プロ野球，バスケット，サッカーなどのチーム対戦勝敗表からの親近性，相撲での力士対戦表からの親近性，スーパーの商品同時購入者数からの類似性 (配置)，インスタントラーメンの好み調査からの親近性などから対象をプロットし，分類したり，傾向をみる方法として利用される．

ここでは，回帰の考え方に基づく数量化 I 類について取り扱う．

### 3.6.1 モデルの設定

以下で，**アイテム (item)** は質問項目に相当し，**カテゴリー (category)** は反応パターンに対応する．

例えばいくつかのスーパーでの売上げ高 (外的基準，目的変数) $y$ は，要因 (アイテム，項目) である月曜日から日曜日のいずれかのカテゴリーである (反応パターンの) 曜日と晴れ，雨，曇りのいずれかのカテゴリーである天候とで説明できるかを考えよう．曜日が項目 1 で天候を項目 2 とし，月曜日から日曜日がカテゴリーの 1 から 7 とする．天候の晴れ，曇り，雨がカテゴリーの 1, 2, 3 となる．このとき，スコアとして $a_{11}, \ldots, a_{17}, a_{21}, a_{22}, a_{23}$ を与える．サンプル (個体) としていくつかの講義についての出席率を考えても同様である．また，目的変数を成績 (得点) とし，要因 (項目) として性別 (男性，女性)，塾へ行っているかどうか，アルバイトの有無などで説明する場合も同様である．

次に一般の場合への定式化を行う．回帰分析で説明変数がカテゴリー (計数) 型になった場合と考えられる．カテゴリー型の説明変数をアイテム・スコアとして数量化する．$n$ (=サンプル数，個体数) 人に，$p$ 個のアイテム (項目，要因，変量) があり，第 $j$ ($=1, \ldots, p$) 項目について属すカテゴリー (反応

## 3.6 数量化 I 類

表 3.6 データ表

| アイテム | 項目 1 | | | ... | 項目 $p$ | | |
|---|---|---|---|---|---|---|---|
| スコア | $a_{11}$ | ... | $a_{p1}$ | | $a_{p1}$ | ... | $a_{pc_p}$ |
| カテゴリー／個体 | 1 | ... | $c_1$ | ... | 1 | ... | $c_p$ |
| $y_1$ | $x_{1(11)}$ | ... | $x_{1(1c_1)}$ | ... | $x_{1(p1)}$ | ... | $x_{1(pc_p)}$ |
| ⋮ | | | | | | | |
| $y_i$ | $x_{i(11)}$ | ... | $x_{i(1c_i)}$ | ... | $x_{i(p1)}$ | ... | $x_{i(pc_p)}$ |
| ⋮ | | | | | | | |
| $y_n$ | $x_{n(11)}$ | ... | $x_{n(1c_1)}$ | ... | $x_{n(p1)}$ | ... | $x_{n(pn_p)}$ |

パターン) が $c_j$ 個あるとする．そこで，第 $i$ 番の人 (個体，サンプル) が，第 $j$ ($=1,\ldots,p$) 項目についてカテゴリー $k$ に属すときの値を 1 としその他で 0 をとる変数を $x_{i(jk)}$ で表し，カテゴリースコア $a_{jk}$ を与えるとする．また，第 $i$ サンプルのとる目的変数の値を $y_i$ とする．そこで，表 3.6 のようなデータが得られる．拡大して書くと以下のような添え字とデータの関係である．つまり，第 $i$ 個体の $j$ 項目の $k$ カテゴリーに着目すると以下のような位置付けと添え字に関する表記である．

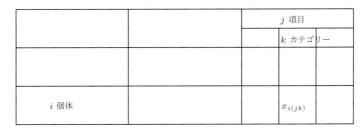

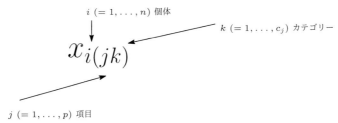

そこで第 $j$ ($=1,\ldots,p$) 項目 (アイテム) の $k$ ($=1,\ldots,c_j$) カテゴリーに**カテゴリースコア** (category score) $a_{jk}$ を与えるとして，合成変量 $f$ について以下のようなモデルを考える．

$$(3.78) \quad f = a_{11}x_{(11)} + \cdots + a_{1c_1}x_{(1c_1)} + a_{21}x_{(21)} + \cdots + a_{pc_p}x_{(pc_p)}$$

そこで，第 $i$ ($=1,\ldots,n$) サンプルについての合成変量 $f_i$ は

$$(3.79) \quad f_i = a_{11}x_{i(11)} + \cdots + a_{1c_1}x_{i(1c_1)} + a_{21}x_{i(21)} + \cdots + a_{pc_p}x_{i(pc_p)} = \sum_{j=1}^{p}\sum_{k=1}^{c_j} a_{jk}x_{i(jk)}$$

と書かれるとする．

更に，第 $i$ ($1,\ldots,n$) サンプル (個体) のデータについては誤差 $\varepsilon_i$ (分布は仮定しない) があるとして，以下のモデルを考える．

$$(3.80) \quad y_i = a_{11}x_{i(11)} + \cdots + a_{1c_1}x_{i(1c_1)} + a_{21}x_{i(21)} + \cdots + a_{pc_p}x_{i(pc_p)} + \varepsilon_i$$
$$= \sum_{j=1}^{p}\sum_{k=1}^{c_j} a_{jk}x_{i(jk)} + \varepsilon_i$$

ただし，

$$x_{i(jk)} = \begin{cases} 1 & \text{第 } i \text{ 個体について，} j \text{ 項目の } k \text{ カテゴリーに属すとき} \\ 0 & \text{その他} \end{cases}$$

であり，各項目で1カテゴリーのみに反応するとするので

$$\text{(3.81)} \quad \sum_{k=1}^{c_j} x_{i(jk)} = 1 \quad (j=1,\ldots,p; i=1,\ldots,n)$$

なる制約がある．

$$\text{(3.82)} \quad y_i = \boldsymbol{x}_i^{\mathrm{T}} \boldsymbol{a} + \varepsilon_i \quad (i=1,\ldots,n) \quad \text{(ベクトル・行列表現)}$$

ただし，$\boldsymbol{x}_i^{\mathrm{T}} = (x_{i(11)}, \ldots, x_{i(1c_1)}, x_{i(21)}, \ldots, x_{i(pc_p)})$，$\boldsymbol{a} = (a_{11}, \ldots, a_{1c_1}, a_{21}, \ldots, a_{pc_p})^{\mathrm{T}}$ である．

$$\text{(3.83)} \quad \boldsymbol{y} = X\boldsymbol{a} + \boldsymbol{\varepsilon} \quad \text{(ベクトル・行列表現)}$$

ただし，

$$\boldsymbol{y} = \begin{pmatrix} y_1 \\ y_2 \\ \vdots \\ y_n \end{pmatrix}, \quad X = \begin{pmatrix} \boldsymbol{x}_1^{\mathrm{T}} \\ \boldsymbol{x}_2^{\mathrm{T}} \\ \vdots \\ \boldsymbol{x}_n^{\mathrm{T}} \end{pmatrix}_{n \times \sum_{j=1}^{p} c_j}, \quad \boldsymbol{\varepsilon} = \begin{pmatrix} \varepsilon_1 \\ \varepsilon_2 \\ \vdots \\ \varepsilon_n \end{pmatrix}$$

### 3.6.2 カテゴリースコア $\{a_{jk}\}$ の推定

$a_{jk}$ の添え字 $jk$ は1から順に番号を付け替えると $j-1$ 番目までのカテゴリー数に $k$ を足した順番になる．実際，$\sum_{r=1}^{j-1} c_r + k$ 番である．このように母数に添え字付けをして回帰分析と同様に推定式が利用できる．このとき，

---
**数量化I類の基準**

$$\text{(3.84)} \quad Q = \sum_{i=1}^{n} \left( y_i - \sum_{j=1}^{p} \sum_{k=1}^{c_j} a_{jk} x_{i(jk)} \right)^2 = (\boldsymbol{y} - X\boldsymbol{a})^{\mathrm{T}} (\boldsymbol{y} - X\boldsymbol{a}) \quad \searrow \quad \text{(最小化)}$$

---

を最小にするよう $a_{jk}$ を求め，$y$ を予測する式を構成するのが数量化I類である．つまり，<u>目的変数とサンプルスコアとの差の2乗和の最小化</u>が数量化I類である．そこで $Q$ を $a_{rs}$ ($r=1,\ldots,p; s=1,\ldots,c_r$) で偏微分して0とおくと

$$\text{(3.85)} \quad \frac{\partial Q}{\partial a_{rs}} = -2 \sum_{i=1}^{n} \left( y_i - \sum_{j=1}^{p} \sum_{k=1}^{c_j} a_{jk} x_{i(jk)} \right) x_{i(rs)} = 0 \quad (r=1,\ldots,p; s=1,\ldots,c_r)$$

より

$$\text{(3.86)} \quad \sum_{i=1}^{n} y_i x_{i(rs)} = \sum_{j=1}^{p} \sum_{k=1}^{c_j} \sum_{i=1}^{n} a_{jk} x_{i(jk)} x_{i(rs)}$$

が成立する．書き直して

$$\text{(3.87)} \quad \sum_{i=1}^{n} x_{i(11)} x_{i(rs)} a_{11} + \sum_{i=1}^{n} x_{i(12)} x_{i(rs)} a_{12} + \cdots + \sum_{i=1}^{n} x_{i(pc_p)} x_{i(rs)} a_{pc_p} = \sum_{i=1}^{n} y_i x_{i(rs)}$$
$$(r=1,\ldots,p; s=1,\ldots,c_r)$$

となる．ここに，$\sum_{i=1}^{n} x_{i(jk)} x_{i(rs)}$ はアイテム $j$ の $k$ カテゴリーとアイテム $r$ の $s$ カテゴリーの両方に反応した個体数を表している．アイテム内のカテゴリーに対するスコア $a_{jk}$ の範囲が $y$ に対する影響の大きさを表すことになることに注意しよう．

$$\text{(3.88)} \quad (X^{\mathrm{T}} X) \boldsymbol{a} = X^{\mathrm{T}} \boldsymbol{y} \quad \text{(ベクトル・行列表現)}$$

$X^{\mathrm{T}} X$ は $\sum_{j=1}^{p} c_j$ 次の正方行列だが式 (3.81) の制約のため正則でない．その階数 (rank) は独立な制約数 ($= p-1$) だけ落ち，$\sum_{j=1}^{p} c_j - p + 1$ である．そこで $\boldsymbol{a}$ は一意に求まらないため，2番目以降の各項目の第1カテゴリースコアを0とする．つまり

$$\text{(3.89)} \quad a_{21} = a_{31} = \cdots = a_{p1} = 0$$

とする．そして，$\boldsymbol{a}$ から $a_{21}, a_{31}, \ldots, a_{p1}$ を除いたベクトルを $\boldsymbol{a}^*$ とし，行列 $X^{\mathrm{T}} X$ の第 $c_1+1$ 列，$c_1+c_2+1$ 列，…, $\sum_{j=1}^{p} c_j + 1$ 列，およびそれぞれに対応した行を除いた行列を $(X^{\mathrm{T}} X)^*$ とし，更

に $X$ から第 $c_1+1$ 列, $c_1+c_2+1$ 列, …, $\sum_{j=1}^p c_j +1$ 列を除いた行列を $X^*$ とすれば

(3.90) $$(X^{\mathrm{T}}X)^* = X^{*T}X^*$$

である．この行列は正則であるので一意に

(3.91) $$\widehat{\boldsymbol{a}}^* = (X^{\mathrm{T}}X)^{*-1}X^{*T}\boldsymbol{y}$$

と推定される．そこで

(3.92) $$\widehat{\boldsymbol{a}} = (\widehat{a}^*_{11},\cdots,\widehat{a}^*_{1c_1},0,\widehat{a}^*_{22},\ldots,\widehat{a}^*_{2c_2},0,\widehat{a}^*_{32},\ldots,\widehat{a}^*_{pc_p})^{\mathrm{T}}$$

と推定される．以上のことをまとめて以下に書いておこう．

―― 公式 ――

(3.93)　カテゴリースコア　$\widehat{\boldsymbol{a}}^* = (X^{\mathrm{T}}X)^{*-1}X^{*T}\boldsymbol{y} \implies \widehat{\boldsymbol{a}}$　予測値　$\widehat{\boldsymbol{y}} = X\widehat{\boldsymbol{a}}$

### 3.6.3 カテゴリースコアの規準化

以下の式変形により各項目内で平均が 0 となる規準化が行われる．$\overline{y} = \frac{\sum_{i=1}^n y_i}{n}, \overline{x}_{(jk)} = \frac{\sum_{i=1}^n x_{i(jk)}}{n}$ とおくと

(3.94) $$\widehat{y}_i = \sum_{j,k}\widehat{a}_{jk}x_{i(jk)} = \sum_{j,k}\widehat{a}_{jk}\overline{x}_{(jk)} + \sum_{j,k}\widehat{a}_{jk}\bigl(x_{i(jk)} - \overline{x}_{(jk)}\bigr)$$
$$= \overline{y} + \sum\sum \widehat{a}_{jk}\bigl(x_{i(jk)} - \overline{x}_{(jk)}\bigr)$$

と書ける．そこで，$\widehat{b}_{jk} = \widehat{a}_{jk} - \sum_{k=1}^{c_j}\widehat{a}_{jk}\overline{x}_{(jk)}$ とおけば，カテゴリースコアが規準化され，次の式で予測値が求められる．

―― 公式 ――

(3.95) $$\widehat{y}_i = \overline{y} + \sum_{j=1}^p\sum_{k=1}^{c_j}\widehat{b}_{jk}x_{i(jk)}, \quad \text{ただし} \quad \widehat{b}_{jk} = \widehat{a}_{jk} - \sum_{k=1}^{c_j}\widehat{a}_{jk}\overline{x}_{(jk)}$$

### 3.6.4 範囲，偏相関係数

第 $j$ 項目 (要因) のレンジ (範囲) を $R_j$ で表せば

―― 公式 ――

(3.96) $$R_j = \max_k \widehat{a}_{jk} - \min_k \widehat{a}_{jk} \quad (j=1,\ldots,p)$$

である．次に

(3.97) $$\widehat{x}_{i(j)} = \widehat{a}_{j1}x_{i(j1)} + \widehat{a}_{j2}x_{i(j2)} + \cdots + \widehat{a}_{jc_j}x_{i(jc_j)}$$
$$= \sum_{k=1}^{c_j}\widehat{a}_{jk}x_{i(jk)} \quad (i=1,\ldots,n; j=1,\ldots,p)$$

とおくと，

(3.98) $$\widehat{y}_i = \sum_{j=1}^p \widehat{x}_{i(j)} = \sum_{j=1}^p\sum_{k=1}^{c_j}\widehat{a}_{jk}x_{i(jk)}$$

である．$\overline{x}_{(j)} = \frac{\sum_i \widehat{x}_{i(j)}}{n}$ と表すとき

(3.99) $$S_{\widehat{jk}} = S(\widehat{x}_{(j)},\widehat{x}_{(k)}) = \sum_{i=1}^n \bigl(\widehat{x}_{i(j)} - \overline{x}_{(j)}\bigr)\bigl(\widehat{x}_{i(k)} - \overline{x}_{(k)}\bigr) \quad (j,k=1,\ldots,p),$$
$$S_{\widehat{j}y} = S(\widehat{x}_{(j)},y) = \sum_{i=1}^n \bigl(\widehat{x}_{i(j)} - \overline{x}_{(j)}\bigr)\bigl(y_i - \overline{y}\bigr) \quad (j=1,\ldots,p),$$

$$S_{yy} = S(y,y) = \sum_{i=1}^{n}\left(y_i - \overline{y}\right)^2 = \sum y_i^2 - \left(\sum \widehat{y_i}\right)^2/n$$

である．更に，

(3.100)
$$r_{\widehat{jk}} = \frac{S_{\widehat{jk}}}{\sqrt{S_{\widehat{jj}}S_{\widehat{kk}}}} \quad (j,k = 1,\ldots,p),$$

$$r_{\widehat{j}y} = \frac{S_{\widehat{j}y}}{\sqrt{S_{\widehat{jj}}S_{yy}}} \quad (j = 1,\ldots,p)$$

である．$\widehat{j}$ のように^をつけた表記が明確だが，煩雑となるため^は $j$ のように混同しないと思われる箇所では，以後省略する．相関行列とその逆行列を

$$R = \begin{pmatrix} 1 & r_{12} & \cdots & r_{1p} & r_{1y} \\ r_{21} & 1 & \cdots & r_{12} & r_{2y} \\ \vdots & \vdots & \ddots & \vdots & \vdots \\ r_{p1} & r_{p2} & \cdots & 1 & r_{py} \\ r_{y1} & r_{y2} & \cdots & r_{yp} & 1 \end{pmatrix}_{(p+1)\times(p+1)}, R^{-1} = \begin{pmatrix} r^{11} & r^{12} & \cdots & r^{1p} & r^{1y} \\ r^{21} & r^{22} & \cdots & r^{2p} & r^{2y} \\ \vdots & \vdots & \ddots & \vdots & \vdots \\ r^{p1} & r^{p2} & \cdots & r^{pp} & r^{py} \\ r^{y1} & r^{y2} & \cdots & r^{yp} & r^{yy} \end{pmatrix}_{(p+1)\times(p+1)}$$

で表す．そこで

---
**公式**

重相関係数は

(3.101)
$$r_{y\cdot 12\cdots p} = \sqrt{1 - \frac{1}{r^{yy}}}$$

$y$ と第 $j$ 要因との標本偏相関係数は

(3.102)
$$r_{yj\cdot 12\cdots j-1j+1\cdots p} = \frac{-r^{jy}}{\sqrt{r^{jj}r^{yy}}}$$

---

である．これまでの流れをまとめると図 3.13 のようになる．

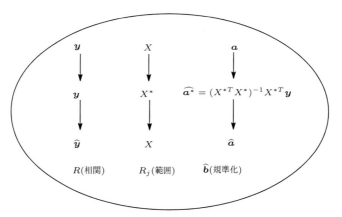

図 **3.13** 数量化 I 類の解析手順

次に例として，売上げに関するデータを扱ってみよう．

---
**例題 3.6**

表 3.7 のパン屋さんの売上げ高を平日・休日，天候による違いで説明すると考えた場合に，数量化 I 類により解析せよ．

## 3.6 数量化 I 類

表 3.7 パン屋さんの売上げ高

| 日 | 売上げ高 | 平日・休日 | | 天候 | | |
|---|---|---|---|---|---|---|
| | 万円 | 平日 | 休日 | 晴れ | 曇り | 雨 |
| 1 | 3.1 | 1 | 0 | 1 | 0 | 0 |
| 2 | 2.1 | 1 | 0 | 0 | 0 | 1 |
| 3 | 3.5 | 0 | 1 | 1 | 0 | 0 |
| 4 | 2.8 | 1 | 0 | 0 | 1 | 0 |
| 5 | 2.5 | 1 | 0 | 1 | 0 | 0 |
| 6 | 3.6 | 0 | 1 | 1 | 0 | 0 |
| 7 | 1.9 | 1 | 0 | 0 | 0 | 1 |

**考え方**

**手順 1** モデルの設定：

$$y_i = a_{11}x_{i(11)} + a_{12}x_{i(12)} + a_{21}x_{i(21)} + a_{22}x_{i(22)} + a_{23}x_{i(23)} + \varepsilon_i \quad (i=1,\ldots,7)$$

なる売上げ高を平日か休日の違いと天候による違いによって説明するモデルをたてる．

$$\boldsymbol{y} = X\boldsymbol{a} + \boldsymbol{\varepsilon} \quad \text{(ベクトル・行列表現)}$$

ただし，$\boldsymbol{y} = (3.1, 2.1, 3.5, 2.8, 2.5, 3.6, 1.9)^{\mathrm{T}}$，行列 $X$ は以下に与えられ，

$$\boldsymbol{a} = (a_{11}, a_{12}, a_{21}, a_{22}, a_{23})^{\mathrm{T}}, \quad \boldsymbol{\varepsilon} = (\varepsilon_{11}, \varepsilon_{12}, \varepsilon_{21}, \varepsilon_{22}, \varepsilon_{23})^{\mathrm{T}}$$

である．

**手順 2** 回帰式の推定および予測値，残差を求める：$a_{21} = 0$ とし，ベクトル $\boldsymbol{a}$ から $a_{21}$ を除いたベクトルを $\boldsymbol{a}^*$ とし，計画行列 $X$ についても対応する列を除いて $X^*$ とすると以下のようになる．

$$X = \begin{pmatrix} 1 & 0 & 1 & 0 & 0 \\ 1 & 0 & 0 & 0 & 1 \\ 0 & 1 & 1 & 0 & 0 \\ 1 & 0 & 0 & 1 & 0 \\ 1 & 0 & 1 & 0 & 0 \\ 0 & 1 & 1 & 0 & 0 \\ 1 & 0 & 0 & 0 & 1 \end{pmatrix} \implies X^* = \begin{pmatrix} 1 & 0 & 0 & 0 \\ 1 & 0 & 0 & 1 \\ 0 & 1 & 0 & 0 \\ 1 & 0 & 1 & 0 \\ 1 & 0 & 0 & 0 \\ 0 & 1 & 0 & 0 \\ 1 & 0 & 0 & 1 \end{pmatrix}$$

そこで表計算ソフトの利用では行列の転置，積，逆行列の関数を使って計算して (Excel では TRANSPOSE 関数，MMULT 関数，MINVERSE 関数)

$$X^{*T}X^* = \begin{pmatrix} 5 & 0 & 1 & 2 \\ 0 & 2 & 0 & 0 \\ 1 & 0 & 1 & 0 \\ 2 & 0 & 0 & 2 \end{pmatrix} \quad \text{から} \quad (X^{*T}X^*)^{-1} = \begin{pmatrix} 0.5 & 0 & -0.5 & -0.5 \\ 0 & 0.5 & 0 & 0 \\ -0.5 & 0 & 1.5 & 0.5 \\ -0.5 & 0 & 0.5 & 1 \end{pmatrix}$$

である．また，$X^{*T}\boldsymbol{y} = (12.4, 7.1, 2.8, 4.0)^{\mathrm{T}}$ だから $\widehat{\boldsymbol{a}}^* = (X^{*T}X^*)^{-1}X^{*T}\boldsymbol{y} = (2.8, 3.55, 0, -0.8)^{\mathrm{T}}$ と推定され，$\widehat{\boldsymbol{a}} = (2.8, 3.55, 0, 0, -0.8)^{\mathrm{T}}$ となる．よって回帰式は $f_i = 2.8x_{11} + 3.55x_{12} - 0.8x_{23}$ と求まる．更に $y_i$ の予測値 $\widehat{y}_i$ は，$\widehat{y}_i = \boldsymbol{x}_i^{\mathrm{T}}\widehat{\boldsymbol{a}} \ (i=1,\ldots,7) \Leftrightarrow \widehat{\boldsymbol{y}} = X\widehat{\boldsymbol{a}}$ より，$\widehat{\boldsymbol{y}} = (2.8, 2, 3.55, 2.8, 2.8, 3.55, 2)^{\mathrm{T}}$ となる．そこで，残差 $e = y - \widehat{y}$ は以下の表 3.8 のように計算される．

表 3.8 残差の表

| No. | $y$ | $x_{11}$ | $x_{12}$ | $x_{21}$ | $x_{22}$ | $x_{23}$ | $\widehat{y}$ | $e = y - \widehat{y}$ | $y^2$ | $\widehat{y}^2$ | $e^2$ | $x_{(1)}$ | $x_{(2)}$ |
|---|---|---|---|---|---|---|---|---|---|---|---|---|---|
| 1 | 3.1 | 1 | 0 | 1 | 0 | 0 | 2.80 | 0.30 | 9.6100 | 7.8400 | 0.0900 | 2.80 | 0.00 |
| 2 | 2.1 | 1 | 0 | 0 | 0 | 1 | 2.00 | 0.10 | 4.4100 | 4.0000 | 0.0100 | 2.80 | −0.80 |
| 3 | 3.5 | 0 | 1 | 1 | 0 | 0 | 3.55 | −0.05 | 12.2500 | 12.6025 | 0.0025 | 3.55 | 0.00 |
| 4 | 2.8 | 1 | 0 | 0 | 1 | 0 | 2.80 | 0.00 | 7.8400 | 7.8400 | 0.0000 | 2.80 | 0.00 |
| 5 | 2.5 | 1 | 0 | 1 | 0 | 0 | 2.80 | −0.30 | 6.2500 | 7.8400 | 0.0900 | 2.80 | 0.00 |
| 6 | 3.6 | 0 | 1 | 1 | 0 | 0 | 3.55 | 0.05 | 12.9600 | 12.6025 | 0.0025 | 3.55 | 0.00 |
| 7 | 1.9 | 1 | 0 | 0 | 0 | 1 | 2.00 | −0.10 | 3.6100 | 4.0000 | 0.0100 | 2.80 | −0.80 |
| 計 | 19.5 | 5 | 2 | 4 | 1 | 2 | 19.50 | 0.00 | 56.9300 | 56.7250 | 0.2050 | 21.10 | −1.60 |
| | ① | ② | ③ | ④ | ⑤ | ⑥ | ⑦ | ⑧ | ⑨ | ⑩ | ⑪ | ⑫ | ⑬ |

$S_T = S_{yy} = ⑨ - ①^2/7 = 2.6086, S_R = ⑩ - ①^2/7 = 2.4036, S_e = ⑪ = 0.2050$ だから 寄与率 $= S_R/S_T = 1 - S_e/S_T = 0.9214$ より

$$\text{重相関係数} = \sqrt{\text{寄与率}} = \sqrt{\frac{\sum(\widehat{y}_i - \overline{y})^2}{\sum(y_i - \overline{y})^2}} = \sqrt{\frac{\sum \widehat{y}_i^2 - (\sum y_i)^2/7}{\sum y_i^2 - (\sum y_i)^2/7}} \fallingdotseq 0.9599$$

**手順 3**　カテゴリースコアの規準化：表 3.9 より

$\overline{x}_{(11)} = 1/7(1+1+0+1+1+0+1) = ②/7 = 5/7 = 0.7143$, $\overline{x}_{(12)} = ③/7 = 2/7 = 0.2857$, $\overline{x}_{(21)} = ④/7 = 4/7$, $\overline{x}_{(22)} = ⑤/7 = 1/7$, $\overline{x}_{(23)} = ⑥/7 = 2/7$ である.

そこで, 規準化の式 $\widehat{b}_{jk} = \widehat{a}_{jk} - \sum_{k=1}^{c_j} \widehat{a}_{jk}\overline{x}_{(jk)}$ より, 第 1 項目 (アイテム) に関して

$$\widehat{b}_{11} = \widehat{a}_{11} - (\widehat{a}_{11}\overline{x}_{11} + \widehat{a}_{12}\overline{x}_{12}) = 2.8 - (2.8 \times 5/7 + 3.55 \times 2/7) = -0.2143,$$
$$\widehat{b}_{12} = \widehat{a}_{12} - (\widehat{a}_{11}\overline{x}_{11} + \widehat{a}_{12}\overline{x}_{12}) = 3.55 - 3.0143 = 0.5357$$

第 2 項目に関して

$$\widehat{b}_{21} = \widehat{a}_{21} - (\widehat{a}_{21}\overline{x}_{21} + \widehat{a}_{22}\overline{x}_{22} + \widehat{a}_{23}\overline{x}_{23}) = 0 - (0 \times 4/7 + 0 \times 1/7 - 0.8 \times 2/7) = 0.2286,$$
$$\widehat{b}_{22} = \widehat{a}_{22} - (\widehat{a}_{21}\overline{x}_{21} + \widehat{a}_{22}\overline{x}_{22} + \widehat{a}_{23}\overline{x}_{23}) = 0.2286,$$
$$\widehat{b}_{23} = \widehat{a}_{23} - (\widehat{a}_{21}\overline{x}_{21} + \widehat{a}_{22}\overline{x}_{22} + \widehat{a}_{23}\overline{x}_{23}) = -0.5714$$

である. そこで予測式は $\overline{y} = ①/7 = 19.5/7 = 2.7857$ より $\widehat{y}_i = 2.7857 - 0.2143x_{i(11)} + 0.5357x_{i(12)} + 0.2286x_{i(21)} + 0.2286x_{i(22)} - 0.5714x_{i(23)}$ で与えられる. 次に

$$\widehat{x}_{i(1)} = \widehat{a}_{11}x_{i(11)} + \widehat{a}_{12}x_{i(12)} = 2.8 \times x_{i(11)} + 3.55 \times x_{i(12)} \quad (i=1,\ldots,7)$$

で, 例えば $\widehat{x}_{1(1)} = 2.8 \times 1 + 3.55 \times 0 = 2.8$.

また, $\widehat{x}_{i(2)} = \widehat{a}_{21}x_{i(21)} + \widehat{a}_{22}x_{i(22)} + \widehat{a}_{23}x_{i(23)} = -0.8 \times x_{i(23)}$ $(i=1,\ldots,7)$ より, 表 3.9 のようになる. なお, $\widehat{y}_i = \widehat{x}_{i(1)} + \widehat{x}_{i(2)}$ である.

**手順 4**　範囲および偏相関係数を求める：相関行列は以下の表 3.9 補助表を作成して求める.

表 3.9　補助表

| No. | $\widehat{x}_{(1)}$ | $\widehat{x}_{(2)}$ | $y$ | $\widehat{x}_{(1)}^2$ | $\widehat{x}_{(2)}^2$ | $y^2$ | $\widehat{x}_{(1)}\widehat{x}_{(2)}$ | $\widehat{x}_{(1)}y$ | $\widehat{x}_{(2)}y$ |
|---|---|---|---|---|---|---|---|---|---|
| 1 | 2.80 | 0.00 | 3.10 | 7.8400 | 0.00 | 9.61 | 0.00 | 8.6800 | 0.00 |
| 2 | 2.80 | −0.80 | 2.10 | 7.8400 | 0.64 | 4.41 | −2.24 | 5.8800 | −1.68 |
| 3 | 3.55 | 0.00 | 3.50 | 12.6025 | 0.00 | 12.25 | 0.00 | 12.4250 | 0.00 |
| 4 | 2.80 | 0.00 | 2.80 | 7.8400 | 0.00 | 7.84 | 0.00 | 7.8400 | 0.00 |
| 5 | 2.80 | 0.00 | 2.50 | 7.8400 | 0.00 | 6.25 | 0.00 | 7.0000 | 0.00 |
| 6 | 3.55 | 0.00 | 3.60 | 12.6025 | 0.00 | 12.96 | 0.00 | 12.7800 | 0.00 |
| 7 | 2.80 | −0.80 | 1.90 | 7.8400 | 0.64 | 3.61 | −2.24 | 5.3200 | −1.52 |
| 計 | 21.10 | −1.60 | 19.50 | 64.4050 | 1.28 | 56.93 | −4.48 | 59.9250 | −3.20 |
|  | ① | ② | ③ | ④ | ⑤ | ⑥ | ⑦ | ⑧ | ⑨ |

$$S_{11} = \sum \widehat{x}_{i(1)}^2 - (\sum \widehat{x}_{i(1)})^2/7 = ④ - ①^2/7 = 64.405 - 21.1^2/7 = 0.8036,$$
$$S_{12} = 0.3429, S_{1y} = 1.1464, S_{22} = 0.9143, S_{2y} = 1.2571, S_{yy} = 2.6086,$$
$$r_{12} = \frac{S_{12}}{\sqrt{S_{11}S_{22}}} = \frac{0.3429}{\sqrt{0.8036 \times 0.9143}} = 0.4, r_{1y} = 0.7918, r_{2y} = 0.8140$$

そこで相関行列 $R$ は $R = \begin{pmatrix} 1 & 0.400 & 0.7918 \\ & 1 & 0.8140 \\ sym. & & 1 \end{pmatrix}$ であり, またその逆行列は $R^{-1} = \begin{pmatrix} 5.1062 & 3.7006 & -7.0554 \\ & 5.6457 & -7.5258 \\ sym. & & 12.7125 \end{pmatrix}$ である. 重相関係数は,

$$r_{y\cdot 12} = \sqrt{1 - \frac{1}{r^{yy}}} = \sqrt{1 - \frac{1}{12.7125}} = 0.9599$$

$y$ と第 1 項目との偏相関係数は, $r_{y1\cdot 2} = \frac{-r^{1y}}{\sqrt{r^{11}r^{yy}}} = \frac{-(-7.0554)}{\sqrt{5.1062 \times 12.7125}} = 0.8757$, $y$ と第 2 項目との偏相

表 3.10 結果表

| 要因項目 | カテゴリー | 該当数 | カテゴリースコア $b_{jk}$ | 範囲 $R_j$ | 偏相関係数 $r_{y\cdot}$ |
|---|---|---|---|---|---|
| 平日・休日 | 1 | 5 | $-0.2143$ | 0.75 | 0.8757 |
|  | 2 | 2 | $0.5357$ |  |  |
| 天候 | 1 | 4 | $0.2286$ | 0.8 | 0.8883 |
|  | 2 | 1 | $0.2286$ |  |  |
|  | 3 | 2 | $-0.5714$ |  |  |

関係数は，$r_{y2\cdot 1} = \dfrac{-r^{2y}}{\sqrt{r^{22}r^{yy}}} = 0.8883$ で，範囲は次の式から計算される．$j = 1, 2$ に対し

$$R_j = \max_k \widehat{a}_{jk} - \min_k \widehat{a}_{jk}$$

これまでの結果をまとめて，表 3.10 が得られる．

**手順 5　検討・考察**：寄与率は約 96% と高く，要因のいずれも範囲がほぼ 0.8 で偏相関も高く影響が大きい．つまり平日であるかどうかと天候の良し悪しにパンの売上げは影響をかなり受けることがわかる．　□

[予備解析]

**手順 1　データの読み込み**：【データ】▶【データのインポート】▶【テキストファイルまたはクリップボード，URL から...】を選択し，ダイアログボックスで，フィールドの区切り記号としてカンマにチェックをいれて，OK を左クリックする．フォルダからファイルを指定後，開く (O) を左クリックする．データセットを表示 をクリックすると，図 3.14 のようにデータが表示される．

```
> rei35 <- read.table("rei35.csv", header=TRUE,
+   sep=",", na.strings="NA", dec=".", strip.white=TRUE)
```

図 3.14　データの表示

図 3.15　データの因子への変換

**手順 2　数値変数の因子への変換**：【データ】▶【アクティブデータセット内の変数の管理】▶【数値変数を因子に変換...】を選択し，図 3.15 のように変数として $x1, x2$ を指定後，「数値で」にチェックをいれて OK を左クリックすると，図 3.16 のように上書きするか聞いてくる．上書きを $x1, x2$ とも行う．

```
> rei35$x1 <- as.factor(rei35$x1)    #因子への変換
> rei35$x2 <- as.factor(rei35$x2)    #因子への変換
```

図 3.16　変数の上書き

**手順 3　基本統計量の計算**：【統計量】▶【要約】▶【アクティブデータセット】を選択し，OK を左クリックすると，以下のように要約が出力される．

```
> summary(rei35)
      hi       x1    x2         y
 Min.   :1.0   1:5   1:4   Min.   :1.900
 1st Qu.:2.5   2:2   2:1   1st Qu.:2.300
 Median :4.0         3:2   Median :2.800
 Mean   :4.0               Mean   :2.786
 3rd Qu.:5.5               3rd Qu.:3.300
 Max.   :7.0               Max.   :3.600
```

また，【統計量】▶【要約】▶【数値による要約...】 を選択する．そして，オプションで全てにチェックを入れて，OK を左クリックすると，以下のように出力される．

```
> numSummary(rei35[,"y"], statistics=c("mean", "sd", "IQR", "quantiles", "cv",
+   "skewness", "kurtosis"), quantiles=c(0,.25,.5,.75,1), type="2")
    mean        sd IQR       cv    skewness  kurtosis  0% 25% 50% 75% 100% n
 2.785714 0.6593648   1 0.236695 -0.08561461 -1.566055 1.9 2.3 2.8 3.3  3.6 7
```

[数量化 I 類の適用]

**手順 1** 回帰分析の利用：

```
> rei35.lm<-lm(y~x1+x2,rei35)    #関数lm()の利用
> summary(rei35.lm)
Call:
lm(formula = y ~ x1 + x2, data = rei35)
Residuals:
        1          2          3          4          5          6          7
 3.000e-01  1.000e-01 -5.000e-02 -1.755e-18 -3.000e-01  5.000e-02 -1.000e-01
Coefficients:
              Estimate Std. Error t value Pr(>|t|)
(Intercept)  2.800e+00  1.848e-01  15.148 0.000625 ***
x1[T.2]      7.500e-01  2.614e-01   2.869 0.064098 .
x2[T.2]     -3.698e-16  3.202e-01   0.000 1.000000
x2[T.3]     -8.000e-01  2.614e-01  -3.060 0.054977 .
Signif. codes:  0 '***' 0.001 '**' 0.01 '*' 0.05 '.' 0.1 ' ' 1
Residual standard error: 0.2614 on 3 degrees of freedom
Multiple R-squared:  0.9214,Adjusted R-squared:  0.8428
F-statistic: 11.72 on 3 and 3 DF,  p-value: 0.03651
```

最小 2 乗法より，$f = 2.8 + 0.75 x_{11} - 3.698 \times 10^{-16} x_{21} - 0.8 x_{22}$ と予測式が求まる．そこで，係数が規準化する前の変数ごとのカテゴリースコアが対応していて，レンジ (範囲) は 0.75 と 0.8 とわかる (「考え方」の手順 3 を参照).

[推定・予測]

```
> predict(rei35.lm)    #サンプルスコア(yの予測値)
   1    2    3    4    5    6    7
2.80 2.00 3.55 2.80 2.80 3.55 2.00
```

**演習 3.6** 表 3.11 の学生の講義への出席率を科目の選択か必修の区別，講義か実習かの区別，天気と曜日で説明できるか線形回帰モデルをあてはめてみよ (数量化 I 類を適用してみよ).  ◁

表 3.11 出席率 (%)

| 科目 No. | 出席率 | 選択・必修 | | 講義形態 | | 天候 | | |
|---|---|---|---|---|---|---|---|---|
| | % | 必修 | 選択 | 実習 | 講義 | 晴れ | 曇り | 雨 |
| 1 | 85 | 1 | 0 | 1 | 0 | 1 | 0 | 0 |
| 2 | 69 | 0 | 1 | 0 | 1 | 0 | 0 | 1 |
| 3 | 79 | 1 | 0 | 1 | 0 | 1 | 0 | 0 |
| 4 | 94 | 1 | 0 | 0 | 1 | 1 | 0 | 0 |
| 5 | 88 | 1 | 0 | 0 | 1 | 1 | 0 | 0 |
| 6 | 67 | 0 | 1 | 1 | 0 | 1 | 0 | 0 |

## 3.7 補足

回帰分析において,特殊な状況において対応する方法として次のようなことがある.

① **ダミー変数の利用** 一時的なダミー変数 (作付面積と収穫量,季節のダミー変数) を利用したり,質的データへのダミー変数の適用 (給与を学歴,性別,規模等で説明) をしたり,係数へのダミー変数の適用 (構造変化の前と後) する場合などがある.以下のようなモデル式となる.

(3.103)
$$y = \beta_0 + \beta_1 x + \beta_2 D + \varepsilon$$
$$D = \begin{cases} 1 & 異常値 \\ 0 & 平時 \end{cases}$$

② **系列相関の検討** ダービン・ワトソン検定による自己相関に関する検定,コクラン・オーカット法による自己相関への対処法,プレイス・ウィンステン変換による自己相関を回避する利用がある.

# 4

# 判 別 分 析

## 4.1 判別分析とは

いくつかの群ごとに得られている過去のデータに基づき,新しい 1 つのサンプルが得られたとき,このサンプルがどの群に属すかを判別 (判定,予測) する手法を**判別分析** (discriminant analysis) という.そこで,どの群に属すかを判別するための基準をつくることが課題である.そして判別するために用いる関数を**判別関数** (discriminant function) という.つまり,$m$ 個の群が想定される場合,判別関数は変数のとる領域を $m$ 個の領域に分割するものである.サンプルが持つ属性データから,群に分類するための方式を定めたい.フィッシャー (R.A. Fisher) は,サンプルが持つ属性 (変数) $x_1, \ldots, x_p$ の線形結合を考え,$z$ を用いて判別する方法を提案した.この方法を**線形判別分析** (linear discriminant analysis) という.これは,変数 $\boldsymbol{x} = (x_1, \ldots, x_p)^{\mathrm{T}}$ に対して,重みを $\boldsymbol{w} = (w_1, \ldots, w_p)^{\mathrm{T}}$ とする線形結合を考え,重みをどのように決定すればよいかという問題になる.

(4.1) $$f = w_1 x_1 + \cdots + w_p x_p = \boldsymbol{w}^{\mathrm{T}} \boldsymbol{x} = \|\boldsymbol{w}\| \cdot \|\boldsymbol{x}\| \cos \theta$$

このとき,式 (4.1) のイメージは次のようになる.重みとデータを用いて $f$ を求めることは,$\boldsymbol{w}$ という軸を新たに考え,この上にデータを射影してスコア $f$ を求めることと同じである.図 4.1 に 2 群 $A, B$,およびこれらを $\boldsymbol{w}$ 軸に射影する概念を示す.また,別の軸 $\boldsymbol{w}'$ を考え,それに射影した場合との比較を考えると,この図の向きの重み $\boldsymbol{w}$ が,群をうまく分離できていると想像される.これをデータで表現するには,次のようにすればよい.各群内のスコアの変動 (群内変動) と群間のスコアの変動 (群間変動) を考え,これらの比が最大となるように重みを決定する.これは,群内変動を小さくすると同時に群間変動を大きくするようにスコアを定めることに対応する.

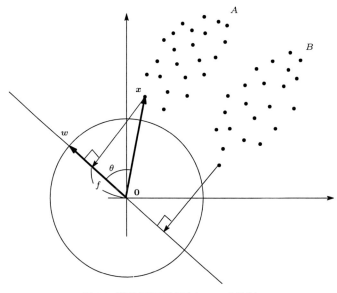

図 **4.1** 判別方向の概念図 ($p = 2$ の場合)

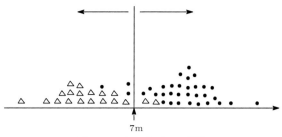

図 4.2　1次元データでの判別

簡単な場合として，2群の1次元の場合を考えてみよう．例えば走り幅跳びで7m以上跳べば決勝進出でき，そうでなければ決勝にでられないと判別されるとすると図4.2のように7mを境として分かれる．

次に2群で2次元(変量)の場合を考えてみよう．レポートの点($x_1$)と試験の点($x_2$)を総合して単位認定をする場合，各人の成績を打点(プロット)すると図4.3のように二山型になった．このとき直線を用いてどのように合格者群と不合格者群の2群に分けたらよいだろうか．できるだけよく判別したい．従来の単なる合計点でいいのか，試験だけまたはレポートだけで判定していいかなど1次元でよく判別しようと努力するわけである．2次元だと平面，3次元だと空間に表せ，目にみえ判別できそうだが，さらに次元があがると判別がかなり難しくなる．

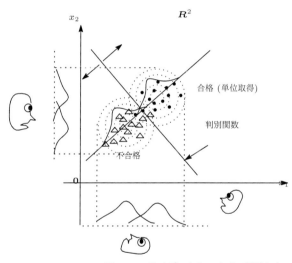

図 4.3　2次元データを1次元で判別する

次に具体的にどのような適用場面があるかいくつかあげてみよう．

[適用場面]　就職先は将来性があるかないかを資産，経常利益等から判別する．VSOP (バイタリティー，スペシャリティー，オリジナリティー，パーソナリティー) が就職の決め手であるといわれるが，就職内定に実際どれだけ効いているのか．大学入試での合否判定で入試の成績が効いているか．進学に際し，文系か理系かの判定をする．いくつかの症状から病名の判定をする．スーパーを出店するか否かの判定をする．電気製品でどのメーカーのものを買うか決める．製品の等級分けを行う．曲がヒットするか否かを詞，メロディーなどで判別する．パソコンを利用目的で，デスクトップタイプ，ノート型，モバイル型のいずれにするか判別する．血液型を性格・行動から分類する．涼しさの判別を温度，湿気，風などから行う．雨が降るか降らないかの判別を湿度，雲の量などで行う．お菓子，酒などどこのメーカーのものかを当てる．犯人かどうか，筆跡鑑定で誰が書いたのか，誰の子かの判定をする．画像，音像での判定をする．マンションの入居者かどうか，部屋の住人かどうかなど識別判定をする．出土した頭蓋骨が人類か類人猿かの判定をする．データから異常値かどうかを判別する．など多くのこと

に応用されよう.

$m$ 群 (母集団) を $G_1, \ldots, G_m$ とし,新たに $p$ 変量のデータ $\boldsymbol{x} = (x_1, \ldots, x_p)^{\mathrm{T}}$ がとられたとする.この $\boldsymbol{x}$ が $G_1, \ldots, G_m$ のいずれかに属するとき,どの群に属すかを判別関数 $f(\boldsymbol{x})$ によって判別する.

そして,判別 (分類) するための方式 (ルール) としては,以下のような判別方式 (ルール) が考えられている.データの分布を積極的に利用する方法とそうでない方法に基づいている.分布としては正規分布がよく考えられている.

**方式 1** 変数の線形結合である判別関数 $f = \boldsymbol{w}^{\mathrm{T}}\boldsymbol{x}$ を用いて分類するとき,この線形関数の全変動に対する群 (級) 間変動 (群 (級) 内の変動に対して) の比が大きくなるように判別する.

**方式 2** とられたデータ $\boldsymbol{x}$ と群 $G_h$ の近さを測る量 $d(\boldsymbol{x}, G_h)$ が最小となる群に属すると判定する.(分布を仮定したもとでの近さを測るなら,データ $\boldsymbol{x}$ の密度関数を $g_h(\boldsymbol{x})$ とするとき,真の密度 $g(\boldsymbol{x})$ とのロス (loss) $\ell(g, g_h)$ が最小となる群に属すると判定するような場合も同様である.また,モデル $g_1, \ldots, g_m$ のうち最もロスの少ないモデルを選択することに対応している.)

**方式 3** 判別にともなう損失の期待値 (リスク) が最小になるように判別する.ベイズ基準,ミニマックス基準,検定基準などに基づく.これはデータの分布を仮定している.

ここで,第 $h \, (= 1 \sim m)$ 群の第 $i \, (= 1 \sim n_h)$ サンプルの $j \, (= 1 \sim p)$ 変量のデータを以下のように表す.

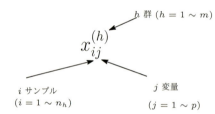

そこでデータは,表 4.1 のように与えられる.

表 4.1　$h$ 群のデータ行列

| サンプル＼変量 | $x_1$ | $x_2$ | $\cdots$ | $x_j$ | $\cdots$ | $x_p$ |
|---|---|---|---|---|---|---|
| 1 | $x_{11}^{(h)}$ | $x_{12}^{(h)}$ | $\cdots$ | $x_{1j}^{(h)}$ | $\cdots$ | $x_{1p}^{(h)}$ |
| $\vdots$ | $\vdots$ | $\vdots$ | | $\vdots$ | | $\vdots$ |
| $i$ | $x_{i1}^{(h)}$ | $x_{i2}^{(h)}$ | $\cdots$ | $x_{ij}^{(h)}$ | $\cdots$ | $x_{ip}^{(h)}$ |
| $\vdots$ | $\vdots$ | $\vdots$ | | $\vdots$ | | $\vdots$ |
| $n_h$ | $x_{n_h 1}^{(h)}$ | $x_{n_h 2}^{(h)}$ | $\cdots$ | $x_{n_h j}^{(h)}$ | $\cdots$ | $x_{n_h p}^{(h)}$ |

更に,もとのデータ $x_{ij}^{(h)}$ について

- $h$ 群での $j \, (= 1, \ldots, p)$ 変量の平均を

$$(4.2) \quad \overline{x}_j^{(h)} = \frac{x_{1j}^{(h)} + \cdots + x_{n_h j}^{(h)}}{n_h} = \frac{1}{n_h} \sum_{i=1}^{n_h} x_{ij}^{(h)},$$

- すべての群にわたっての $j$ 変量の全平均 $\overline{x}_j$ を

$$(4.3) \quad \overline{x}_j = \frac{1}{n_1 + \cdots + n_m} \sum_{h=1}^{m} \left( x_{1j}^{(h)} + \cdots + x_{n_h j}^{(h)} \right) = \frac{1}{N} \sum_{h=1}^{m} \sum_{i=1}^{n_h} x_{ij}^{(h)} \quad \left( N = \sum_{h=1}^{m} n_h \right)$$

と表すことにする.また以下では,計算の簡単さから 2 群への判別を中心に考えよう.

## 4.2　判別方法

### 4.2.1　判別方式 1

合成変量 $f$ の群間の変動が全変動に対して最大になるように重み $\boldsymbol{w}$ を決める方法を考えよう.その

ため以下に各変動を具体的に表してみよう．$\|\boldsymbol{w}\| = 1$ のとき，

合成変量

(4.4)
$$f = w_1 x_1 + \cdots + w_p x_p = \sum_{j=1}^{p} w_j x_j = \|\boldsymbol{x}\| \cos\theta$$

に関して，$h\,(=1,2)$ 群の第 $i\,(=1,\ldots,n_h)$ サンプルの合成変量 $f_i^{(h)}$ は

(4.5)
$$f_i^{(h)} = w_1 x_{i1}^{(h)} + \cdots + w_p x_{ip}^{(h)} = \sum_{j=1}^{p} w_j x_{ij}^{(h)}$$

である．そして，$h\,(=1,2)$ 群における平均を $\overline{f}^{(h)}$，全部での合成変量の平均を $\overline{f}$ で表すとき，合成変量の全変動 (平方和)$S_T$ は

(4.6)
$$S_T = \sum_{i=1}^{n_1} (f_i^{(1)} - \overline{f})^2 + \sum_{i=1}^{n_2} (f_i^{(2)} - \overline{f})^2$$

である．次に $h\,(=1,2)$ 群の第 $i\,(=1,\ldots,n_h)$ サンプルの合成変量 $f_i^{(h)}$ の全平均との差を分解すると

(4.7)
$$\underbrace{f_i^{(h)} - \overline{f}}_{\text{群 } h \text{ の } i \text{ サンプルの偏差}} = \underbrace{f_i^{(h)} - \overline{f}^{(h)}}_{\text{群 } h \text{ 内での偏差}} + \underbrace{\overline{f}^{(h)} - \overline{f}}_{\text{群 } h \text{ との偏差}}$$

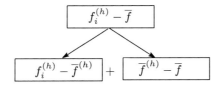

となるので，1 群について

(4.8)
$$\sum_{i=1}^{n_1} (f_i^{(1)} - \overline{f})^2 = \sum_{i=1}^{n_1} (f_i^{(1)} - \overline{f}^{(1)} + \overline{f}^{(1)} - \overline{f})^2$$
$$= \sum_{i=1}^{n_1} (f_i^{(1)} - \overline{f}^{(1)})^2 + 2(\overline{f}^{(1)} - \overline{f}) \underbrace{\sum_{i=1}^{n_1} (f_i^{(1)} - \overline{f}^{(1)})}_{=0} + \sum_{i=1}^{n_1} (\overline{f}^{(1)} - \overline{f})^2$$
$$= \sum_{i=1}^{n_1} (f_i^{(1)} - \overline{f}^{(1)})^2 + n_1 (\overline{f}^{(1)} - \overline{f})^2$$

と変形される．同様に 2 群についても

(4.9)
$$\sum_{i=1}^{n_1} (f_i^{(2)} - \overline{f})^2 = \sum_{i=1}^{n_2} (f_i^{(2)} - \overline{f}^{(2)})^2 + n_2 (\overline{f}^{(2)} - \overline{f})^2$$

と変形されるので，式 (4.5) は

(4.10)
$$S_T = \underbrace{\sum_{i=1}^{n_1} (f_i^{(1)} - \overline{f}^{(1)})^2 + \sum_{i=1}^{n_2} (f_i^{(2)} - \overline{f}^{(2)})^2}_{S_W} + \underbrace{n_1 (\overline{f}^{(1)} - \overline{f})^2 + n_2 (\overline{f}^{(2)} - \overline{f})^2}_{S_B}$$

と分解される．ただし，$S_W$ (within group) は群 (級) 内変動を表し，$S_B$ (between group) は群 (級) 間変動を表す．つまり，

―――――――― 公式 ――――――――

全変動 = 群内変動 + 群間変動    $S_T = S_W + S_B$

と分解される．次に，1 群の合成変量の平均は

(4.11)
$$\overline{f}^{(1)} = \frac{f_1^{(1)} + \cdots + f_{n_1}^{(1)}}{n_1}$$
$$= \frac{\left(w_1 x_{11}^{(1)} + \cdots + w_p x_{1p}^{(1)}\right) + \cdots + \left(w_1 x_{n_1 1}^{(1)} + \cdots + w_p x_{n_1 p}^{(1)}\right)}{n_1}$$
$$= w_1 \frac{x_{11}^{(1)} + \cdots + x_{n_1 1}^{(1)}}{n_1} + \cdots + w_p \frac{x_{1p}^{(1)} + \cdots + x_{n_1 p}^{(1)}}{n_1}$$

$$= w_1\overline{x}_1^{(1)} + \cdots + w_p\overline{x}_p^{(1)} = \sum_{j=1}^{p} w_j\overline{x}_j^{(1)} = \boldsymbol{w}^{\mathrm{T}}\overline{\boldsymbol{x}}^{(1)},$$

であり，同様に2群の合成変量の平均は

$$(4.12) \qquad \overline{f}^{(2)} = w_1\overline{x}_1^{(1)} + \cdots + w_p\overline{x}_p^{(1)} = \sum_{j=1}^{p} w_j\overline{x}_j^{(2)} = \boldsymbol{w}^{\mathrm{T}}\overline{\boldsymbol{x}}^{(2)},$$

$$\left(\text{ただし}, \quad \overline{\boldsymbol{x}}^{(1)} = \left(\overline{x}_1^{(1)}, \ldots, \overline{x}_p^{(1)}\right)^{\mathrm{T}}, \quad \overline{\boldsymbol{x}}^{(2)} = \left(\overline{x}_1^{(2)}, \ldots, \overline{x}_p^{(2)}\right)^{\mathrm{T}}\right)$$

である．また全平均は

$$(4.13) \qquad \overline{f} = \frac{\sum_{i=1}^{n_1} f_i^{(1)} + \sum_{i=1}^{n_2} f_i^{(2)}}{n_1 + n_2} = \frac{\sum_{i=1}^{n_1}\sum_{j=1}^{p} w_j x_{ij}^{(1)} + \sum_{i=1}^{n_2}\sum_{j=1}^{p} w_j x_{ij}^{(2)}}{n}$$

$$= \sum_{j=1}^{p} w_j \frac{\sum_{i=1}^{n_1} x_{ij}^{(1)} + \sum_{i=1}^{n_2} x_{ij}^{(2)}}{n} = \sum_{j=1}^{p} w_j \overline{x}_j = \boldsymbol{w}^{\mathrm{T}}\overline{\boldsymbol{x}}$$

$$\left(\text{ただし}, \quad \overline{\boldsymbol{x}} = \left(\overline{x}_1, \ldots, \overline{x}_p\right)^{\mathrm{T}}\right)$$

となり，各平均 $\overline{\boldsymbol{x}}^{(1)}, \overline{\boldsymbol{x}}^{(2)}, \overline{\boldsymbol{x}}$ をベクトル $\boldsymbol{w}$ の方向への正射影した長さが各合成変量の平均を表している．そして，

$$(4.14) \qquad S_W = \sum_{i=1}^{n_1}\{\boldsymbol{w}^{\mathrm{T}}(\boldsymbol{x}_i^{(1)} - \overline{\boldsymbol{x}}^{(1)})\}^2 + \sum_{i=1}^{n_2}\{\boldsymbol{w}^{\mathrm{T}}(\boldsymbol{x}_i^{(2)} - \overline{\boldsymbol{x}}^{(2)})\}^2 : \text{群内変動}$$

$$S_B = n_1\{\boldsymbol{w}^{\mathrm{T}}(\overline{\boldsymbol{x}}^{(1)} - \overline{\boldsymbol{x}})\}^2 + n_2\{\boldsymbol{w}^{\mathrm{T}}(\overline{\boldsymbol{x}}^{(2)} - \overline{\boldsymbol{x}})\}^2 : \text{群間変動}$$

である．

行列との対応で書けば，$N = n_1 + \cdots + n_m (m = 2$ の場合$)$ とするとき，

$$T = (T_{jk})_{p\times p}, T_{jk} = \frac{1}{N}\sum_{h=1}^{m}\sum_{i=1}^{n_h}(x_{ij}^{(h)} - \overline{x}_j)(x_{ik}^{(h)} - \overline{x}_k) \leftrightarrow \text{全変動と対応}$$

$$B = (B_{jk})_{p\times p}, B_{jk} = \frac{1}{N}\sum_{h=1}^{m}\sum_{i=1}^{n_h} n_h(\overline{x}_j^{(h)} - \overline{x}_j)(\overline{x}_k^{(h)} - \overline{x}_k) \leftrightarrow \text{群間変動と対応}$$

$$W = (W_{jk})_{p\times p}, W_{jk} = \frac{1}{N}\sum_{h=1}^{m}\sum_{i=1}^{n_h}(x_{ij}^{(h)} - \overline{x}_j^{(h)})(x_{ik}^{(h)} - \overline{x}_k^{(h)}) \leftrightarrow \text{群内変動と対応}$$

とおくとき，

$$T = B + W$$

が成立している．

2次元の平面 $(p = 2)$ の場合について具体的に考えてみよう．図4.4のように，集合 $\{\boldsymbol{x} = (x_1, x_2)^{\mathrm{T}} \in \boldsymbol{R}^2; f = w_1 x_1 + w_2 x_2 = -w_0 = w_1 x_{01} + w_2 x_{02}\}$ は，点 $\boldsymbol{x}_0 = (x_{01}, x_{02})^{\mathrm{T}}(\boldsymbol{w}^{\mathrm{T}}\boldsymbol{x}_0 = w_0 = f)$ を通り，ベクトル $\boldsymbol{w} = (w_1, w_2)^{\mathrm{T}}$ に垂直な直線 $\ell$ 上の点 $\boldsymbol{x}$ を表す．そこで，$\boldsymbol{w} \perp \boldsymbol{x} - \boldsymbol{x}_0$ である．そして $\boldsymbol{w}$ が単位ベクトル(長さが1より $\|\boldsymbol{w}\| = 1$ かつ $0 \leqq w_1, 0 \leqq w_2$)の場合，$\boldsymbol{w}^{\mathrm{T}}\boldsymbol{x} = f$ であることはベクトル $\boldsymbol{x}$ のベクトル $\boldsymbol{w}$ へ射影した長さが $|f|$ となることを意味している．そこで $i$ サンプルの点 $P_i(\boldsymbol{x}_i)$ について $f_i = \boldsymbol{w}^{\mathrm{T}}\boldsymbol{x}_i$ の絶対値は $i$ サンプルと直線 $\ell$ との距離を表している．

次に群内変動，群間変動をもとの変量 $\boldsymbol{x}$ を用いて表してみよう．まず，式(4.11), (4.12) より $f_i^{(1)} - \overline{f}^{(1)} = \sum_{j=1}^{n_1} w_j(x_{ij}^{(1)} - \overline{x}_j^{(1)})$, $f_i^{(2)} - \overline{f}^{(2)} = \sum_{j=1}^{n_1} w_j(x_{ij}^{(2)} - \overline{x}_j^{(2)})$ だから

$$(4.15) \quad S_W = \sum_{i=1}^{n_1}\left(f_i^{(1)} - \overline{f}^{(1)}\right)^2 + \sum_{i=1}^{n_2}\left(f_i^{(2)} - \overline{f}^{(2)}\right)^2$$

$$= \sum_{i=1}^{n_1}\left\{\sum_{j=1}^{p} w_j\left(x_{ij}^{(1)} - \overline{x}_j^{(1)}\right)\right\}^2 + \sum_{i=1}^{n_2}\left\{\sum_{j=1}^{p} w_j\left(x_{ij}^{(2)} - \overline{x}_j^{(2)}\right)\right\}^2$$

$$= \sum_{j,k=1}^{p} w_j w_k \sum_{i=1}^{n_1}(x_{ij}^{(1)} - \overline{x}_j^{(1)})(x_{ik}^{(1)} - \overline{x}_k^{(1)}) + \sum_{j,k=1}^{p} w_j w_k \sum_{i=1}^{n_2}(x_{ij}^{(2)} - \overline{x}_j^{(2)})(x_{ik}^{(2)} - \overline{x}_k^{(2)})$$

$$= \sum_{j,k=1}^{p} w_j w_k S_{jk}^{(1)} + \sum_{j,k=1}^{p} w_j w_k S_{jk}^{(2)}$$

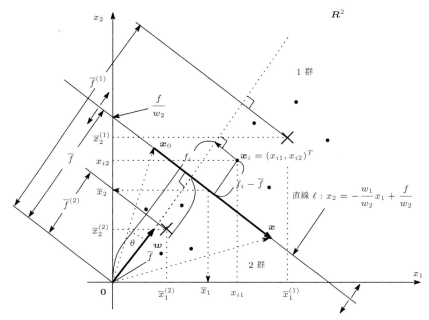

図 4.4 2 群での判別の概念図

$$= \boldsymbol{w}^{\mathrm{T}}(S_1 + S_2)\boldsymbol{w} = \boldsymbol{w}^{\mathrm{T}}W\boldsymbol{w} \quad \left(S_h = (S_{jk}^{(h)}), h = 1, 2\right)$$

と表される．ただし，$W = (W_{jk})_{p \times p} \left(= S = (S_{jk})\right)$ は群内変動行列であり，

(4.16) $$W_{jk} = \sum_{i=1}^{n_1}(x_{ij}^{(1)} - \overline{x}_j^{(1)})(x_{ik}^{(1)} - \overline{x}_k^{(1)}) + \sum_{i=1}^{n_2}(x_{ij}^{(2)} - \overline{x}_j^{(2)})(x_{ik}^{(2)} - \overline{x}_k^{(2)})$$

である．同様に，$B = (B_{jk})_{p \times p}$ を群間変動行列として群間変動を変形すると次のように表せる．まず，

$$\overline{f} = \frac{n_1 \overline{f}^{(1)} + n_2 \overline{f}^{(2)}}{n_1 + n_2}$$

より，

$$\overline{f}^{(1)} - \overline{f} = \overline{f}^{(1)} - \frac{n_1 \overline{f}^{(1)} + n_2 \overline{f}^{(2)}}{n_1 + n_2} = \frac{n_2\left(\overline{f}^{(1)} - \overline{f}^{(2)}\right)}{n_1 + n_2}, \quad \overline{f}^{(2)} - \overline{f} = \frac{n_1\left(\overline{f}^{(2)} - \overline{f}^{(1)}\right)}{n_1 + n_2}$$

であり，

$$\overline{f}^{(h)} - \overline{f} = \sum_{j=1}^{p} w_j\left(\overline{x}_j^{(h)} - \overline{x}_j\right) \quad (h = 1, 2)$$

と表されることに注意して

(4.17) $$S_B = n_1\left(\overline{f}^{(1)} - \overline{f}\right)^2 + n_2\left(\overline{f}^{(2)} - \overline{f}\right)^2$$

$$= n_1 \times \frac{n_2^2}{(n_1 + n_2)^2}\left(\overline{f}^{(1)} - \overline{f}^{(2)}\right)^2 + n_2 \times \frac{n_1^2}{(n_1 + n_2)^2}\left(\overline{f}^{(1)} - \overline{f}^{(2)}\right)^2$$

$$= \frac{n_1 n_2}{n_1 + n_2}\left(\overline{f}^{(1)} - \overline{f}^{(2)}\right)^2 = \frac{n_1 n_2}{N}\left\{\sum_{j=1}^{p} w_j\left(\overline{x}_j^{(1)} - \overline{x}_j^{(2)}\right)\right\}^2$$

$$= \frac{n_1 n_2}{n_1 + n_2}\sum_{j=1}^{p}\sum_{k=1}^{p} w_j w_k\left(\overline{x}_j^{(1)} - \overline{x}_j^{(2)}\right)\left(\overline{x}_k^{(1)} - \overline{x}_k^{(2)}\right) = \boldsymbol{w}^{\mathrm{T}}B\boldsymbol{w}$$

$$\left(\text{ただし}, \quad N = n_1 + n_2, \quad B_{jk} = \frac{n_1 n_2}{N}(\overline{x}_j^{(1)} - \overline{x}_j^{(2)})(\overline{x}_k^{(1)} - \overline{x}_k^{(2)})\right)$$

と表される．そして，相関比 $\eta^2 = \dfrac{S_B}{S_T}$ は

(4.18) $$\frac{S_B}{S_T} = \frac{\text{群間変動}}{\text{全変動}} = \frac{S_B}{S_W + S_B} = \frac{S_B/S_W}{S_B/S_W + 1}$$

と変形されるので，$\eta^2$ の最大化は $S_B/S_W$ の最大化と同等である．そこで，以下の群間変動と群内変動を表す行列を用いた

$$(4.19) \quad \frac{S_B}{S_W} = \frac{\bm{w}^\mathrm{T} B \bm{w}}{\bm{w}^\mathrm{T} W \bm{w}} = \frac{\text{群間変動}}{\text{群内変動}}$$

を最大化する $\bm{w}$ を求めればよい．したがって，制約条件として群内変動 $\bm{w}^\mathrm{T} W \bm{w}$ を一定，例えば 1 としたもとで式 (4.16) を最大化すればよい．よって $\lambda$ を未定係数として，

$$(4.20) \quad Q = \bm{w}^\mathrm{T} B \bm{w} - \lambda(\bm{w}^\mathrm{T} W \bm{w} - 1)$$

とおくとき，ラグランジュの未定係数法より $Q$ を $\bm{w}$ で微分し $\bm{0}$ とおくと

$$(4.21) \quad \frac{\partial Q}{\partial \bm{w}} = 2B\bm{w} - 2\lambda W \bm{w} = \bm{0}$$

より $W$:正則のとき

$$(4.22) \quad W^{-1} B \bm{w} = \lambda \bm{w}$$

だから，行列 $W^{-1}B$ の固有値問題となる．具体的に式 $B\bm{w} = \lambda W \bm{w}$ は

$$(4.23) \quad \frac{n_1 n_2}{n}(\overline{\bm{x}}^{(1)} - \overline{\bm{x}}^{(2)})(\overline{\bm{x}}^{(1)} - \overline{\bm{x}}^{(2)})^\mathrm{T} \bm{w} = \lambda W \bm{w}$$

とかけ，$(\overline{\bm{x}}^{(1)} - \overline{\bm{x}}^{(2)})^\mathrm{T} \bm{w}$ はスカラーなので $\bm{w} \propto W^{-1}(\overline{\bm{x}}^{(1)} - \overline{\bm{x}}^{(2)})$（比例する）であるから，

$$(4.24) \quad \bm{w} = W^{-1}(\overline{\bm{x}}^{(1)} - \overline{\bm{x}}^{(2)})$$

とする．このとき判別関数は

$$(4.25) \quad f = \bm{x}^\mathrm{T} W^{-1}(\overline{\bm{x}}^{(1)} - \overline{\bm{x}}^{(2)})$$

と導かれる．これは**フィッシャーの線形判別関数**といわれ，次項以降の判別方式 2, 3 でも導出される．(2 変数での線形) 判別関数 $f = w_1 x_1 + w_2 x_2 + w_0$ に各データ $(x_{i1}, x_{i2})$ を代入した値を**判別得点** (discriminant score) という．図 4.3 で判別得点が直線 $0 = w_1 x_1 + w_2 x_2 + w_0$ との距離に対応することがわかる．

**補 4.1** 以下では具体的に 2 次元 (変数) までの場合について，重み $\bm{w}$ が与えられるとき，線形判別関数と判別得点との図での関係をみてみよう．

平面 (データの次元 $p = 2$, 2 変量) の場合　1 点 $\bm{x}_0$ を通り，ベクトル $\bm{a}$ に平行な直線を $\ell$ とすると，直線 $\ell$ 上の点 $\bm{x}$ は実数 (媒介変数) $t$ を用いて $\bm{x} = \bm{x}_0 + t\bm{a}$ とかかれる．次に，座標が $\bm{x}_i = (x_{i1}, x_{i2})^\mathrm{T}$ の平面上の点 $P_i$ から直線 $\ell$ へ下ろした垂線の足 (もっとも近い点) $\widehat{P}_i$ の座標を $\widehat{\bm{x}}_i = (\widehat{x}_{i1}, \widehat{x}_{i2})^\mathrm{T}$ とすると，

$$(4.26) \quad \widehat{\bm{x}}_i = \bm{x}_i - \frac{(\bm{w}, \bm{x}_i - \bm{x}_0)}{\|\bm{w}\|^2} \cdot \bm{w} = \bm{x}_i - \bm{w}(\bm{w}^\mathrm{T} \bm{w})^{-1} \bm{w}^\mathrm{T}(\bm{x}_i - \bm{x}_0)$$

で与えられる．

また 1 点 $\bm{x}_0$ を通り，ベクトル $\bm{w} = (w_1, w_2)^\mathrm{T}$ に垂直な直線 $\ell$ 上の点を $\bm{x}$ とすれば，$\bm{w} \perp \bm{x} - \bm{x}_0$ である．そこで 2 つのベクトル $\bm{a}, \bm{b}$ の内積を $(\bm{a}, \bm{b})$ $(= \bm{a}^\mathrm{T} \bm{b} = \|\bm{a}\|\|\bm{b}\| \cos\theta)$ で表せば $(\bm{w}, \bm{x} - \bm{x}_0) = 0$ が成立する．つまり

$$(4.27) \quad \bm{w}^\mathrm{T}(\bm{x} - \bm{x}_0) = w_1(x_1 - x_{01}) + w_2(x_2 - x_{02}) = w_1 x_1 + w_2 x_2 + \underbrace{-(w_1 x_{01} + w_2 x_{02})}_{= w_0 = 0}$$

次に，点 $P_i$ と直線 $\ell$ との距離 $d(P_i, \widehat{P}_i)$ は，

$$(4.28) \quad d(P_i, \widehat{P}_i) = \frac{|(\bm{w}, \bm{x}_i - \bm{x}_0)|}{\|\bm{w}\|} = \frac{|w_1 x_{i1} + w_2 x_{i2} + w_0|}{\sqrt{w_1^2 + w_2^2}}$$

で与えられ，図 4.5 のようになる．

◁

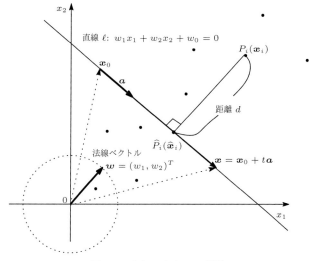

図 4.5 平面 (2 次元) での判別

### 4.2.2 判別方式 2

データ $\boldsymbol{x}$ と群 $G_h$ との近さを決めて，群ごとに近さを計算する．そして，得られたデータと最も近い群をその属す群と判別するのが自然であろう．そこで，その近さをどのように測るかが問題となる．群 $G_h$ と $\boldsymbol{x}$ との距離を $d(\boldsymbol{x}, G_h)$ ($h=1,2$) で表すことにし，判別にはふつうマハラノビスの距離が採用される．

① 1 変量の場合 (データの次元 $p=1$ の場合)

2 つの群をそれぞれ母平均が $\mu_1, \mu_2$ であり，母分散が $\sigma_1^2, \sigma_2^2$ である母集団とする．このとき得られたデータ $x$ がどちらに近いかを判定する．そのため距離を母集団の母平均とデータの距離を分散で基準化したものの 2 乗で測ることにする．つまり，

$$(4.29) \qquad d(x, G_h) = \frac{(x - \mu_h)^2}{\sigma_h^2} \quad (h = 1, 2)$$

とする．そこで，

$$\begin{cases} d(x, G_1) \leqq d(x, G_2) \Longrightarrow x \text{ は } G_1 \text{ に属す} \\ d(x, G_1) > d(x, G_2) \Longrightarrow x \text{ は } G_2 \text{ に属す} \end{cases}$$

と判別する．そこで判別関数 $f(x)$ は

$$(4.30) \qquad f(x) = d(x, G_1) - d(x, G_2) = \frac{(x-\mu_1)^2 \sigma_2^2 - (x-\mu_2)^2 \sigma_1^2}{\sigma_1^2 \sigma_2^2}$$

$$= \frac{\{x(\sigma_1 + \sigma_2) - (\mu_1 \sigma_2 + \mu_2 \sigma_1)\}\{x(\sigma_2 - \sigma_1) - (\mu_1 \sigma_2 - \mu_2 \sigma_1)\}}{(\sigma_1 \sigma_2)^2}$$

である．

$\sigma_1 = \sigma_2 = \sigma$ のときには

$$(4.31) \qquad f(x) = \frac{\{2x - (\mu_1 + \mu_2)\}(\mu_2 - \mu_1)}{\sigma^2}$$

となる．

母平均，母分散が未知の場合にはそれぞれ推定量

$$\widehat{\mu}_h = \overline{x}_h, \quad \widehat{\sigma}_h^2 = \frac{S_h}{n_h - 1} \quad (h = 1, 2)$$

を代入して判別関数を構成すれば良い．

② 多変量の場合 ($p \geqq 2$ の場合)

2 つの群の母平均をそれぞれ $\boldsymbol{\mu}_1, \boldsymbol{\mu}_2$ とし，母分散行列を $\Sigma_1, \Sigma_2$ とする．

データ $\boldsymbol{x}$ と母集団との近さを

$$(4.32) \qquad d(\boldsymbol{x}, G_h) = (\boldsymbol{x} - \boldsymbol{\mu}_h)^{\mathrm{T}} \Sigma_h^{-1} (\boldsymbol{x} - \boldsymbol{\mu}_h)$$

で測る.これをマハラノビスの距離 (Mahalanobis' distance) という.母平均 $\boldsymbol{\mu}_h$, 母分散 $\Sigma_h$ が未知の場合はそれぞれ

(4.33) $\qquad \widehat{\boldsymbol{\mu}}_h = \overline{\boldsymbol{x}}_h,$

(4.34) $\qquad \widehat{\Sigma}_h = \dfrac{1}{n_h - 1} \Big\{ \sum_{i=1}^{n_h} (\boldsymbol{x}_i^{(h)} - \overline{\boldsymbol{x}}^{(h)})(\boldsymbol{x}_i^{(h)} - \overline{\boldsymbol{x}}^{(h)})^{\mathrm{T}} \Big\}$

を用いればよい.

### 4.2.3 判別方式 3

ここではリスクが最小になるように考える.データの分布を仮定するため,以下に必要となる確率に関連した記号をいくつか準備をしよう.

- $g_h(\boldsymbol{x})$:母集団 $G_h$ の確率密度関数 $(h = 1, 2)$
- $\pi_h$:$\boldsymbol{x}$ が $G_h$ から選ばれる確率 (**事前確率**:prior probability ともいわれる)
- $P(i|\boldsymbol{x})$:データ $\boldsymbol{x}$ が得られたとき,$G_i$ と判別する確率
- $C(j|i)$:$G_i$ からのサンプルを $G_j$ と判別するときの損失 $(1 \leqq j \neq i \leqq 2)$
- $C(1|1) = C(2|2) = 0$ とする.
- $P(\boldsymbol{x})$:データが得られる確率

そして,例えば犯人であるかどうか判定する際には犯人にもかかわらず,犯人と判別する誤りと犯人でないにもかかわらず,犯人と判別してしまう 2 種類の誤りを犯す.同様に,2 群での判別においては **誤判別 (分類)** といわれる次の 2 種類の誤りを犯す.

(i) 群 $G_1$ からのサンプルにもかかわらず,群 $G_2$ のサンプルと誤って判別する誤りで,その確率を $P(2|1)$ で表す.

(ii) 群 $G_2$ からのサンプルにもかかわらず,群 $G_1$ のサンプルと誤って判別する誤りで,その確率を $P(1|2)$ で表す.

そこで,サンプル $\boldsymbol{x}$ が属する群 (母集団) について本当に属す群を $G_i$ のとき,群 $G_j$ に属すと判別する場合,表 4.2 のようになる (図 4.6 参照).

表 4.2 データの属す群の判別とその確率

| 判別 (判定) \ 本当 | $G_1$ | $G_2$ | 計 (確率) |
|---|---|---|---|
| $G_1$ 確率 | 正しい $P(1|1)$ | 誤り $P(1|2)$ | — $P(1)$ |
| $G_2$ 確率 | 誤り $P(2|1)$ | 正しい $P(2|2)$ | — $P(2)$ |
| 計 (確率) | 1 | 1 | |

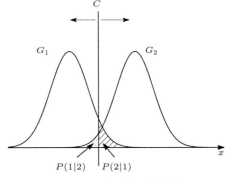

図 4.6 分布を考慮した判別

以上をまとめると表 4.3 のようになる.

表 4.3 判別と期待損失の表

| 群 | $G_1$ | $G_2$ | |
|---|---|---|---|
| 事前確率 | $\pi_1$ | $\pi_2$ | 1 |
| 判別する確率 | $P(2|1)$ | $P(1|2)$ | 誤判別確率 |
| 損失 (コスト) | $C(2|1)$ | $C(1|2)$ | |
| 期待損失 (リスク) | $\pi_1 C(2|1) P(2|1)$ | $\pi_2 C(1|2) P(1|2)$ | $\pi_1 C(2|1) P(2|1)$ $+ \pi_2 C(1|2) P(1|2)$ |

$x$ が得られるときの損失の期待値 (=リスク：expected loss) $r(x)$ は

(4.35) $\qquad r(x) = C(2|1)P(2|1)\pi_1 + C(1|2)P(1|2)\pi_2 \searrow$ （最小化）

となる．これを最小にするような判別方式を**ベイズ判別ルール** (Bayes discrimination rule) という．式 (4.29) を書き直すと

$$\text{(4.36)} \quad \pi_1 C(2|1) \int_{R_2} g_1(x)dx + \pi_2 C(1|2) \int_{R_1} g_2(x)dx$$
$$= \int_{R_2} \{\pi_1 C(2|1) g_1(x) - \pi_2 C(1|2) g_2(x)\} dx + \pi_2 C(1|2)$$

となり，この式の右辺第 2 項は定数なので第 1 項を最小にすれば良い．第 1 項の被積分関数が負になる領域に $R_2$ をとれば良い．そこで，ベイズ判別ルールは以下に与えられる．

---

(4.37) $\qquad R_1 : \log \lambda(x) \geqq \eta, \quad R_2 : \log \lambda(x) < \eta$

ただし，

$$\lambda(x) = \frac{g_1(x)}{g_2(x)} : 尤度比, \quad \eta = \log \frac{\pi_2 C(1|2)}{\pi_1 C(2|1)} : 閾値 \text{ (threshold value)}$$

---

つまり，対数尤度比が $\eta$ より大か小で判別する方式となる．閾値はまた，**分岐点**または**分離点** (cut-off point) ともいわれる．

### a. 事前確率 $\pi_1, \pi_2$ が未知の場合

判別ルールを決めたとき $G_h$ に属すと判別したときの条件付き損失を $r(h)$ であらわすと $r(h) = C(1|h)P(2|h)$ である．

このリスクについてある判別ルールより一様に良いルールが存在しないときこのルールは**許容的** (admissible) であるという．すべての許容的なルールに対し，

(4.38) $\qquad \max_{i=1,2} r(i : \delta_0) \leqq \max_{i=1,2} r(i : \delta)$

をみたすルール $\delta_0$ を**ミニマックス判別ルール** (minimax discrimination rule) という．実際このルールは

(4.39) $\qquad r(1 : \delta_0) = r(2 : \delta_0) \iff C(2|1)P(2|1) = C(1|2)P(1|2)$

を満足するものである．

ただし，1 次元 ($p=1$) の場合，

$$\begin{cases} x < C & \Rightarrow & G_1 と判別する \\ x \geqq C & \Rightarrow & G_2 と判別する \end{cases}$$

の判別方式が採られる場合

(4.40) $\qquad P(1|2) = \int_{-\infty}^{C} g_2(x)dx, \quad P(2|1) = \int_{C}^{\infty} g_1(x)dx$

である．

データ $x$ の分布を仮定すると，具体的に誤判別等の評価・計算ができる．ここでは正規分布を仮定した場合について考察しよう．

### b. 1 次元の正規分布

2 つの正規分布 $N(\mu_1, \sigma_1^2), N(\mu_2, \sigma_2^2)$ に関して密度関数は $h = 1, 2$ に関し，

(4.41) $\qquad g_h(x) = \frac{1}{\sqrt{2\pi\sigma_h^2}} \exp\left\{-\frac{(x-\mu_h)^2}{2\sigma_h^2}\right\}$

である．そこでベイズ判別法 (リスクを最小とする) は尤度比 $g_1(x)/g_2(x)$ にもとづく．実際，尤度比を計算すると

$$\text{(4.42)} \quad \Lambda(x) = \frac{\sigma_2}{\sigma_1} \exp\left\{\frac{(x-\mu_2)^2}{2\sigma_2^2} - \frac{(x-\mu_1)^2}{2\sigma_1^2}\right\}$$
$$= \frac{\sigma_2}{\sigma_1} \exp\left\{\left(\frac{x-\mu_2}{\sqrt{2}\sigma_2} + \frac{x-\mu_1}{\sqrt{2}\sigma_1}\right)\left(\frac{x-\mu_2}{\sqrt{2}\sigma_2} - \frac{x-\mu_1}{\sqrt{2}\sigma_1}\right)\right\}$$

となる．

1) $\sigma_1^2, \sigma_2^2$ が既知の場合

　　a) $\sigma_1 = \sigma_2 = \sigma$ の場合

$$(4.43) \quad f(x) = \ln \Lambda(x) = \frac{\mu_1 - \mu_2}{\sigma^2}\left(x - \frac{\mu_1 + \mu_2}{2}\right)$$

　　b) $\sigma_1 \neq \sigma_2$ の場合

$$(4.44) \quad f(x) = \ln \Lambda(x) - \ln \sigma_2 - \ln \sigma_1 + \frac{\sigma_1^2(x-\mu_2)^2 - \sigma_2^2(x-\mu_1)^2}{2\sigma_1^2\sigma_2^2}$$

2) $\sigma_1^2, \sigma_2^2$ が未知の場合

　$H_0 : \sigma_1^2 = \sigma_2^2$ の検定後

　　a) 棄却されないときは，式 (4.43) で $\widehat{\sigma}^2 = \dfrac{S_1 + S_2}{n_1 + n_2 - 2}$ を用いる．

　　b) 棄却される場合，式 (4.44) で $\widehat{\sigma}_h^2, \widehat{\mu}_h = \overline{x}_h (h=1,2)$ を用いる．

**c.　多次元の正規分布の場合**

2つの $p$ 次元の正規分布を $N_p(\boldsymbol{\mu}_h, \Sigma_h)$ $(h=1,2)$ とすると，密度関数は

$$(4.45) \quad g_h(\boldsymbol{x}) = (2\pi)^{-p/2} \mid \det(\Sigma_h) \mid^{-1/2} \exp\left\{-\frac{1}{2}(\boldsymbol{x} - \boldsymbol{\mu}_h)^{\mathrm{T}} \Sigma_h^{-1}(\boldsymbol{x} - \boldsymbol{\mu}_h)\right\}$$

である．このとき尤度比 $\Lambda(\boldsymbol{x})$ は

$$(4.46) \quad \Lambda(\boldsymbol{x}) = \left|\frac{\det(\Sigma_2)}{\det(\Sigma_1)}\right|^{1/2} \exp\left[\frac{1}{2}\left\{\boldsymbol{x}^{\mathrm{T}}(\Sigma_1^{-1} - \Sigma_2^{-1})\boldsymbol{x} - 2\boldsymbol{x}^{\mathrm{T}}(\Sigma_1^{-1}\boldsymbol{\mu}_1 - \Sigma_2^{-1}\boldsymbol{\mu}_2)\right.\right.$$
$$\left.\left. + \boldsymbol{\mu}_1^{\mathrm{T}} \Sigma_1^{-1} \boldsymbol{\mu}_1 - \boldsymbol{\mu}_2^{\mathrm{T}} \Sigma_2^{-1} \boldsymbol{\mu}_2\right\}\right]$$

となる．そこで，$f = \ln \Lambda(\boldsymbol{x})$ とおくと $f$ は $\boldsymbol{x}$ の 2 次形式で超楕円体 (hyperellipsoid) を表す．

**(i)　分散共分散行列が既知 (known) の場合**

① $\Sigma_1 = \Sigma_2 = \Sigma$ のとき

$$(4.47) \quad f = \ln \Lambda = \boldsymbol{x}^{\mathrm{T}} \Sigma^{-1}(\boldsymbol{\mu}_1 - \boldsymbol{\mu}_2) - \frac{1}{2}(\boldsymbol{\mu}_1 + \boldsymbol{\mu}_2)^{\mathrm{T}} \Sigma^{-1}(\boldsymbol{\mu}_1 - \boldsymbol{\mu}_2)$$

となり，これは $\boldsymbol{x}$ の線形式より，フィッシャー (Fisher) の**線形判別関数** (linear discriminant function) と呼ばれる．

② $\Sigma_1 \neq \Sigma_2$ のとき

前述の

$$(4.48) \quad f = \ln \Lambda = \frac{1}{2}\left\{\boldsymbol{x}^{\mathrm{T}}(\Sigma_1^{-1} - \Sigma_2^{-1})\boldsymbol{x} - 2\boldsymbol{x}^{\mathrm{T}}(\Sigma_1^{-1}\boldsymbol{\mu}_1 - \Sigma_2^{-1}\boldsymbol{\mu}_2) + \boldsymbol{\mu}_1^{\mathrm{T}}\Sigma_1^{-1}\boldsymbol{\mu}_1 - \boldsymbol{\mu}_2^{\mathrm{T}}\Sigma_2^{-1}\boldsymbol{\mu}_2\right\}$$

を用いる．これは 2 次形式となり，2 変量の場合，図 4.7 のように，曲線を判別関数として 2 つの正規分布のどちらかに判別される．

**(ii)　母数が未知 (unknown) の場合**

① 第 1 段階 (等分散の検定)

$$\begin{cases} H_0 & : \quad \Sigma_1 = \Sigma_2 \\ H_1 & : \quad \Sigma_1 \neq \Sigma_2 \end{cases}$$

を検定するための代表的な検定として**ボックスの M 検定** (Box's M-test) がある．それは検定統計量

$$(4.49) \quad \chi_0^2 = \left\{1 - \left(\frac{1}{n_1 - 1} + \frac{1}{n_2 - 1} - \frac{1}{n-2}\right)\frac{2p^2 + 3p - 1}{6(p+1)}\right\} \ln \Lambda$$

が帰無仮説 $H_0$ のもとで，自由度 $\phi = p(p+1)/2$ のカイ 2 乗分布 $\chi_{p(p+1)/2}^2$ に従うことを利用する．ここに，

$$(4.50) \quad \Lambda = \mid \widehat{\Sigma} \mid^{n-2} / \left(\mid \widehat{\Sigma}_1 \mid^{n_1-1} \mid \widehat{\Sigma}_2 \mid^{n_2-1}\right) \quad (n = n_1 + n_2),$$

$$\widehat{\Sigma} = \frac{1}{n_1 + n_2 - 2}\left\{(n_1 - 1)\widehat{\Sigma}_1 + (n_2 - 1)\widehat{\Sigma}_2\right\}$$

である．

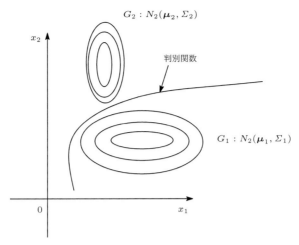

図 4.7　2次元正規分布での判別

---
**検定方式**

$$\chi_0^2 \geqq \chi^2(\phi, \alpha) \implies H_0 を棄却する$$

---

**(参考)**　この検定のための R の関数 (プログラム) を作成すると次のようになる．なお，引数(ひきすう)として，データ $x$ と群の数 gun をとる．

● 2標本での分散・共分散行列の同等性の検定 n2vm.tvmu

```
n2vm.tvum=function(x,gun){ # x:データ行列(データフレーム)
# gun : 群を表す変数(1または2)
# 分散・共分散行列の同等性の検定
  method <- "分散・共分散行列の同等性の検定"
  data.name <- paste(deparse(substitute(x)), "~", deparse(substitute(gun)))
  x <- as.data.frame(x)
  nv <- ncol(x)                                   # 変数の個数
  if (nv < 2) stop("分散共分散行列を計算する変数は2個以上必要です")
  gun <- as.factor(gun)
  ni <- table(gun)                                # 各群のサンプルサイズ
  n <- length(gun)                                # サンプルサイズ
  g <- length(ni)                                 # 群の数
  y <- split(x, gun)                              # 群ごとに分割したデータ行列
  Si <- lapply(y, var)                            # 分散共分散行列
  log.det.Si <- sapply(Si, function(x) log(det(x)))   # 行列式の対数値
  S <- sapply(y, function(x) (nrow(x)-1)*var(x))  # 変動行列
  S <- matrix(rowSums(S), nv, nv)/(n-g)           # プールした変動行列
  M <- (n-g)*log(det(S))-sum((ni-1)*log.det.Si)   # Box の M 統計量
  f1 <- (g-1)*nv*(nv+1)/2                         # 第 1 自由度
  rho <- 1-(2*nv^2+3*nv-1)/(6*(nv+1)*(g-1))*(sum(1/(ni-1))-1/(n-g))
  tau <- (nv-1)*(nv+2)/(6*(g-1))*(sum(1/(ni-1)^2)-1/(n-g)^2)
  f2 <- (f1+2)/abs(tau-(1-rho)^2)                 # 第 2 自由度
  gamma <- (rho-f1/f2)/f1
  F <- M*gamma                                    # F 値
  p <- pf(F, f1, f2, lower.tail=FALSE)            # P 値
  return(structure(list(statistic=c(M=M, F=F),
    parameter=c(df1=f1, df2=f2), p.value=p,
```

```
        method=method, data.name=data.name), class="htest"))
}
```

② 第 2 段階

- $H_0$ が棄却されない場合，$\Sigma_1 = \Sigma_2 = \Sigma$ とみなし，

$$
(4.51) \quad \widehat{\boldsymbol{\mu}}_1 = \overline{\boldsymbol{x}}_1 = \frac{1}{n_1}\sum_{i=1}^{n_1} \boldsymbol{x}_i^{(1)}, \quad \widehat{\boldsymbol{\mu}}_2 = \overline{\boldsymbol{x}}_2 = \frac{1}{n_2}\sum_{i=1}^{n_2} \boldsymbol{x}_i^{(2)},
$$

$$
(4.52) \quad \widehat{\Sigma} = \frac{1}{n_1 + n_2 - 2}\Big\{(n_1 - 1)\widehat{\Sigma}_1 + (n_2 - 1)\widehat{\Sigma}_2\Big\}
$$

を式 (4.47) の $f$ に代入することで判別関数が得られる．

- $H_0$ が棄却された場合 $\Sigma_1 \neq \Sigma_2$ とみなして，$h = 1, 2$ に対し，

$$
(4.53) \quad \widehat{\Sigma}_h = \frac{1}{n_h - 1}\Big\{\sum_{i=1}^{n_h}(\boldsymbol{x}_i^{(h)} - \overline{\boldsymbol{x}}^{(h)})(\boldsymbol{x}_i^{(h)} - \overline{\boldsymbol{x}}^{(h)})^{\mathrm{T}}\Big\}
$$

を式 (4.48) の $f$ に代入することで判別関数が得られる．

$\Sigma_1 = \Sigma_2 = \Sigma$ の場合，$D^2 = (\boldsymbol{\mu}_1 - \boldsymbol{\mu}_2)^{\mathrm{T}}\Sigma^{-1}(\boldsymbol{\mu}_1 - \boldsymbol{\mu}_2)$ とおくと $\boldsymbol{x}$ が群 $G_1$ に属すとき，$f \sim N(\frac{1}{2}D^2, D^2)$ である．また，$\boldsymbol{x}$ が群 $G_2$ に属すとき，$f \sim N(-\frac{1}{2}D^2, D^2)$ である．この $D^2$ は前述のマハラノビスの距離 (Mahalanobis' distance) である．そして 1 群にもかかわらず 2 群と判別する確率は，

$$
(4.54) \quad P(2 \mid 1) = \Pr(f < C \mid \boldsymbol{x} \in G_1)
$$
$$
= \int_{-\infty}^{C} \frac{1}{\sqrt{2\pi}D}\exp\left[-\frac{(f - D^2/2)^2}{2D^2}\right]dz = \Phi\left(\frac{C - d^2/2}{D}\right)
$$

である．ここに $\Phi$ は標準正規分布の分布関数である．同様に，

$$
(4.55) \quad P(1 \mid 2) = 1 - \Phi\left(\frac{C + D^2/2}{D}\right)
$$

である．そこで，誤りの確率 $P_e$ は

$$
(4.56) \quad P_e = P(1) \cdot P(2 \mid 1) + P(2) \cdot P(1 \mid 2)
$$

となり，特に P(1)=P(2)=1/2 のとき $P_e = 1 - \Phi(D^2/2)$ である．また，誤判別確率の推定量は，

$$
(4.57) \quad \widehat{P}(2 \mid 1) = \frac{r_1}{n_1}, \quad \widehat{P}(1 \mid 2) = \frac{r_2}{n_2}
$$

である．ただし，$n_h$ : 群 $G_h$ のサンプル数 ($h = 1, 2$)，$r_h$ : $h$ からのサンプルにもかかわらず $\ell$ からのサンプルと判別された個数とする．

### 4.2.4 重判別分析

群の数が 3 以上になった多群の場合の判別分析を，**正準判別分析** (canonical discriminant analysis) とか，**重判別分析** (multiple discriminant analysis) といわれる．つまり，$m$ 個の群 (母集団) を $G_1, \ldots, G_m$ とし，新たにデータ $\boldsymbol{x} = (x_1, \ldots, x_p)^{\mathrm{T}}$ がとられるとき，この $\boldsymbol{x}$ が $G_1, \ldots, G_m$ のいずれかに属すとする場合，どの群に属すかを判別することをいう．2 群の場合と同様，以下のような判別方式が考えられている．

**方式 1** 全変動に対して群間変動を最大にする．つまり，合成変量 $f = \boldsymbol{w}^{\mathrm{T}}\boldsymbol{x}$ の群間 (between group) の平方距離の 2 乗和を最大にする．以下の式の相関比 $\eta^2 = S_B/S_T$ が最大になるように重み $\boldsymbol{w}$ を決める．

$$
S_T = \sum_{h=1}^{m}\sum_{i=1}^{n_h}(f_i^{(h)} - \overline{f}^{(h)} + \overline{f}^{(h)} - \overline{f})^2 = \underbrace{\sum_{h=1}^{m}n_h(\overline{f}^{(h)} - \overline{f})^2}_{S_B} + \underbrace{\sum_{i=1}^{n_h}(f_i^{(h)} - \overline{f}^{(h)})^2}_{S_W} = S_B + S_W,
$$

なお，上式に対応して以下のように行列を定める．

$$
B = (B_{jk}), \quad B_{jk} = \sum_{h=1}^{m} n_h(\overline{x}_j^{(h)} - \overline{x}_j)(\overline{x}_k^{(h)} - \overline{x}_k),
$$

$$W = (W_{jk}), \quad W_{jk} = \sum_{i=1}^{n_h}(x_{ij}^{(h)} - \overline{x}_j^{(h)})(x_{ik}^{(h)} - \overline{x}_k^{(h)}),$$

$$T = (T_{jk}), \quad T_{jk} = \sum_{h=1}^{m}\sum_{i=1}^{n_h}(x_{ij}^{(h)} - \overline{x}_j)(x_{ik}^{(h)} - \overline{x}_k),$$

$$\overline{x}_j^{(h)} = \frac{1}{n_h}\sum_{i=1}^{n_h}x_{ij}^{(h)}, \quad \overline{x}_j = \frac{1}{N}\sum_{h=1}^{m}\sum_{i=1}^{n_h}x_{ij}^{(h)}, \quad N = \sum_{h=1}^{m}n_h$$

**方式2** モデル選択の考えを利用する.得られたデータと最も近い群をそのデータの属す群と判別する.

**方式3** 分布を仮定し,リスク(損失期待値)等が最小になるように判別する.ベイズルール,ミニマックスルール,検定型ルールなどがある.

## 4.3 交差検証法による判別分析の評価

実際に正しく判別されたかを評価する方法に次の交差検証法 (cross validation) がある.判別関数を作成するときに使用するサンプルを**教師データ**,正しく判別されているかを調べるサンプルを**検証データ**という.1つのデータを検証データとして除いておいて,残りのデータを教師データとして,作成した判別方式によりこの除いておいたデータを判別したとき誤判別かどうかをみる.この操作を全てのデータについて行い,誤判別率を推定する方法である.検証データとして複数個のサンプルを用いる方法も考えられている.

**(参考)** 変数選択について

個々の変数を選択するかどうかについては次のように考えられている.

$q$ 変量を用いて,$m$ 個の群に判別されるかを表す1つの指標にウィルクス (Wilks) の $\Lambda$ 統計量があり,以下で定義されている.

(4.58) $$\Lambda = \frac{|W|}{|T|} : 行列式の比$$

なお,
$$T = \sum_{h=1}^{m}\sum_{i=1}^{n_h}(\boldsymbol{x}_i^{(h)} - \overline{\boldsymbol{x}})(\boldsymbol{x}_i^{(h)} - \overline{\boldsymbol{x}})^{\mathrm{T}}, \quad W = \sum_{h=1}^{m}\sum_{i=1}^{n_h}(\boldsymbol{x}_i^{(h)} - \overline{\boldsymbol{x}}^{(h)})(\boldsymbol{x}_i^{(h)} - \overline{\boldsymbol{x}}^{(h)})^{\mathrm{T}}$$

そして,$\boldsymbol{x}'$ に含まれていない変数 $x_j$ を追加したときの判別力の増加を以下で測る.

(4.59) $$\Lambda(x_j|\boldsymbol{x}') = \frac{\Lambda(\boldsymbol{x}', x_j)}{\Lambda(\boldsymbol{x}')}$$

なお,$\Lambda(\boldsymbol{x}', x_j)$ は $\boldsymbol{x}'$ と $x_j$ を用いたときの $\Lambda$,$\Lambda(\boldsymbol{x}')$ は $\boldsymbol{x}'$ のみを用いたときの $\Lambda$ を表す.$\Lambda(x_j|\boldsymbol{x}')$ は**偏 $\Lambda$ 統計量**といわれる.そこで,以下のような変数の選択方法がとられる.

---
**検定方式**

$$F_0 = \frac{N-m-q}{m-1}\frac{1-\Lambda(x_j|\boldsymbol{x}')}{\Lambda(x_j|\boldsymbol{x}')} \geqq F_{in} \implies x_j \text{ を追加する}$$

$$F_0 = \frac{N-m-q+1}{m-1}\frac{1-\Lambda(x_k|\boldsymbol{x}')}{\Lambda(x_k|\boldsymbol{x}')} \leqq F_{out} \implies x_k \text{ を削除する}$$

---

変数選択のための規準量に,他に判別効率,AIC,誤判別確率などがある.判別効率はマハラノビスの距離に対応するもので,$q$ 個の変数に基づくマハラノビスの距離 $D_q$ $(= (\overline{\boldsymbol{x}}^{(1)} - \overline{\boldsymbol{x}}^{(2)})^{\mathrm{T}}\widehat{V}^{-1}(\overline{\boldsymbol{x}}^{(1)} - \overline{\boldsymbol{x}}^{(2)})$ : 2群で等分散とみなされる場合)に,$r$ 個の変数を追加した時のマハラノビスの距離 $D_{q+r}$ の増加量である $D_{q+r} - D_q$ がある程度増加する場合選択し,あまり変わらなくなれば停止する方向で行う.また,AICの場合,最小となる変数の組を選択する.同様に,誤判別率の場合には,その推定量が最小となる変数の組を選択する.

- R で判別分析を行う場合には,**関数 lda()** を利用する.

[例]　　lda($y$~$x_1 + x_2$,data=rei41)

## 4.4 具体的な例への判別分析の適用

以下では具体的なデータについて等分散の検討後，判別方式を選択して解析する方向ですすめる．

**例題 4.1**
以下の表 4.4 はある科目の試験で，テキストを利用して受験した者と利用なしで受験した者の成績である．2 つの群の成績の確率分布は正規分布であると仮定し，成績のデータはそれぞれの群からのランダムサンプルとして，適切な判別方式を選び，誤判別の確率を推定せよ．

[予備解析]

**手順 1** データの読み込み：【データ】▶【データのインポート】▶【テキストファイルまたはクリップボード，URL から...】を選択し，ダイアログボックスで，フィールドの区切り記号としてカンマにチェックをいれて，OK を左クリックする．フォルダからファイルを指定後，開く (O) を左クリックする．そしてデータセットを表示 をクリックすると，図 4.8 のようにデータが表示される．

表 4.4 成績表

| 群 No. | テキスト利用者 | テキストなし |
|---|---|---|
| 1 | 97 | 69 |
| 2 | 83 | 74 |
| 3 | 85 | 70 |
| 4 | 85 | 65 |
| 5 | 75 | 45 |
| 6 | 77 | 68 |
| 7 | 78 | 70 |
| 8 | 92 | 59 |
| 9 | 81 | 60 |
| 10 | 93 | 73 |
| 11 | 96 | 84 |
| 12 | 76 | |
| 13 | 98 | |

```
> rei41 <- read.table("rei41.csv",
+   header=TRUE, sep=",", na.strings="NA", dec=".",
+   strip.white=TRUE)
> showData(rei41, placement='-20+200', font=getRcmdr('logFont'),
+   maxwidth=80, maxheight=30)
```

図 4.8 データの表示

図 4.9 アクティブデータの要約指定

**手順 2** 基本統計量の計算：図 4.9 のように，【統計量】▶【要約】▶【アクティブデータセット】をクリックすると，次の出力結果が表示される．

```
> summary(rei41)
```

```
      ten              gun
 Min.   :45.00    Min.   :1.000
 1st Qu.:69.75    1st Qu.:1.000
 Median :76.50    Median :1.000
 Mean   :77.21    Mean   :1.458
 3rd Qu.:85.00    3rd Qu.:2.000
 Max.   :98.00    Max.   :2.000
```

変数の gun が数値変数とみなされているため，因子に変換する必要がある．そこで以下のようにデータの変換を行う．

図 4.10 のように【データ】▶【アクティブデータセット内の変数の管理】▶【数値変数を因子に変換...】を選択し，図 4.11 のように変数として gun を選択し，因子水準として「数値で」にチェックをいれて，OK を左クリックする．上書きをするかきいてくるので YES を左クリックする．

図 4.10 数値変数の因子への変換指定

図 4.11 変換する変数の指定

再度，図 4.12 のように，【統計量】▶【要約】▶【アクティブデータセット】をクリックすると，以下のような出力結果が得られ，gun が因子に変換されていることが確認される．

```
> summary(rei41)
      ten           gun
 Min.   :45.00    1:13
 1st Qu.:69.75    2:11
 Median :76.50
 Mean   :77.21
 3rd Qu.:85.00
 Max.   :98.00
```

次に，図 4.13 のように，【統計量】▶【要約】▶【数値による要約...】をクリックする．図 4.14 が表示され，ten を選択し，層別して要約... をクリックして，図 4.15 のように層別変数として gun を選択して OK を左クリックする．そしてオプションで，図 4.16 のように統計量で全ての項目にチェック

図 4.12 アクティブデータの要約

図 4.13 数値による要約の指定

をいれ，図 4.17 で OK を左クリックすると以下の結果が得られる．

```
> numSummary(rei41[,"ten"], groups=rei41$gun, statistics=c("mean", "sd",
+   "IQR", "quantiles", "cv", "skewness", "kurtosis"), quantiles=c(0,.25,
+   .5,.75,1), type="2")
     mean       sd IQR       cv  skewness  kurtosis 0%  25%  50%  75%
1 85.84615 8.424628  15 0.09813635  0.2116734 -1.580192 75 78.0 85 93.0
2 67.00000 9.989995   9 0.14910440 -0.7325967  1.873848 45 62.5 69 71.5
  100% data:n
1   98    13
2   84    11
```

図 4.14 変数の指定

図 4.15 層別変数の指定

図 4.16 統計量の指定

図 4.17 数値による要約の実行

図 4.18 箱ひげ図の指定

図 4.19 変数の指定

**手順 3** グラフ化：図 4.18 のように，【グラフ】▶【箱ひげ図...】を選択し，図 4.19 のように変数として ten を選択し，図 4.20 のようにオプションでラベル等に入力する．また図 4.21 のように層別変数として gun を指定し，OK を左クリックすると図 4.22 の箱ひげ図が得られる．

箱ひげ図から，1 群と 2 群について，ばらつきはあまり違わないが，分布の中心 (平均) はかなり異なることがうかがえる．

図 4.20 ダイアログボックス

図 4.21 統計量の指定

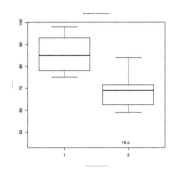
図 4.22 箱ひげ図

[判別分析]

**手順 1 等分散の検定**：図 4.23 のように，【統計量】▶【分散】▶【分散の比の F 検定...】を選択し，オプションで両側にチェックをいれ (図 4.24)，グループとして gun，目的変数として ten を選択して OK をクリックする (図 4.25) と以下の結果が得られる．

図 4.23 等分散の検定の指定

```
> tapply(rei41$ten, rei41$gun, var, na.rm=TRUE)
       1        2
70.97436 99.80000
> var.test(ten ~ gun, alternative='two.sided', conf.level=.95, data=rei41)
F test to compare two variances
data:  ten by gun
F = 0.7112, num df = 12, denom df = 10, p-value = 0.5685
alternative hypothesis: true ratio of variances is not equal to 1
95 percent confidence interval:
 0.1964034 2.3991558
sample estimates:
ratio of variances
         0.7111659
```

そこで，等分散とみなして，以下のように線形判別関数を求めると，$y = 0.109059x$ である．

図 4.24　オプション (仮説の指定)　　　図 4.25　オプション (変数の指定)

```
> library(MASS)   #ライブラリMASSの利用
> rei41.ld<-lda(gun~.,data=rei41) #線形判別関数の適用
> rei41.ld
Call:
lda(gun ~ ., data = rei41)
Prior probabilities of groups:
        1         2
0.5416667 0.4583333
Group means:    #群ごとの平均
      ten
1 85.84615
2 67.00000
Coefficients of linear discriminants:
       LD1
ten 0.109059    #判別関数の係数
> rei41.ld$means %*% rei41.ld$scaling   #群ごとの判別得点の平均
       LD1
1 9.362298
2 7.306954
> apply(rei41.ld$means%*%rei41.ld$scaling,2,mean)
     LD1
8.334626  #判別関数の定数項
> rei41.ld$scaling%*%t(rei41[,1])-8.334626   #判別得点の計算
        [,1]      [,2]      [,3]      [,4]       [,5]       [,6]
ten 2.244099 0.7172728 0.9353908 0.9353908 -0.1551994 0.06291862
(中略)
         [,20]    [,21]    [,22]     [,23]     [,24]
ten -0.7004945 -1.900144 -1.791085 -0.3733175 0.8263318
> mean(rei41.ld$means %*% rei41.ld$scaling)   #別法
[1] 8.334626
```

```
> rei41.pr<-predict(rei41.ld)    #判別関数による予測への適用
> rei41.pr
$class    #predict(rei41.ld)$class   #群に関する判別結果
 [1] 1 1 1 1 2 1 1 1 1 1 1 1 1 2 2 2 2 2 2 2 2 2 2 1
Levels: 1 2
$posterior #判別される群の確率
              1          2
1   0.991669345 0.008330655
(中略)
24  0.865930864 0.134069136
$x        # predict(rei41.ld)$x  #判別得点
         LD1
1   2.15845979
```

```
(中略)
24  0.74069252
```

そこで，線形判別関数を求めると，$y = 0.109059x - 8.334626$ であり，判別得点についてグラフを描くと図 4.26 のようになる．

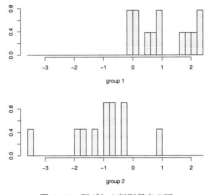

図 4.26 群ごとの判別得点の図

● 判別結果　実際の判別結果の正誤を確認する．

```
> table(rei41$gun,rei41.pr$class,deparse.level=2)  #判別結果の正誤
     1  2
  1 12  1
  2  1 10
```

● グラフによる表示　判別得点をグラフ化することにより視覚化する．

```
> plot(rei41.ld,dimen=1) # 判別得点による図の作成(図4.26)
```

● 交差確認　判別方式の良さを評価する．

```
> rei41.CV<-lda(gun~.,data=rei41,CV=T)  #クロスバリデーション(交差検証法)
> table(rei41$gun,rei41.CV$class)  #クロスバリデーションによる判別結果
     1  2
  1 11  2
  2  1 10
```

```
> sum(rei41.tab[row(rei41.tab)==col(rei41.tab)])/sum(rei41.tab) #正判別率
[1] 0.875
> sum(rei41.tab[row(rei41.tab)!=col(rei41.tab)])/sum(rei41.tab) #誤判別率
[1] 0.125
```

**(参考)**　等分散とみなせない場合には，2次判別関数を利用した方が良いだろう．次のように入力する：rei41.qd<-qda(gun~.,rei41)

**演習 4.1** 表 4.5 は男性と女性についてそれぞれ 10 人の身長のデータを示すものである．2 つの群の確率分布は正規分布であると仮定し，人はそれぞれの群からのランダムサンプルとして，判別方式と誤判別の確率を求めよ．また身長 150 cm，170 cm の人は男性か女性かを予測せよ．　◁

表 4.5 身長データ (単位：cm)

| No. | 群 | 男性 | 女性 |
|---|---|---|---|
| 1 | | 175 | 158 |
| 2 | | 172 | 166 |
| 3 | | 171 | 153 |
| 4 | | 178 | 160 |
| 5 | | 166 | 163 |
| 6 | | 163 | 150 |
| 7 | | 172 | 162 |
| 8 | | 162 | 154 |
| 9 | | 167 | 155 |
| 10 | | 173 | 157 |

―― 例題 4.2 ――

表 4.6 は洋菓子 (I 群) の 10 種類，和菓子 (II 群) の 8 種類についての，100 g 中に含まれるタンパク質 $x_1$ (g) と糖質 $x_2$ (g) のデータである．$x_1$ と $x_2$ による洋菓子と和菓子を判別する方式およびそのときの誤判別の確率を求めよ．

表 4.6 洋菓子 (I) と和菓子 (II) のタンパク質と糖質

| 洋菓子群 | | | | 和菓子群 | | | |
|---|---|---|---|---|---|---|---|
| 名前 | 項目 | $x_1^{(1)}$ | $x_2^{(1)}$ | 名前 | 項目 | $x_1^{(2)}$ | $x_2^{(2)}$ |
| シュウクリーム | | 6.1 | 16.2 | 大福 | | 2.8 | 31.4 |
| チーズケーキ | | 5.2 | 11.4 | みたらし団子 | | 2.0 | 26.7 |
| イチゴショート | | 4.4 | 31.4 | あん団子 | | 2.7 | 31.4 |
| チョコレートケーキ | | 4.0 | 26.7 | 羊羹 | | 2.2 | 41.8 |
| モンブラン | | 3.7 | 34.8 | どらやき | | 4.5 | 43.9 |
| マドレーヌ | | 2.3 | 18.0 | カステラ | | 3.4 | 30.4 |
| フルーツケーキ | | 3.2 | 25.7 | 栗まんじゅう | | 3.0 | 34.0 |
| トリュフ | | 2.1 | 15.4 | 蒸しまんじゅう | | 2.4 | 29.4 |
| ミルフィーユ | | 4.2 | 32.8 | | | | |
| ワッフル | | 4.1 | 18.0 | | | | |

[予備解析]

**手順 1** データの読み込み：【データ】▶【データのインポート】▶【テキストファイルまたはクリップボード，URL から...】を選択し，rei42.csv を選択し OK をクリックすると，図 4.27 のように表示される．

図 4.27 データの表示

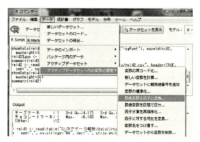

図 4.28 数値変数の変換の指定

```
> rei42 <- read.table("rei42.csv", header=TRUE,
```

```
+     sep=",", na.strings="NA", dec=".", strip.white=TRUE)
> showData(rei42, placement='-20+200', font=getRcmdr('logFont'), maxwidth=80,
+     maxheight=30)
```

**手順2** 基本統計量の計算：【統計量】▶【要約】▶【アクティブデータセット】を選択すると，以下の出力結果が得られる．

```
> summary(rei42)  #データの要約
           kasi         tanpaku          tou             gun
あん団子      : 1    Min.   :2.000   Min.   :11.40   Min.   :1.000
イチゴショート: 1    1st Qu.:2.475   1st Qu.:19.93   1st Qu.:1.000
カステラ      : 1    Median :3.300   Median :29.90   Median :1.000
シュウクリーム: 1    Mean   :3.461   Mean   :27.74   Mean   :1.444
チーズケーキ  : 1    3rd Qu.:4.175   3rd Qu.:32.45   3rd Qu.:2.000
チョコレートケーキ: 1 Max.  :6.100   Max.   :43.90   Max.   :2.000
(Other)       :12
```

図 4.29 変数の指定

図 4.30 変数の上書き

図 4.28 のように【データ】▶【アクティブデータセット内の変数の管理】▶【数値変数を因子に変換】を選択し，図 4.29 で変数として gun を指定し，「数値で」にチェックをいれ OK をクリックして，図 4.30 で変数の上書きを行うと以下の出力結果が得られる．【統計量】▶【要約】▶【アクティブデータセット】を選択すると，以下の出力結果が得られる．

```
> rei42$gun <- as.factor(rei42$gun)  #gunを因子に変換する
> summary(rei42)   #確認のためのデータの要約
           kasi         tanpaku          tou         gun
あん団子      : 1    Min.   :2.000   Min.   :11.40   1:10
イチゴショート: 1    1st Qu.:2.475   1st Qu.:19.93   2: 8
カステラ      : 1    Median :3.300   Median :29.90
シュウクリーム: 1    Mean   :3.461   Mean   :27.74
チーズケーキ  : 1    3rd Qu.:4.175   3rd Qu.:32.45
チョコレートケーキ: 1 Max.  :6.100   Max.   :43.90
(Other)       :12
> attach(rei42)
```

図 4.31 数値変数による要約の指定

図 4.32 変数の指定

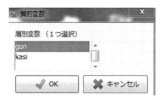

図 4.33　データの要約の指定

図 4.34　統計量の指定

各群の基本統計量を求める．図 4.31 のように【統計量】▶【要約】▶【数値による要約...】を選択し，図 4.32 で変数として tanpaku と tou を選択して，図 4.33 のように層別変数として gun を選び，図 4.34 のように統計量ですべての項目にチェックをいれて OK を左クリックする．以下の出力結果が得られる．

```
> numSummary(rei42[,c("tanpaku", "tou")], groups=rei42$gun,
+   statistics=c("mean", "sd", "IQR", "quantiles", "cv", "skewness",
+   "kurtosis"), quantiles=c(0,.25,.5,.75,1), type="2")
Variable: tanpaku
    mean    sd       IQR    cv       skewness  kurtosis   0%   25%   50%   75%   100%   n
1  3.930 1.2129395 1.025 0.3086360 0.119473  0.03600701  2.1  3.325  4.05  4.35  6.1   110
2  2.875 0.7941752 0.750 0.2762349 1.272858  1.90435725  2.0  2.350  2.75  3.10  4.5   8
```

図 4.35　散布図の指定

図 4.36　変数の指定

**手順 3**　データのグラフ化：図 4.35 のように【グラフ】▶【散布図...】を選択し，図 4.36 で $x$ 変数に tanpaku，$y$ 変数として tou を選択し，オプションで図 4.37 のように選択し，OK を左クリックすると図 4.38 のように点を特定する注意が表示され，図 4.39 のような出力結果が得られる．

図 4.37　オプション

図 4.38　点を特定

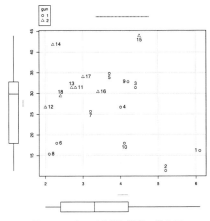

図 4.39 タンパク質と糖質の散布図

[判別分析]

手順 1 等分散性の検定:

```
> attach(rei42)  #変数を単独に扱えるようにする
> (V1<-cov(rei42[1:10,2:3]))  #1群の分散行列
          tanpaku         tou
tanpaku  1.4712222  -0.6791111
tou     -0.6791111  68.3737778
> (V2<-cov(rei42[11:18,2:3]))  #2群の分散行列
          tanpaku       tou
tanpaku  0.6307143   2.593571
tou      2.5935714  36.950714
> V<-(9*cov(rei42[1:10,2:3])+7*cov(rei42[11:18,2:3]))/(10+8-2)
> V  #プールした分散行列
          tanpaku        tou
tanpaku  1.1035000  0.7526875
tou      0.7526875  54.6261875
> (lam<-9*log(det(V)/det(V1))+7*log(det(V)/det(V2)))
[1] 4.317687
> ch0<-(1-(1/9+1/7-1/16)*(2*2^2+3*2-1)/6/3)*lam
> ch0     #検定統計量の値
[1] 3.720625
> 1-pchisq(ch0,2*3/2)   #p値
[1] 0.2932547
```

$p$ 値が 0.293 と大きく等分散でないとはいえない. そこで等分散とみなして線形判別関数を用いる.

手順 2 判別関数の導出:

```
> attach(rei42)
> rei42.ld<-lda(gun~tanpaku+tou,data=rei42)   #線形判別関数の適用
> rei42.ld
Call:
lda(gun ~ tanpaku + tou, data = rei42)
Prior probabilities of groups:
        1         2
0.5555556 0.4444444
Group means:   #群ごとの平均
```

```
    tanpaku    tou
1    3.930  23.040
2    2.875  33.625
Coefficients of linear discriminants:   #判別関数の係数
                LD1
tanpaku -0.5983919
tou      0.1137952
> apply(rei42.ld$means%*%rei42.ld$scaling,2,mean)   #判別関数の定数項
     LD1
1.188075
> rei42.ld$scaling[,1]%*%t(rei42[,2:3])-1.188075 #判別得点
          [,1]     [,2]       [,3]       [,4]      [,5]       [,6]       [,7]
[1,] -2.994783 -3.002447 -0.2478293 -0.5433101 0.5579488 -0.5160623 -0.1783918
(中略)
> plot(rei42.ld)   #プロット(図4.40)
```

そこで，判別関数は $f = -0.5983919 \times x_1 + 0.1137952 \times x_2 - 1.188075$ となる．

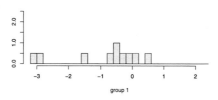

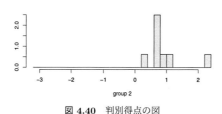

図 4.40　判別得点の図

**手順 3　推定・予測**：求めた判別関数を用いて，推定を行ってみよう．

```
> rei42.pr<-predict(rei42.ld)
> rei42.pr
$class   #判別された群
 [1] 1 1 1 1 2 1 1 1 1 1 2 2 2 2 2 2 2 2
Levels: 1 2
$posterior   #個々のサンプルの属す確率
            1          2
1   0.99673441 0.003265592
(中略)
18  0.24952341 0.750476588
$x       #判別得点
           LD1
1   -2.89279241
(中略)
18   0.82335462
> table(rei42$gun,rei42.pr$class)    #1次判別の正誤
     1 2
  1  9 1
```

```
    2 0 8
> rei42.cv<-lda(gun~tanpaku+tou,data=rei42,CV=T)  #交差検証
> table(rei42$gun,rei42.cv$class)    #交差検証法による1次の判別結果
   1 2
 1 8 2
 2 0 8
```

(参考)　2 群に関して等分散とみなせない場合には，2 次判別等を考え，次のように入力して利用する：
rei42.qd<-qda(gun~tanpaku+tou,data=rei42)

**演習 4.2** 例題 4.2 で更に脂質を説明変数に追加して判別してみよ．脂質は表 4.7 のような値である．　◁

表 4.7　洋菓子 (I) と和菓子 (II) の脂質

| 洋菓子群 | | 和菓子群 | |
|---|---|---|---|
| 名前 | $x_3^{(1)}$ | 名前 | $x_3^{(2)}$ |
| シュウクリーム | 11.0 | 大福 | 0.4 |
| チーズケーキ | 18.6 | みたらし団子 | 0.4 |
| イチゴショート | 8.6 | あん団子 | 0.4 |
| チョコレートケーキ | 19.9 | 羊羹 | 0.1 |
| モンブラン | 6.3 | どらやき | 2.0 |
| マドレーヌ | 8.2 | カステラ | 2.6 |
| フルーツケーキ | 10.5 | 栗まんじゅう | 0.7 |
| トリュフ | 10.7 | 蒸しまんじゅう | 0.3 |
| ミルフィーユ | 22.7 | | |
| ワッフル | 4.5 | | |

**演習 4.3** 以下の表 4.8 はある大学の経済学部へ合格した 10 人 (1 群) と不合格になった 10 人 (2 群) の高校時代での実力考査の成績のデータである．2 つの群の成績の確率分布は正規分布であると仮定し，合格者，不合格者の成績はそれぞれの群からのランダムサンプルとして判別方式と誤判別の確率 $P(2|1), P(1|2)$ を求めよ．また実力考査の成績が 38, 42, 50 である人の合否をその判別方式により判定せよ．　◁

表 4.8　実力考査の成績

| 1 群 | | 2 群 | |
|---|---|---|---|
| No. | $x_1^{(1)}$ | No. | $x_1^{(2)}$ |
| 1 | 52 | 1 | 44 |
| 2 | 54 | 2 | 43 |
| 3 | 51 | 3 | 41 |
| 4 | 48 | 4 | 37 |
| 5 | 40 | 5 | 36 |
| 6 | 47 | 6 | 42 |
| 7 | 53 | 7 | 46 |
| 8 | 46 | 8 | 45 |
| 9 | 52 | 9 | 43 |
| 10 | 46 | 10 | 45 |

表 4.9　国立大学と私立大学の教員 1 人あたり学生数 (人) と学生 1 人あたり校舎面積 (m$^2$)

| 1 群 | | | 2 群 | | |
|---|---|---|---|---|---|
| 大学名 | $x_1^{(1)}$ | $x_2^{(1)}$ | 大学名 | $x_1^{(2)}$ | $x_2^{(2)}$ |
| 北海道大学 | 11.0 | 32.4 | 東北学院大学 | 41.0(1.4 万人) | 4.1 |
| 東北大学 | 13.3 | 30.1 | 日本大学 | 30.2(6.3 万人) | 19.1 |
| 筑波大学 | 6.8 | 40.8 | 慶応義塾大学 | 29.4(2.7 万人) | 10.5 |
| 千葉大学 | 15.4 | 19.8 | 東海大学 | 24.4(2.9 万人) | 11.3 |
| 東京大学 | 10.8 | 34.5 | 早稲田大学 | 42.6(4 万人) | 7.5 |
| 新潟大学 | 15.2 | 21.5 | 上智大学 | 22.9(1 万人) | 13.3 |
| 名古屋大学 | 11.9 | 32.2 | 明治大学 | 56.5(3.3 万人) | 7.6 |
| 京都大学 | 12.7 | 34.0 | 青山学院大学 | 53.5(1.9 万人) | 8.4 |
| 大阪大学 | 12.1 | 28.8 | 中央大学 | 49.8(3.1 万人) | 7.9 |
| 神戸大学 | 16.9 | 18.7 | 東京理科大学 | 23(1.3 万人) | 11.1 |
| 岡山大学 | 14.6 | 20.5 | 立教大学 | 41.3(1.3 万人) | 5.6 |
| 広島大学 | 13.3 | 22.2 | 学習院大学 | 50.9(0.9 万人) | 9.1 |
| 九州大学 | 12.2 | 31.8 | 明治学院大学 | 43.8(1.1 万人) | 9.4 |
| | | | 愛知学院大学 | 35.5(1.2 万人) | 12.4 |
| | | | 立命館大学 | 49.7(2.6 万人) | 8.2 |
| | | | 関西学院大学 | 51.6(1.5 万人) | 6.9 |
| | | | 同志社大学 | 49.9(2 万人) | 11.3 |
| | | | 関西大学 | 42.9(2.4 万人) | 10.2 |
| | | | 福岡大学 | 43.2(2.1 万人) | 8.7 |

**演習 4.4** 表 4.9 はほぼ同じ学生数の国立大学 (1 群) と私立大学 (2 群) の教員 1 人あたり学生数 ($x_1$ (人)) と学生 1 人あたり校舎面積 ($x_2$ (m$^2$)) のデータである．国立大学と私立大学のこれらのデータによる判別方式を求めよ．なお私立大学の教員 1 人あたりの学生数の後の括弧内は総学生数である．(大学ランキング 1995，朝日新聞社より．)  ◁

## 4.5 数量化 II 類

われわれは日常生活において選択をする場面に常に直面している．例えば車を購入する際どの車種にするか，テレビなど家電製品を購入するときどの機種にすればよいか，更に，下宿先の選択，住宅の選択，進路決定での学部選択等である．血液型をいくつかの性格で予測できるだろうか．家族で海外旅行をするときどこにいこうか．など多くの選択状況がある．

具体的に，近所のスーパー 4 店のどこで食料品を買うかについてアンケートを行った場合を考えてみよう．選択の要因として駐車場の広さ，品数の豊富さ，新鮮さ，値段，店内のきれいさ，家からの距離などが考えられる．このとき，駐車場の広さについて「狭い，普通，広い」の 3 パターン，品数について「多い，普通，少ない」の 3 パターン，新鮮さについては「はい，いいえ」の 2 パターン，値段について「高い，普通，安い」の 3 パターン，店内のきれいさも「きれい，普通，汚い」の 3 パターン，家からの距離も「近い，普通，遠い」の 3 パターンが考えられる．そして，買い物をした店が群，買い物をした人が個体 (サンプル) で駐車場などの要因が項目で，その要因での広い，普通，狭いといった反応パターンがカテゴリーに対応する．

このように，説明変数がカテゴリー (計数) 型の判別分析を**数量化 II 類**という．説明変数のカテゴリーにカテゴリー (アイテム)・スコアとして数量を与え，よりよく判別を行うわけである．

### 4.5.1 モデルの設定

外的基準となる群の数を $m$ とし，第 $h$ ($=1,\ldots,m$) 群の個体 (サンプル) 数を $n_h$ とする．また，項目 (アイテム) 数が $p$ で，第 $j$ 項目について属すカテゴリー (反応パターン) が $c_j$ 個あるとする．そして，第 $h$ 群の $i$ 番目の個体が $j$ 項目についてカテゴリー $k$ に属すときに 1 とし，そうでないとき 0 の値をとる変数を $x_{hi(jk)}$ で表す．そこで，表 4.10 のようなデータが得られる．

次に，合成変量 $f$ について，第 $j$ ($=1,\ldots,p$) 項目 (アイテム) の第 $k$ ($=1,\ldots,c_j$) カテゴリーにスコア $a_{jk}$ を与えるとして以下のように定義する．

$$(4.60) \quad f = a_{11}x_{(11)} + \cdots + a_{1c_1}x_{(1c_1)} + a_{21}x_{(21)} + \cdots + a_{pc_p}x_{(pc_p)}$$

そこで，第 $h$ ($=1,\ldots,m$) 群に属す $i$ ($=1,\ldots,n_h$) 個体の合成変量 $f_i^{(h)}$ については，以下のように書かれる．

$$(4.61) \quad f_i^{(h)} = a_{11}x_{hi(11)} + \cdots + a_{1c_1}x_{hi(1c_1)} + a_{21}x_{hi(21)} + \cdots + a_{pc_p}x_{hi(pc_p)}$$

$$= \sum_{j=1}^{p} \sum_{k=1}^{c_j} a_{jk} x_{hi(jk)}$$

ただし，

$$x_{hi(jk)} = \begin{cases} 1 & \text{第 } h \text{ 群の第 } i \text{ 個体について，} j \text{ 項目の } k \text{ カテゴリーに属すとき} \\ 0 & \text{その他} \end{cases}$$

である．各項目において，どれか 1 つのカテゴリーに反応するとすれば，

$$(4.62) \quad \sum_{k=1}^{c_j} x_{hi(jk)} = 1$$

である．また全項目数が $p$ だから $\sum_{j=1}^{p}\sum_{k=1}^{c_j} x_{hi(jk)} = p$ が成立する．

ここで，第 $h$ 群の第 $i$ 個体に関する $j$ 項目の $k$ カテゴリーに着目すると次の図解のような位置付けと添え字に関する表記となる．

## 4.5 数量化 II 類

表 4.10 データ表

| 外的基準 | No | アイテム | | | | | | |
|---|---|---|---|---|---|---|---|---|
| | | 項目 1 | | | $\cdots$ | 項目 $p$ | | |
| | | スコア | | | $\cdots$ | スコア | | |
| | | $a_{11}$ | $\cdots$ | $a_{1c_1}$ | $\cdots$ | $a_{p1}$ | $\cdots$ | $a_{pc_p}$ |
| | | カテゴリー | | | $\cdots$ | カテゴリー | | |
| 群 | No | 1 | $\cdots$ | $c_1$ | $\cdots$ | 1 | $\cdots$ | $c_p$ |
| 1 群 | 1 | $x_{11(11)}$ | $\cdots$ | $x_{11(1c_1)}$ | $\cdots$ | $x_{11(p1)}$ | | $x_{11(pc_p)}$ |
| | $\vdots$ | $\vdots$ | | $\vdots$ | | $\vdots$ | | $\vdots$ |
| | $n_1$ | $x_{1n_1(11)}$ | $\cdots$ | $x_{1n_1(1c_1)}$ | $\cdots$ | $x_{1n_1(p1)}$ | | $x_{1n_1(pn_p)}$ |
| $\vdots$ | $\vdots$ | $\vdots$ | | $\vdots$ | | $\vdots$ | | $\vdots$ |
| $h$ 群 | 1 | $x_{h1(11)}$ | $\cdots$ | $x_{h1(1c_1)}$ | $\cdots$ | $x_{h1(p1)}$ | | $x_{h1(pn_p)}$ |
| | $\vdots$ | $\vdots$ | | $\vdots$ | | $\vdots$ | | $\vdots$ |
| | $n_h$ | $x_{hn_h(11)}$ | $\cdots$ | $x_{hn_h(1c_1)}$ | $\cdots$ | $x_{hn_h(p1)}$ | | $x_{hn_h(pn_p)}$ |
| $\vdots$ | $\vdots$ | $\vdots$ | | $\vdots$ | | $\vdots$ | | $\vdots$ |
| $m$ 群 | 1 | $x_{m1(11)}$ | $\cdots$ | $x_{m1(1c_1)}$ | $\cdots$ | $x_{m1(p1)}$ | | $x_{m1(pc_p)}$ |
| | $\vdots$ | $\vdots$ | | $\vdots$ | | $\vdots$ | | $\vdots$ |
| | $n_m$ | $x_{mn_m(11)}$ | $\cdots$ | $x_{mn_m(1c_1)}$ | $\cdots$ | $x_{mn_m(p1)}$ | | $x_{mn_m(pc_p)}$ |

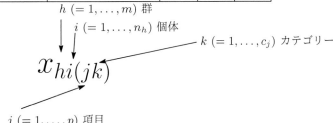

$h$ $(=1,\ldots,m)$ 群
$i$ $(=1,\ldots,n_h)$ 個体
$k$ $(=1,\ldots,c_j)$ カテゴリー
$x_{hi(jk)}$
$j$ $(=1,\ldots,p)$ 項目

そこで $h$ $(=1,\ldots,m)$ 群の第 $i$ $(=1,\ldots,n_h)$ サンプル (個体) のデータの値 $y_{hi}$ は誤差 $\varepsilon_{hi}$ (分布は仮定しない) をともなって

$$(4.63) \qquad y_{hi} = \sum_{j=1}^{p} \sum_{k=1}^{c_j} a_{jk} x_{hi(jk)} + \varepsilon_{hi}$$

と書かれるとする.

次に, $h$ 群の $i$ 個体に関連して以下のようなベクトル表記を用いる.

$$\boldsymbol{x}^{hi} = (x_{hi(11)}, \ldots, x_{hi(1c_1)}, \ldots, x_{hi(jk)}, \ldots, x_{hi(jc_j)}, \ldots, x_{hi(pc_p)})$$

とし, $\boldsymbol{a} = (a_{11}, \ldots, a_{1c_1}, a_{21}, \ldots, a_{pc_p})^{\mathrm{T}}$ とすれば

$$(4.64) \qquad y_{hi} = \boldsymbol{x}^{hi} \boldsymbol{a} + \varepsilon_{hi} \quad (h=1,\ldots,m; i=1,\ldots,n_h) \quad \text{(ベクトル・行列表現)}$$

と表現される. 更に行列を用いて以下のように表現される.

(4.65) $\boldsymbol{y} = X\boldsymbol{a} + \boldsymbol{\varepsilon}$ （ベクトル・行列表現）

$$\boldsymbol{y} = \begin{pmatrix} y_{11} \\ \vdots \\ y_{1n_1} \\ y_{21} \\ \vdots \\ y_{2n_2} \\ \vdots \\ y_{mn_m} \end{pmatrix}, \quad X = \begin{pmatrix} \boldsymbol{x}^{11} \\ \vdots \\ \boldsymbol{x}^{1n_1} \\ \boldsymbol{x}^{21} \\ \vdots \\ \boldsymbol{x}^{2n_2} \\ \vdots \\ \boldsymbol{x}^{mn_m} \end{pmatrix}_{n \times \sum_{j=1}^{p} c_j}, \quad \boldsymbol{\varepsilon} = \begin{pmatrix} \varepsilon_{11} \\ \vdots \\ \varepsilon_{1n_1} \\ \varepsilon_{21} \\ \vdots \\ \varepsilon_{2n_2} \\ \vdots \\ \varepsilon_{mn_m} \end{pmatrix}$$

### 4.5.2 カテゴリースコア $\{a_{jk}\}$ の推定

まず，全変動は次のように分解される．

(4.66) $$S_T = \sum_{h=1}^{m} \sum_{i=1}^{n_h} (f_i^{(h)} - \overline{f})^2 = \sum_{h=1}^{m} \sum_{i=1}^{n_h} (f_i^{(h)} - \overline{f}^{(h)})^2 + \sum_{h=1}^{m} n_h (\overline{f}^{(h)} - \overline{f})^2$$
$$= S_W + S_B$$

ここで，各 $h\,(=1,\ldots,m)$ 群での合成変量 $f_i^{(h)}$ の平均 $\overline{f}^{(h)}$ は

(4.67) $$\overline{f}^{(h)} = \frac{1}{n_h} \sum_{i=1}^{n_h} f_i^{(h)} = \frac{1}{n_h} \sum_{i=1}^{n_h} \sum_{j=1}^{p} \sum_{k=1}^{c_j} a_{jk} x_{hi(jk)}$$
$$= \sum_j \sum_k a_{jk} \frac{1}{n_h} \sum_i x_{hi(jk)} = \sum_j \sum_k a_{jk} \overline{x}_{h.(jk)}$$

であり，全平均 $\overline{f}$ は

(4.68) $$\overline{f} = \frac{1}{n} \sum_{h=1}^{m} n_h \overline{f}^{(h)} = \frac{1}{n} \sum_h n_h \sum_j \sum_k a_{jk} \overline{x}_{h.(jk)}$$
$$= \sum_j \sum_k a_{jk} \frac{1}{n} \sum_h n_h \overline{x}_{h.(jk)} = \sum_j \sum_k a_{jk} \overline{x}_{(jk)}$$

だから，

(4.69) $$f_i^{(h)} - \overline{f} = \sum_j \sum_k a_{jk} \left( x_{hi(jk)} - \overline{x}_{(jk)} \right)$$

かつ

(4.70) $$\overline{f}^{(h)} - \overline{f} = \sum_j \sum_k a_{jk} \left( \overline{x}_{h.(jk)} - \overline{x}_{(jk)} \right)$$

である．ここに，$\overline{x}_{h.(jk)} = \frac{1}{n_h} \sum_{i=1}^{n_h} x_{hi(jk)}$, $n = \sum_{h=1}^{m} n_h$ であり，$\overline{x}_{(jk)} = \frac{1}{n} \sum_{h=1}^{m} \sum_{i=1}^{n_h} x_{hi(jk)} = \frac{1}{n} \sum_{h=1}^{m} n_h \overline{x}_{h.(jk)}$ である．

そして，できるだけ全変動に対して群間変動が大きくなるようにスコア $a_{jk}$ を与える．そこで，上の2式 (4.69), (4.70) を $S_B, S_T$ に代入して，

---
**数量化 II 類の基準**

(4.71) $\eta^2 = \dfrac{S_B}{S_T}$ （相関比）　↗　（最大化）　（$S_T = 1$ なる制約のもと）

---

を最大化するようにスコア（評点）$\{a_{jk}\}$ を与える．<u>相関比を最大化するようにスコアを与えるのが数量化 II 類である</u>．

$\boldsymbol{a}$ をスカラー倍しても $\eta^2$ の値は変わらないので $S_T = 1$ なる制約のもとで $\eta^2$ を最大化する．そこで $\lambda$ を未定係数とし，

(4.72) $$Q = S_B - \lambda(S_T - 1)$$

とおき，ラグランジュの未定係数法を用いる．つまり，$Q$ を $a_{rs}$ で偏微分して 0 とおくと以下の式が得

られる．

$$
\text{(4.73)} \quad \frac{\partial Q}{\partial a_{rs}} = \frac{\partial S_B}{\partial a_{rs}} - \lambda \frac{\partial S_T}{\partial a_{rs}}
$$
$$
= 2 \sum_j \sum_k \left\{ \sum_h n_h \left( \overline{x}_{h(jk)} - \overline{x}_{(jk)} \right) \left( \overline{x}_{h(rs)} - \overline{x}_{(rs)} \right) \right\} a_{jk}
$$
$$
= -\lambda \sum_j \sum_k \left\{ \sum_h \sum_i \left( x_{hi(jk)} - \overline{x}_{(jk)} \right) \left( x_{hi(rs)} - \overline{x}_{(rs)} \right) \right\} a_{jk} = 0
$$
$$
(r = 1, \ldots, p; s = 1, \ldots, c_r)
$$

ここで

$$
\text{(4.74)} \quad \sum_h n_h \left( \overline{x}_{h(jk)} - \overline{x}_{(jk)} \right) \left( \overline{x}_{h(rs)} - \overline{x}_{(rs)} \right)
$$
$$
= \sum_h \frac{\sum_i x_{hi(jk)} \sum_i x_{hi(rs)}}{n_h} - \frac{\sum_{h,i} x_{hi(jk)} \sum_{h,i} x_{hi(rs)}}{n}
$$

と変形され，これは $h$ 群での $j$ 項目の $k$ カテゴリーに反応する総数と $h$ 群での $r$ 項目の $s$ カテゴリーに反応する総数の積を $h$ 群の総数で割ったものから，$j$ 項目の $k$ カテゴリーに反応する総数と $r$ 項目の $s$ カテゴリーに反応する総数の積を総数で割ったものを引いたものである．また

$$
\text{(4.75)} \quad \sum_h \sum_i \left( x_{hi(jk)} - \overline{x}_{(jk)} \right) \left( x_{hi(rs)} - \overline{x}_{(rs)} \right)
$$
$$
= \sum_h \sum_i x_{hi(jk)} x_{hi(rs)} - \frac{\sum_{h,i} x_{hi(jk)} \sum_{h,i} x_{hi(rs)}}{n}
$$

と変形され，$j$ 項目の $k$ カテゴリーと $r$ 項目の $s$ カテゴリーに同時に反応する総数から，$j$ 項目の $k$ カテゴリーに反応する総数と $r$ 項目の $s$ カテゴリーに反応する総数の積を総数で割ったものを引いたものを表している．

$\overline{X}_B = (\overline{x}_{h.(jk)}), \overline{X} = (\overline{x}_{(jk)})$ (ベクトル・行列表現) と行列で表し，

$$
B = (\overline{X}_B - \overline{X})^{\mathrm{T}} (\overline{X}_B - \overline{X}), \quad T = (X - \overline{X})^{\mathrm{T}} (X - \overline{X})
$$

とすると

$$
\text{(4.76)} \quad S_B = \boldsymbol{a}^{\mathrm{T}} B \boldsymbol{a}, \quad S_T = \boldsymbol{a}^{\mathrm{T}} T \boldsymbol{a}
$$

となる．そして $\boldsymbol{a}$ をスカラー倍しても相関比 $\eta^2 = S_B/S_T$ は変わらないので一般性を失うことなく，

$$
\text{(4.77)} \quad \boldsymbol{a}^{\mathrm{T}} T \boldsymbol{a} = 1
$$

とできる．このもとで $\eta^2$ を最大化するように $\boldsymbol{a}$ を決めればよい．そこで，未定係数を $\lambda$ とし，

$$
\text{(4.78)} \quad Q = \boldsymbol{a}^{\mathrm{T}} B \boldsymbol{a} - \lambda \left( \boldsymbol{a}^{\mathrm{T}} T \boldsymbol{a} - 1 \right)
$$

とおいて，ラグランジュの未定係数法から

$$
\text{(4.79)} \quad \frac{\partial Q}{\partial \boldsymbol{a}} = 2 B \boldsymbol{a} - 2 \lambda T \boldsymbol{a} = 2 (B - \lambda T) \boldsymbol{a} = \boldsymbol{0}
$$

が成立する．これが $\boldsymbol{a} = \boldsymbol{0}$ 以外の解を持つための必要十分条件は

$$
\text{(4.80)} \quad \left| B - \lambda T \right| = 0
$$

である．しかし，$\overline{X}_B - \overline{X}$ は正則でなく，その階数 (rank) は $m - 1$ 以下である．同様に $T = (X - \overline{X})^{\mathrm{T}} (X - \overline{X})$ の階数は $\sum_{j=1}^p c_j - p$ 以下であり，正則でない．そこで $T$ の階数がちょうど $\sum_{j=1}^p c_j - p$ とし，各項目の第 1 カテゴリーのスコアを 0 とする，つまり

$$
\text{(4.81)} \quad a_{11} = a_{21} = \cdots = a_{p1} = 0
$$

とし，$\boldsymbol{a}$ から $a_{11}, a_{21}, \ldots, a_{p1}$ を除いたベクトルを

$$
\boldsymbol{a}^* = (a_{12}, \ldots, a_{1c_1}, a_{22}, \ldots, a_{2c_2}, a_{32}, \ldots, a_{pc_p})^{\mathrm{T}}
$$

とおき，対応する行列 $B, T$ の行と列を除いて得られた行列をそれぞれ $B^*, T^*$ で表す．このとき，$\boldsymbol{a}^{\mathrm{T}} T \boldsymbol{a} = \boldsymbol{a}^{*\mathrm{T}} T^* \boldsymbol{a}^* = 1$ で

$$(4.82) \quad \left(B^* - \lambda T^*\right)\boldsymbol{a}^* = \boldsymbol{0}$$

となる．$T^*$ が非負値行列なので，ある直交行列 $P$ が存在して $P^{\mathrm{T}}T^*P = \mathrm{diag}(\lambda_1,\ldots,\lambda_q) = \Lambda$ とかける．そこで，$(T^*)^{1/2} = P\Lambda^{1/2}P^{\mathrm{T}}$ とすれば式 (4.82) は

$$(4.83) \quad (T^*)^{1/2}\left((T^*)^{-1/2}B^*(T^*)^{-1/2} - \lambda I\right)(T^*)^{1/2}\boldsymbol{a}^* = \boldsymbol{0}$$

と変形される．そして固有ベクトルが $\widehat{\boldsymbol{v}}^* = (T^*)^{1/2}\widehat{\boldsymbol{a}}^*$ と求まれば $\widehat{\boldsymbol{a}}^* = (T^*)^{-1/2}\widehat{\boldsymbol{v}}^*$ と求まる．また，$T^* = P\Lambda P^{\mathrm{T}} = \underbrace{P\Lambda^{1/2}}_{=L}\underbrace{\Lambda^{1/2}P^{\mathrm{T}}}_{=L^{\mathrm{T}}} = LL^{\mathrm{T}}$ と分解できるので，式 (4.82) は

$$(4.84) \quad L\left(L^{-1}B^*(L^{\mathrm{T}})^{-1} - \lambda I\right)L^{\mathrm{T}}\boldsymbol{a}^* = \boldsymbol{0}$$

と変形され，固有方程式

$$(4.85) \quad \left|L^{-1}B^*(L^{\mathrm{T}})^{-1} - \lambda I\right| = 0$$

から固有値が $\lambda$，固有ベクトルが $\widehat{\boldsymbol{w}}^*$ と求まったとすれば $\widehat{\boldsymbol{w}}^* = L^{\mathrm{T}}\widehat{\boldsymbol{a}}^*$ より $\widehat{\boldsymbol{a}}^* = (L^{\mathrm{T}})^{-1}\widehat{\boldsymbol{w}}^*$ となる．そこで

$$\widehat{\boldsymbol{a}} = (0, \widehat{a}^*_{12}, \ldots, \widehat{a}^*_{1c_1}, 0, \widehat{a}^*_{22}, \ldots, \widehat{a}^*_{2c_2}, \ldots, \widehat{a}^*_{pc_p})^{\mathrm{T}}$$

である．またこのとき求めた固有値 $\lambda$ について，

$$(4.86) \quad \lambda = \frac{\boldsymbol{a}^{\mathrm{T}}B\boldsymbol{a}}{\boldsymbol{a}^{\mathrm{T}}T\boldsymbol{a}}$$

が成立する．

**注 4.1** $T^*$ が正則なら $T^*(T^{*-1}B^* - \lambda I)\boldsymbol{a}^* = \boldsymbol{0}$ または $(B^*T^{*-1} - \lambda I)T^*\boldsymbol{a}^* = \boldsymbol{0}$ と変形できるので $\boldsymbol{0}$ 以外の解が存在するには $|T^{*-1}B^* - \lambda I| = 0$ または $|B^*T^{*-1} - \lambda I| = 0$ であればよい．これを解いて固有値 $\lambda$ を求め，更に制約条件 $\boldsymbol{a}^{\mathrm{T}}T\boldsymbol{a} = 1$ に注意しながら固有ベクトル $\widehat{\boldsymbol{a}}^*$ が求まれば，これからもカテゴリースコアが求められる． ◁

### 4.5.3 カテゴリースコアの規準化

更に以下の式変形により規準化が行われる．
$\overline{y}_h = \frac{1}{n_h}\sum_{i=1}^{n_h} y_{hi},\ \overline{\overline{y}} = \frac{1}{n}\sum_{h=1}^{m}\sum_{i=1}^{n_h} y_{hi}$ とおき，$\overline{\boldsymbol{y}}_B = \left(\overline{y}_{h\cdot}\right), \overline{\overline{\boldsymbol{y}}} = \left(\overline{\overline{y}}\right)$ とすると

$$(4.87) \quad \widehat{y}_{hi} = \sum_{j,k}\widehat{a}_{jk}x_{hi(jk)} = \sum_{j,k}\widehat{a}_{jk}\left(\overline{x}_{(jk)} + x_{hi(jk)} - \overline{x}_{(jk)}\right)$$
$$= \overline{\overline{y}} + \sum\sum\widehat{a}_{jk}\left(x_{hi(jk)} - \overline{x}_{(jk)}\right)$$

と書ける．そこでスコアの規準化として $\widehat{b}_{jk} = \widehat{a}_{jk} - \sum_{k=1}^{c_j}\widehat{a}_{jk}x_{(jk)}$ とおけば，次の式で予測値が求められる．

---
**公式**

$$(4.88) \quad \widehat{y}_{hi} = \overline{\overline{y}} + \sum_{j=1}^{p}\sum_{k=1}^{c_j}\widehat{b}_{jk}x_{hi(jk)}, \quad \text{ただし } \widehat{b}_{jk} = \widehat{a}_{jk} - \sum_{j=1}^{c_j}\widehat{a}_{jk}\overline{x}_{(jk)}$$

---

### 4.5.4 範囲，偏相関係数

第 $j$ 項目 (要因) のレンジ (範囲) を $R_j$ で表せば

---
**公式**

$$(4.89) \quad R_j = \max_k \widehat{a}_{jk} - \min_k \widehat{a}_{jk} \quad (j = 1, \ldots, p)$$

---

である．次に

$$(4.90) \quad \widehat{x}_{hi(j)} = \widehat{a}_{j1}x_{hi(j1)} + \widehat{a}_{j2}x_{hi(j2)} + \cdots + \widehat{a}_{jc_j}x_{hi(jc_j)} = \sum_{k=1}^{c_j}\widehat{a}_{jk}x_{hi(jk)}$$

## 4.5 数量化 II 類

$$(i=1,\ldots,n; j=1,\ldots,p)$$

$$\overline{x}_{(j)} = \frac{1}{n}\sum_{h=1}^{m}\sum_{i=1}^{n_h}\widehat{x}_{hi(j)}, \quad \overline{\widehat{y}}_h = \frac{1}{n_h}\sum_{j=1}^{n_h}\widehat{y}_{hi}, \quad \overline{x}_{(jk)} = \frac{1}{n}\sum_{h=1}^{m}\sum_{i=1}^{n_h}x_{hi(jk)}$$

とおき, $j,k\ (=1,\ldots,p)$ に対し,

(4.91) $\quad S_{\widehat{jk}} = S(\widehat{x}_{(j)},\widehat{x}_{(k)}) = \sum_{h=1}^{m}\sum_{i=1}^{n_h}\left(\widehat{x}_{hi(j)}-\overline{x}_{(j)}\right)\left(\widehat{x}_{hi(k)}-\overline{x}_{(k)}\right),$

$$S_{\widehat{y}\widehat{y}} = S(\widehat{y},\widehat{y}) = \sum_{h=1}^{m}\sum_{i=1}^{n_h}\left(\overline{\widehat{y}}_h - \overline{y}\right)^2 = \sum_{h=1}^{m}n_h(\overline{\widehat{y}}_h)^2 - n\overline{y}^2,$$

$$S_{\widehat{j}\widehat{y}} = S(\widehat{x}_{(j)},\widehat{y}) = \sum_{h=1}^{m}\sum_{i=1}^{n_h}\left(\widehat{x}_{hi(j)}-\overline{x}_{(j)}\right)\left(\overline{\widehat{y}}_h - \overline{y}\right) = \sum_{h=1}^{m}\overline{\widehat{y}}_h\sum_{i=1}^{n_h}\widehat{x}_{hi(j)} - n\overline{x}_{(j)}\overline{y}$$

とおく. 更に,

(4.92) $\quad r_{jk} = \dfrac{S_{\widehat{jk}}}{\sqrt{S_{\widehat{jj}}S_{\widehat{kk}}}}, \quad r_{jy} = \dfrac{S_{\widehat{j}\widehat{y}}}{\sqrt{S_{\widehat{jj}}S_{\widehat{y}\widehat{y}}}}$

とし, ^を省略した表記を用いて, 相関行列とその逆行列を

$$R = \begin{pmatrix} 1 & r_{12} & \cdots & r_{1p} & r_{1y} \\ r_{21} & 1 & \cdots & r_{12} & r_{2y} \\ \vdots & \vdots & \ddots & \vdots & \vdots \\ r_{p1} & r_{p2} & \cdots & 1 & r_{py} \\ r_{y1} & r_{y2} & \cdots & r_{yp} & 1 \end{pmatrix}_{(p+1)\times(p+1)}, \quad R^{-1} = \begin{pmatrix} r^{11} & r^{12} & \cdots & r^{1p} & r^{1y} \\ r^{21} & r^{22} & \cdots & r^{2p} & r^{2y} \\ \vdots & \vdots & \ddots & \vdots & \vdots \\ r^{p1} & r^{p2} & \cdots & r^{pp} & r^{py} \\ r^{y1} & r^{y2} & \cdots & r^{yp} & r^{yy} \end{pmatrix}_{(p+1)\times(p+1)}$$

で表す. そこで, 以下が成立する.

---
**公式**

第 $j$ 要因と第 $k$ 要因との標本偏相関係数は

(4.93) $\quad r_{jk\cdot\widetilde{jk}} = \dfrac{-r^{jk}}{\sqrt{r^{jj}r^{kk}}}$

$y$ と第 $j$ 要因との標本偏相関係数は

(4.94) $\quad r_{yj\cdot\widetilde{j}} = \dfrac{-r^{jy}}{\sqrt{r^{jj}r^{yy}}}$

---

**例題 4.3**

表 4.11 のどのスーパーを選択するかの要因に関するアンケート調査により得られたデータについて数量化 II 類により解析せよ.

表 4.11 スーパー選択データ表

| 店名 | 人 No. | 商品信頼度 良い | 普通 | よくない | 値段 安い | 普通 | 高い |
|---|---|---|---|---|---|---|---|
| スーパー A | 1 |  | ✓ |  |  | ✓ |  |
|  | 2 |  | ✓ |  |  | ✓ |  |
|  | 3 |  | ✓ |  | ✓ |  |  |
| スーパー B | 1 | ✓ |  |  | ✓ |  |  |
|  | 2 | ✓ |  |  |  |  | ✓ |
|  | 3 | ✓ |  |  |  |  | ✓ |
|  | 4 |  | ✓ |  | ✓ |  |  |
|  | 5 | ✓ |  |  |  | ✓ |  |
|  | 6 | ✓ |  |  |  |  | ✓ |
| スーパー C | 1 |  | ✓ |  |  |  | ✓ |
|  | 2 |  |  | ✓ | ✓ |  |  |
| スーパー D | 1 |  | ✓ |  | ✓ |  |  |

**考え方**
**手順 1** モデルを立てる.

$$y_{hi} = a_{11}x_{hi(11)} + a_{12}x_{hi(12)} + a_{13}x_{hi(13)} + a_{21}x_{hi(21)} + a_{22}x_{hi(22)} + a_{23}x_{hi(23)} + \varepsilon_{hi}$$

$$(h=1, i=1,2,3;\ h=2, i=1,\ldots,6;\ h=3, i=1,2;\ h=4, i=1)$$

とスーパーの選択要因を商品信頼度と値段による回帰モデルをたてる.

**手順 2** 回帰式を推定する. まずもとになる行列 $X, \overline{X}_B, \overline{X}$ を作成する. $\overline{X}_B = (\overline{x}_{h.(jk)})$, $\overline{x}_{h.(jk)} = \frac{1}{n_h}\sum_{i=1}^{n_h} x_{hi(jk)}$ より $\overline{x}_{1(11)} = \frac{1}{3}(0+0+0) = 0$, $\overline{x}_{1(12)} = \frac{1}{3}(1+1+1) = 1$, $\overline{x}_{1(13)} = \frac{1}{3}(0+0+0) = 0,\cdots$, $\overline{x}_{4(23)} = \frac{1}{1}(0) = 0$ である. また $\overline{X} = (\overline{x}_{(jk)})$, $\overline{x}_{(jk)} = \frac{1}{n}\sum_{h=1}^{m}\sum_{i=1}^{n_h} x_{hi(jk)}$ だから $\overline{x}_{(11)} = \frac{1}{3+6+2+1}(0+0+0+1+1+1+0+1+1+0+0+0) = \frac{5}{12}$, $\overline{x}_{(12)} = \frac{1}{2}$, $\overline{x}_{(13)} = \frac{1}{12}$, $\overline{x}_{(21)} = \frac{1}{3} = \overline{x}_{(22)} = \overline{x}_{(23)}$ であるので,

$$X = \begin{pmatrix} 0 & 1 & 0 & 0 & 1 & 0 \\ 0 & 1 & 0 & 0 & 1 & 0 \\ 0 & 1 & 0 & 1 & 0 & 0 \\ 1 & 0 & 0 & 0 & 1 & 0 \\ 1 & 0 & 0 & 0 & 0 & 1 \\ 1 & 0 & 0 & 0 & 0 & 1 \\ 0 & 1 & 0 & 1 & 0 & 0 \\ 1 & 0 & 0 & 0 & 1 & 0 \\ 1 & 0 & 0 & 0 & 0 & 1 \\ 0 & 1 & 0 & 0 & 0 & 1 \\ 0 & 0 & 1 & 1 & 0 & 0 \\ 0 & 1 & 0 & 1 & 0 & 0 \end{pmatrix}, \quad \overline{X}_B = \begin{pmatrix} 0 & 1 & 0 & 1/3 & 2/3 & 0 \\ 0 & 1 & 0 & 1/3 & 2/3 & 0 \\ 0 & 1 & 0 & 1/3 & 2/3 & 0 \\ 5/6 & 1/6 & 0 & 1/6 & 1/3 & 1/2 \\ 5/6 & 1/6 & 0 & 1/6 & 1/3 & 1/2 \\ 5/6 & 1/6 & 0 & 1/6 & 1/3 & 1/2 \\ 5/6 & 1/6 & 0 & 1/6 & 1/3 & 1/2 \\ 5/6 & 1/6 & 0 & 1/6 & 1/3 & 1/2 \\ 5/6 & 1/6 & 0 & 1/6 & 1/3 & 1/2 \\ 0 & 1/2 & 1/2 & 1/2 & 0 & 1/2 \\ 0 & 1/2 & 1/2 & 1/2 & 0 & 1/2 \\ 0 & 1 & 0 & 1 & 0 & 0 \end{pmatrix},$$

$$\overline{X} = \begin{pmatrix} 5/12 & 1/2 & 1/12 & 1/3 & 1/3 & 1/3 \\ 5/12 & 1/2 & 1/12 & 1/3 & 1/3 & 1/3 \\ 5/12 & 1/2 & 1/12 & 1/3 & 1/3 & 1/3 \\ 5/12 & 1/2 & 1/12 & 1/3 & 1/3 & 1/3 \\ 5/12 & 1/2 & 1/12 & 1/3 & 1/3 & 1/3 \\ 5/12 & 1/2 & 1/12 & 1/3 & 1/3 & 1/3 \\ 5/12 & 1/2 & 1/12 & 1/3 & 1/3 & 1/3 \\ 5/12 & 1/2 & 1/12 & 1/3 & 1/3 & 1/3 \\ 5/12 & 1/2 & 1/12 & 1/3 & 1/3 & 1/3 \\ 5/12 & 1/2 & 1/12 & 1/3 & 1/3 & 1/3 \\ 5/12 & 1/2 & 1/12 & 1/3 & 1/3 & 1/3 \\ 5/12 & 1/2 & 1/12 & 1/3 & 1/3 & 1/3 \end{pmatrix}$$

である. そして, $T = (X - \overline{X})^{\mathrm{T}}(X - \overline{X})$, $B = (\overline{X}_B - \overline{X})^{\mathrm{T}}(\overline{X}_B - \overline{X})$ から

$$T = \begin{pmatrix} 35/12 & -5/2 & -5/12 & -5/3 & 1/3 & 4/3 \\ -5/2 & 3 & -1/2 & 1 & 0 & -1 \\ -5/12 & -1/2 & 11/12 & 2/3 & -1/3 & -1/3 \\ -5/3 & 1 & 2/3 & 8/3 & -4/3 & -4/3 \\ 1/3 & 0 & -1/3 & -4/3 & 8/3 & -4/3 \\ 4/3 & -1 & -1/3 & -4/3 & -4/3 & 8/3 \end{pmatrix},$$

$$B = \begin{pmatrix} 25/12 & -5/3 & -5/12 & -5/6 & 0 & 5/6 \\ -5/3 & 5/3 & 0 & 2/3 & 1/3 & -1 \\ -5/12 & 0 & 5/12 & 1/6 & -1/3 & 1/6 \\ -5/6 & 2/3 & 1/6 & 2/3 & -1/3 & -1/3 \\ 0 & 1/3 & -1/3 & -1/3 & 2/3 & -1/3 \\ 5/6 & -1 & 1/6 & -1/3 & -1/3 & 2/3 \end{pmatrix}$$

である. そして, 正則な行列となるように各 $j(=1,2)$ 項目の第 1 カテゴリーを除いたベクトルを $\boldsymbol{a}^* = (a_{12}, a_{13}, a_{22}, a_{23})^{\mathrm{T}}$ とし, 行列 $T, B$ の対応する行, 列を除いた行列 $T^*, B^*$ をつくる. つまり 1 行と 1 列, 3 行と 3 列を除くと

$$T^* = \begin{pmatrix} 3 & -1/2 & 0 & -1 \\ -1/2 & 11/12 & -1/3 & -1/3 \\ 0 & -1/3 & 8/3 & -4/3 \\ -1 & -1/3 & -4/3 & 8/3 \end{pmatrix}, \quad B^* = \begin{pmatrix} 5/3 & 0 & 1/3 & -1 \\ 0 & 5/12 & -1/3 & 1/6 \\ 1/3 & -1/3 & 2/3 & -1/3 \\ -1 & 1/6 & -1/3 & 2/3 \end{pmatrix}$$

と求まる．ここで $T^*$ は非負値 (対称) 行列だから直交行列 $P$ が存在して $P^\mathrm{T}T^*P = \Lambda$ (対角行列) とできる．そこで $(T^*)^{1/2} = P\Lambda^{1/2}P^\mathrm{T}$ とおけば $(T^*)^{1/2}(T^*)^{1/2} = T^*$ だから，$T^{*-1/2} = (P\Lambda^{1/2}P^\mathrm{T})^{-1} = P\Lambda^{-1/2}P^\mathrm{T}$ より

$$T^{*-1/2}B^*T^{*-1/2} = \begin{pmatrix} 0.5640 & 0.2349 & 0.0968 & -0.1631 \\ 0.2349 & 0.6666 & -0.0457 & 0.1885 \\ 0.0968 & -0.0457 & 0.2317 & -0.0068 \\ -0.1631 & 0.1885 & -0.0068 & 0.1805 \end{pmatrix}$$

である．この行列の固有値は $0.8600$ で固有ベクトルは $\hat{\boldsymbol{v}} = (0.6003, 0.7954, 0.0338, 0.0763)^\mathrm{T}$ と求まるから，$\hat{\boldsymbol{a}}^* = T^{*-1/2}\hat{\boldsymbol{v}} = (0.6171, 1.2123, 0.3121, 0.4408)^\mathrm{T}$ となる．

また，$T^* = LL^\mathrm{T}$ と分解して以下のようにもカテゴリースコアが求められる．ここに

$$L = P\Lambda^{1/2} = \begin{pmatrix} 0.50174 & 0.7895 & 0.16660 & 0.3117 \\ -0.0574 & -0.1231 & -0.6474 & 0.7500 \\ 0.5304 & -0.5857 & 0.4903 & 0.3677 \\ -0.6809 & 0.1358 & 0.5593 & 0.4529 \end{pmatrix} \begin{pmatrix} 2.1010 & 0 & 0 & 0 \\ 0 & 1.7047 & 0 & 0 \\ 0 & 0 & 1.259 & 0 \\ 0 & 0 & 0 & 0.5866 \end{pmatrix}$$

$$= \begin{pmatrix} 1.0542 & 1.3458 & 0.2098 & 0.1829 \\ -0.1206 & -0.2098 & -0.8152 & 0.4400 \\ 1.1145 & -0.9985 & 0.6174 & 0.2157 \\ -1.4305 & 0.2316 & 0.7043 & 0.2657 \end{pmatrix}$$

より，

$$L^{-1} = \begin{pmatrix} 0.2388 & -0.0273 & 0.2525 & -0.3241 \\ 0.4631 & -0.0722 & -0.3436 & 0.0797 \\ 0.1323 & -0.5141 & 0.3893 & 0.4441 \\ 0.5314 & 1.2785 & 0.6267 & 0.7721 \end{pmatrix}$$

と計算される．そこで固有方程式

$$\left| L^{-1}B^*L^{T-1} - \lambda I \right| = \begin{vmatrix} 0.4649 - \lambda & 0.2155 & 0.0843 & 0.0463 \\ 0.2155 & 0.2625 - \lambda & -0.1404 & 0.1461 \\ 0.0843 & -0.1404 & 0.2307 - \lambda & -0.2300 \\ 0.0463 & 0.1461 & -0.2300 & 0.6847 - \lambda \end{vmatrix} = 0$$

の最大固有値，固有ベクトルを求める．

固有値 $= \lambda_1 = 0.8600$，固有ベクトル $= \hat{\boldsymbol{v}}^* = (0.2215, 0.3666, -0.3557, 0.8307)^\mathrm{T}$ である．そこで $\hat{\boldsymbol{a}}^* = L^{T-1}\hat{\boldsymbol{v}}^* = (0.6171, 1.2123, 0.3121, 0.4408)^\mathrm{T}$ であり，$\hat{\boldsymbol{a}} = (0, 0.6171, 1.2123, 0, 0.3121, 0.4408)^\mathrm{T}$ と求まる．

なお，$T^{*-1}B^* = \begin{pmatrix} 0.6190 & 0.2143 & 0.0476 & -0.2857 \\ 0.3968 & 0.7143 & -0.2857 & 0.0476 \\ 0.1706 & 0.1071 & 0.1905 & -0.0595 \\ -0.0079 & 0.2857 & -0.0476 & 0.1190 \end{pmatrix}$ の最大固有値は $\lambda_1 = 0.8600$ で，対応する固有ベクトルは $(0.4216, 0.8283, 0.2132, 0.3012)^\mathrm{T}$ である．なお，行列 $T^{*-1}B^*$ は対称行列ではないのでべき乗法 (+ウィーラント法) 等で最大固有値と対応する固有ベクトルを求めるようにする．更に，回帰式は $f = X\hat{\boldsymbol{a}}$ で推定される．そこで予測値 (サンプル (個体) の数量化) は

$$\hat{\boldsymbol{y}} = X\hat{\boldsymbol{a}} = (0.9291, 0.9291, 0.6171, 0.3121, 0.4408, 0.4408, 0.6171, 0.3121, 0.4408, 1.0578, 1.2123, 0.6171)^\mathrm{T}$$

となる．

**手順 3** カテゴリースコアの規準化をする．$\hat{b}_{jk} = \hat{a}_{jk} - \sum_{k=1}^{c_j} \hat{a}_{jk}\bar{x}_{jk}$ より

$$\hat{b}_{11} = \hat{a}_{11} - \sum_{k=1}^{3} \hat{a}_{1k}\bar{x}_{1k} = 0 - (0 \times 5/12 + 0.6171 \times 1/2 + 1.2123 \times 1/12) = -0.4096,$$

$$\hat{b}_{12} = \hat{a}_{12} - \sum_{k=1}^{3} \hat{a}_{1k}\bar{x}_{1k} = 0.6171 - 0.4096 = 0.2075,$$

$$\hat{b}_{13} = 0.8028, \quad \hat{b}_{21} = \hat{a}_{21} - \sum_{k=1}^{3} \hat{a}_{2k}\bar{x}_{2k} = 0 - (0 \times 1/3 + 0.3121 \times 1/3 + 0.4408 \times 1/3) = -0.2510,$$

$$\hat{b}_{22} = 0.0611, \quad \hat{b}_{23} = 0.1898$$

だから $\hat{\boldsymbol{b}} = (-0.4096, 0.2075, 0.8028, -0.2510, 0.0611, 0.1898)^\mathrm{T}$．

**手順 4** 残差，範囲および偏相関係数，寄与率を求める．

残差は表 4.12 のように計算される．

表 4.12 残差の表

| No. | $y$ | $x_{11}$ | $x_{12}$ | $x_{13}$ | $x_{21}$ | $x_{22}$ | $x_{23}$ | $\widehat{y}$ | $e = y - \widehat{y}$ | $\widehat{x}_{(1)}$ | $\widehat{x}_{(2)}$ |
|---|---|---|---|---|---|---|---|---|---|---|---|
| 1 | 1 | 0 | 1 | 0 | 0 | 1 | 0 | 0.9291 | 0.0709 | 0.6171 | 0.3121 |
| 2 | 1 | 0 | 1 | 0 | 0 | 1 | 0 | 0.9291 | 0.0709 | 0.6171 | 0.3121 |
| 3 | 1 | 0 | 1 | 0 | 1 | 0 | 0 | 0.6171 | 0.3829 | 0.6171 | 0 |
| 4 | 2 | 1 | 0 | 0 | 0 | 1 | 0 | 0.3121 | 1.6879 | 0 | 0.3121 |
| 5 | 2 | 1 | 0 | 0 | 0 | 0 | 1 | 0.4408 | 1.5592 | 0 | 0.4408 |
| 6 | 2 | 1 | 0 | 0 | 0 | 0 | 1 | 0.4408 | 1.5592 | 0 | 0.4408 |
| 7 | 2 | 0 | 1 | 0 | 1 | 0 | 0 | 0.6171 | 1.3829 | 0.6171 | 0 |
| 8 | 2 | 1 | 0 | 0 | 0 | 1 | 0 | 0.3121 | 1.6879 | 0 | 0.3121 |
| 9 | 2 | 1 | 0 | 0 | 0 | 0 | 1 | 0.4408 | 1.5592 | 0 | 0.4408 |
| 10 | 3 | 0 | 1 | 0 | 0 | 0 | 1 | 1.0578 | 1.9422 | 0.6171 | 0.4408 |
| 11 | 3 | 0 | 0 | 1 | 1 | 0 | 0 | 1.2123 | 1.7877 | 1.2123 | 0 |
| 12 | 4 | 0 | 1 | 0 | 1 | 0 | 0 | 0.6171 | 3.3829 | 0.6171 | 0 |

次に，$\overline{\widehat{y}}_h = \frac{\sum_i \widehat{y}_{hi}}{n_h}$ $(h=1,\ldots,m)$ より，$\overline{\widehat{y}}_1 = \frac{\widehat{y}_{11} + \widehat{y}_{12} + \widehat{y}_{13}}{3} = \frac{0.9291 + 0.9291 + 0.6121}{3} = 0.8251$ と計算され，同様にして $\overline{\widehat{y}}_2, \cdots$ が表 4.13 のように計算される．また，$\widehat{x}_{hi(j)} = \sum_{k=1}^{c_j} \widehat{a}_{jk} x_{hi(jk)}$ $(i=1,\ldots,n_h; j=1,\ldots,p)$ より

$$\widehat{x}_{11(1)} = \widehat{a}_{11} x_{11(11)} + \widehat{a}_{12} x_{11(12)} + \widehat{a}_{13} x_{11(13)}$$
$$\vdots$$
$$\widehat{x}_{41(2)} = \widehat{a}_{21} x_{41(21)} + \widehat{a}_{22} x_{41(22)} + \widehat{a}_{23} x_{41(23)}$$

が計算される．また，$\widehat{y}_{hi} = \widehat{x}_{hi(1)} + \widehat{x}_{hi(2)}$ である．

次に，相関行列も表 4.13 ような補助表を作成して求める．

表 4.13 補助表

| No. | $\widehat{x}_{(1)}$ | $\widehat{x}_{(2)}$ | $\overline{\widehat{y}}_h$ | $\widehat{x}_{(1)}^2$ | $\widehat{x}_{(2)}^2$ | $\overline{\widehat{y}}_h^2$ | $\widehat{x}_{(1)}\widehat{x}_{(2)}$ | $\widehat{x}_{(1)}\overline{\widehat{y}}_h$ | $\widehat{x}_{(2)}\overline{\widehat{y}}_h$ |
|---|---|---|---|---|---|---|---|---|---|
| 1 | 0.6171 | 0.3121 | 0.8251 | 0.3808 | 0.0974 | 0.6808 | 0.1926 | 0.5091 | 0.2575 |
| 2 | 0.6171 | 0.3121 | 0.8251 | 0.3808 | 0.0974 | 0.6808 | 0.1926 | 0.5091 | 0.2575 |
| 3 | 0.6171 | 0 | 0.8251 | 0.3808 | 0 | 0.6808 | 0 | 0.5091 | 0 |
| 4 | 0 | 0.3121 | 0.4273 | 0 | 0.0974 | 0.1826 | 0 | 0 | 0.1333 |
| 5 | 0 | 0.4408 | 0.4273 | 0 | 0.1943 | 0.1826 | 0 | 0 | 0.1883 |
| 6 | 0 | 0.4408 | 0.4273 | 0 | 0.1943 | 0.1826 | 0 | 0 | 0.1883 |
| 7 | 0.6171 | 0 | 0.4273 | 0.3808 | 0 | 0.1826 | 0 | 0.2636 | 0 |
| 8 | 0 | 0.3121 | 0.4273 | 0 | 0.0974 | 0.1826 | 0 | 0 | 0.1333 |
| 9 | 0 | 0.4408 | 0.4273 | 0 | 0.1943 | 0.1826 | 0 | 0 | 0.1883 |
| 10 | 0.6171 | 0.4408 | 1.1351 | 0.3808 | 0.1943 | 1.2884 | 0.2720 | 0.7004 | 0.5003 |
| 11 | 1.2123 | 0 | 1.1351 | 1.4697 | 0 | 1.2884 | 0 | 1.3761 | 1.6682 |
| 12 | 0.6171 | 0 | 0.6171 | 0.3808 | 0 | 0.3808 | 0 | 0.3808 | 0 |
| 計 | 4.9147 | 3.0114 | 7.9261 | 3.7543 | 1.1667 | 6.0953 | 0.6571 | 4.2483 | 4.2270 |
|  | ① | ② | ③ | ④ | ⑤ | ⑥ | ⑦ | ⑧ | ⑨ |

$S_{11} = ④ - ①^2/12 = 1.7415$, $S_{12} = ⑦ - ① \times ②/12 = -0.5762$, $S_{22} = ⑤ - ②^2/12 = 0.4110$, $S_{1y} = ⑧ - ① \times ③ = 1.0021$, $S_{yy} = ⑥ - ③^2/12 = 0.8600$, $S_{2y} = ⑨ - ② \times ③/12 = -0.1421$ より $r_{12} = -0.6811, r_{1y} = 0.8189, r_{2y} = -0.2390$ となる．そこで，相関行列とその逆行列は

$$R = \begin{pmatrix} 1 & -0.6811 & 0.8189 \\ & 1 & -0.2390 \\ sym. & & 1 \end{pmatrix}, \quad R^{-1} = \begin{pmatrix} 12.5659 & 6.4689 & -8.7436 \\ & 4.3908 & -4.2477 \\ sym. & & 7.1446 \end{pmatrix}$$

と計算される．したがって重相関係数 $\sqrt{R^2} = r_{y \cdot 12}$ は $r_{y \cdot 12} = \sqrt{1 - \frac{1}{r^{yy}}} = \sqrt{1 - \frac{1}{7.1446}} = \sqrt{0.8600} = 0.9274$ であり，各項目とサンプルとの偏相関係数は，$r_{1y \cdot 2} = \frac{-r^{1y}}{\sqrt{r^{11} r^{yy}}} = \frac{8.7436}{\sqrt{12.5659 \times 7.1446}} = 0.9228$, $r_{2y \cdot 1} = 0.7584$ と計算される．

またレンジは $R_1 = 1.2123, R_2 = 0.4408$ である.

レンジの順位付けでは第 1 項目 (信頼度) の影響が大きく, 次に第 2 項目である値段の影響である. また, 偏相関係数の順位付けでは, 同様に信頼度が大きい. このように判別に効いているのは第 1 の項目である.

これまでの結果をまとめると表 4.14 のようになる. なお, 相関比 $= 0.8600 =$ 固有値.

表 4.14 結果表

| 要因＼項目 | カテゴリー | 該当数 | カテゴリースコア $\hat{b}_{jk}$ | 範囲 $R_j$ | 偏相関係数 $r_{y\cdot}$ |
|---|---|---|---|---|---|
| 信頼度 | 1 | 5 | $-0.4096$ | 1.2124 | 0.9228 |
|  | 2 | 6 | 0.2075 |  |  |
|  | 3 | 1 | 0.8028 |  |  |
| 値段 | 1 | 4 | $-0.2510$ | 0.4408 | 0.7584 |
|  | 2 | 4 | 0.0611 |  |  |
|  | 3 | 4 | 0.1898 |  |  |

**手順 5** 検討・考察

表 4.14 の結果から, どのスーパーを選択するかにあたって商品信頼度, 値段ともに偏相関が高く, 影響があるとわかる. また範囲が商品信頼度において大きくスーパーの選択要因に影響が大きいことがうかがえる. データからスーパー B が商品信頼度が高く選択されていると考えられる. □

[予備解析]

**手順 1** データの読み込み:【データ】▶【データのインポート】▶【テキストファイルまたはクリップボード, URL から...】を選択し, ダイアログボックスで, フィールドの区切り記号としてカンマにチェックをいれて, OK を左クリックする. フォルダからファイルを指定後, 開く (O) を左クリックする. データセットを表示 をクリックすると, 図 4.41 のようにデータが表示される.

```
>library(MASS)
> rei43 <- read.table("rei43.csv", header=TRUE,
 sep=",", na.strings="NA", dec=".", strip.white=TRUE)
```

図 4.41 データの表示　　図 4.42 データの因子への変換

**手順 2** 数値変数の因子への変換:【データ】▶【アクティブデータセット内の変数の管理】▶【数値変数を因子に変換...】を選択し, 図 4.42 のように変数として gun, $x1$, $x2$ を指定後,「数値で」にチェックをいれて OK を左クリックすると, 図 4.43 のように上書きするか聞いてくる. 上書きを gun, $x1$, $x2$ とも行う.

```
> rei43$gun <- as.factor(rei43$gun)
> rei43$x1 <- as.factor(rei43$x1)
> rei43$x2 <- as.factor(rei43$x2)
```

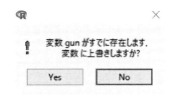

図 4.43 変数の上書き

**手順 3** 基本統計量の計算：【統計量】▶【要約】▶【アクティブデータセット】を選択し，OK を左クリックすると，以下のように要約が出力される．

```
> library(MASS)
> summary(rei43)
       no          x1    x2    gun
 Min.   : 1.00   1:5   1:4   1:3
 1st Qu.: 3.75   2:6   2:4   2:6
 Median : 6.50   3:1   3:4   3:2
 Mean   : 6.50               4:1
 3rd Qu.: 9.25
 Max.   :12.00
```

[数量化 II 類の適用]

```
> rei43.ld<-lda(gun~x1+x2,rei43)   #関数lda()の利用
> rei43.ld
Call:
lda(gun ~ x1 + x2, data = rei43)
Prior probabilities of groups:#各群の事前確率
         1          2          3          4
0.25000000 0.50000000 0.16666667 0.08333333
Group means:    #各群ごとの各変数の平均値
    x1[T.2] x1[T.3]   x2[T.2] x2[T.3]
1 1.0000000     0.0 0.6666667     0.0
2 0.1666667     0.0 0.3333333     0.5
3 0.5000000     0.5 0.0000000     0.5
4 1.0000000     0.0 0.0000000     0.0
Coefficients of linear discriminants:    #判別係数
              LD1         LD2         LD3
x1[T.2]  4.665094   1.10024488  -0.3554755
x1[T.3]  9.165375  -2.28816996  -1.0133371
x2[T.2]  2.359276   0.08415451  -2.5351006
x2[T.3]  3.332460  -1.49428610  -1.6818101
Proportion of trace:   #群間の分散の比率
   LD1    LD2    LD3
0.7957 0.1683 0.0360
```

判別式が $f = 4.665 \times x_{11} + 9.165 \times x_{12} + 2.359 \times x_{21} + 3.332 \times x_{22}$ と求まっている（「考え方」の手順 2 と 3 を参照）．

```
> rei43.pr<-predict(rei43.ld)
> rei43.pr
$class   #各サンプルの判別結果
 [1] 1 1 4 2 2 2 4 2 2 3 3 4
```

```
Levels: 1 2 3 4
$posterior   #各群に属する確率
              1            2            3            4
1   9.918442e-01 3.416551e-04 6.217913e-03 1.596191e-03
~
12  1.465362e-01 1.504683e-01 1.682550e-05 7.029787e-01
$x   #サンプルスコア
          LD1        LD2        LD3
1    2.0307962  1.2950016 -1.22275664
~
12  -0.3284798  1.2108471  1.31234391
```

判別式を用いて判別結果を求め，実際のサンプルスコア (予測値) を求める．

```
> table(rei434$gun,rei43.pr$class)   #判別の正誤
     1 2 3 4
  1  2 0 0 1
  2  0 5 0 1
  3  0 0 2 0
  4  0 0 0 1
> plot(rei43.ld)   #グラフ表示(図4.44)
```

実際の判別結果をクロス表により検証し，グラフ表示する．

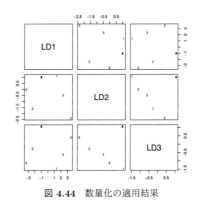

図 4.44　数量化の適用結果

**演習 4.5** パソコンを買う要因について質問項目を各自考え，アンケート調査を行い数量化 II 類により解析せよ．

◁

# 5

# 主成分分析

## 5.1 主成分分析とは

多くの特性を持つ多変量のデータを互いに相関のない少数の特性値にまとめる手法に**主成分分析法** (principal component analysis：PCA) があり，この手法はピアソン (K. Pearson) により 1901 年頃考えられた．そして，以下のようなさまざまな適用場面が考えられる．

[適用場面] 野球で，打率，打点，安打数，ホームラン数から打者を総合的に評価するにはそれらをどのように重み付けて足したらよいだろうか．また，防御率，投球回数，失点，コントロール，スピードからピッチャーを総合評価するにはどのようにしたらよいか．経済で，企業の売上げ高，資本金，事業損益，負債，株価などから企業を評価する方法はどうしたらよいか．財務指標，景気変動指標，物価指標，金融指標から経済活動指標はどのように評価したらよいだろうか．都市の豊かさの評価を公園の面積，病院のベッド数，図書館数などをどのように重み付けして総合評価したらよいのか．成績評価の際，英語，数学，国語，社会，理科の得点を単に総合点で総合評価する以外に違った評価はないか．身長，体重，胸囲，座高から総合的に評価する特性はないか．総コレステロール，体重，身長，アルブミンなどから健康の総合評価をする方法はないだろうか．デスカロン (10 種競技) の 100 m 走，400 m 走，1500 m 走，110 m 障害，走り幅跳び，走り高跳び，棒高跳び，砲丸投げ，槍投げ，円盤投げの成績から総合評価する方法はないものか．など多くの適用場面 (状況) がある．

## 5.2 主成分の導出基準

ここでは具体的に総合特性を表す主成分の定式化をしよう．$p$ 個の変量 (変数) $x_1, \ldots, x_p$ から総合特性を表す重み付きの和である**合成変量**

(5.1) $$f = w_1 x_1 + w_2 x_2 + \cdots + w_p x_p = \boldsymbol{w}^\mathrm{T} \boldsymbol{x} = \boldsymbol{x}^\mathrm{T} \boldsymbol{w} = \|\boldsymbol{w}\| \cdot \|\boldsymbol{x}\| \cos \theta$$

(ただし，$\boldsymbol{w} = (w_1, \ldots, w_p)^\mathrm{T}$) を構成したい．そこで重み $\boldsymbol{w}$ をどのように定めたらよいだろうか．まず，重みに関し，長さに制約などを加えないと $f$ がいくらでも大きくなるため，長さを 1，つまり $\|\boldsymbol{w}\| = 1$ としておこう．簡単のため平面 ($p = 2$) の場合に，合成変量 $f = w_1 x_1 + w_2 x_2$ を考えてみよう．ただし，$w_1^2 + w_2^2 = 1$ とする．これは以下のように式変形でき，傾き $-\frac{w_1}{w_2}$，$x_2$ 切片が $\frac{f}{w_2}$ の直線である．

(5.2) $$x_2 = -\frac{w_1}{w_2} x_1 + \frac{f}{w_2}$$

各 $i\,(= 1, \ldots, n)$ 番目のデータ $\boldsymbol{x}_i = (x_{i1}, x_{i2})^\mathrm{T} \in \boldsymbol{R}^2$ に対して，その合成変量 $f_i = w_1 x_{i1} + w_2 x_{i2}$ は図 5.1 のように，データのベクトル $\boldsymbol{x}_i$ を重みベクトル $\boldsymbol{w}$ へ正射影した点と原点との距離が合成変量の大きさになっている．$f_i = \boldsymbol{w}^\mathrm{T} \boldsymbol{x}_i = \|\boldsymbol{x}_i\| \cdot \cos \theta$ の内積の定義を思い出そう．

もしデータが 1 つの直線の上にのっていれば，その直線方向を重みベクトルとすれば 1 次元でそのまま総合評価できる．しかし実際のデータはばらついていて，そのばらつきをうまく取り込む重み (直線) を決めてやればよさそうである．次に原点を中心にばらついていると考えるよりは，データの中心 (重心のようなもの) があってその周りにばらついていると考えるのが自然である．そしてその中心がふつう，平均にとられ，その周りにデータである点がばらついていると考え，そのばらつきをできるだけよ

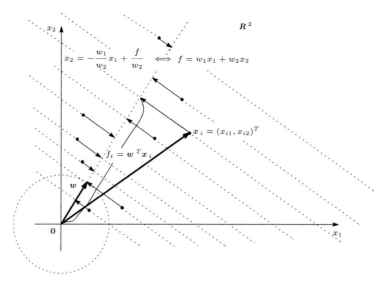

図 5.1 各データの合成変量

く評価する重み (直線) を決めようとするのである．図 5.2 を参照されたい．

そこで，重み $w_j$ $(j = 1, \ldots, p)$ を決めるための基準には大きく以下のような 2 つの方法が考えられている．

**方式 1** 合成変量 $f$ の分散を最大化する．

つまり，全体のばらつきをできるだけ $f$ のばらつきで説明するように $\boldsymbol{w}$ を決める．

**方式 2** 合成変量 $f$ と元の変量との (重) 相関係数の 2 乗和を最大化する．

つまり，より元の変量を説明する合成変量になるように $\boldsymbol{w}$ を決める．

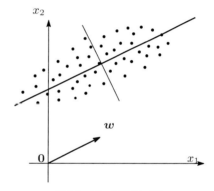

図 5.2 データのばらつき

まず，方式 1 から考えていこう．ここで，集合

$$\{\boldsymbol{x} = (x_1, \ldots, x_p)^\mathrm{T} \in \boldsymbol{R}^p; f = w_1 x_1 + \cdots + w_p x_p \iff \boldsymbol{w}^\mathrm{T} \boldsymbol{x} = f\}$$

は，点 $\boldsymbol{x} = (x_1, \ldots, x_p)^\mathrm{T}$ を法線ベクトル $\boldsymbol{w}$ に正射影した長さが $|f|$ であるベクトル $\boldsymbol{x}$ の集まりである．また，法線ベクトル $\boldsymbol{w}$ と直交する平面 $\{\boldsymbol{x} : \boldsymbol{w}^\mathrm{T} \boldsymbol{x} = 0\}$ を $\boldsymbol{w}^\mathrm{T} \boldsymbol{x}_0 = f$ である点 $\boldsymbol{x}_0$ だけ平行移動した平面上の点ともいえる．つまり，集合では $\{\boldsymbol{x} : \boldsymbol{w}^\mathrm{T}(\boldsymbol{x} - \boldsymbol{x}_0) = 0\}$ と表される．そしてその平面上のベクトルでのばらつきが最大になるように長さが 1 の法線ベクトルをどのように決めたらよいか，つまりどの方向にとればよいかが問題となる．

実際，この方式は次の方式 $1'$，$1''$ と同等であることがわかる．

**方式 $1'$** 各データから直線 $\ell : \boldsymbol{x} = \overline{\boldsymbol{x}} + t\boldsymbol{w}$ に下ろした垂線の長さの 2 乗和を最小にする直線 $(\boldsymbol{w})$ を求める．つまり，情報のロスをできるだけ少なくする直線を求める．なお，この直線は平均ベクトル $\overline{\boldsymbol{x}}$ を通り，向きが $\boldsymbol{w}$ によって決まる．

**方式 $1''$** 合成変量 $f$ を用いてもとの変量を予測するときの残差平方和の総和を最小化する．

この後の説明でわかるが，

- 方式 1, $1'$, $1''$ は分散共分散行列の固有値問題に帰着し，同値である．
- 方式 2 は相関行列の固有値問題に帰着する．

ことに注意しておこう．

以下では，$i$ $(= 1, \ldots, n)$ サンプルのデータを $\boldsymbol{x}_i = (x_{i1}, \ldots, x_{ip})^\mathrm{T}$ と列ベクトルで表記することに注意されたい．

まず，合成変量 $f$ の標本 (算術) 平均は

(5.3) $$m(f) = \overline{f} = \frac{1}{n}\sum_{i=1}^{n} f_i = \frac{1}{n}\sum_{i=1}^{n}\sum_{j=1}^{p} w_j x_{ij} = \sum_{j=1}^{p} w_j \overline{x}_j = \boldsymbol{w}^{\mathrm{T}}\overline{\boldsymbol{x}}$$

この $m(f)$ の絶対値は，$\overline{\boldsymbol{x}}$ (各変量の平均からなるベクトル) の $\boldsymbol{w}$ ($\boldsymbol{w}^{\mathrm{T}}\boldsymbol{w}=1$ のとき) への正射影した長さである．

次に，合成変量 $f$ の不偏分散は

(5.4) $$v(f) = \frac{S(f,f)}{n-1} = \frac{1}{n-1}\sum_{i=1}^{n}(f_i - \overline{f})^2 = \frac{1}{n-1}\sum_{i=1}^{n}\left\{\sum_{j=1}^{p} w_j (x_{ij} - \overline{x}_j)\right\}^2$$
$$= \frac{1}{n-1}\sum_{i=1}^{n}\left\{\boldsymbol{w}^{\mathrm{T}}(\boldsymbol{x}_i - \overline{\boldsymbol{x}})\right\}^2 = \frac{1}{n-1}\sum_{i=1}^{n}\|\boldsymbol{w}^{\mathrm{T}}(\boldsymbol{x}_i - \overline{\boldsymbol{x}})\|^2$$

である．そこで $v(f)$ は $\boldsymbol{w}$ に制約を設けなければいくらでも大きくできるため，$\|\boldsymbol{w}\|=1$ とする．

ここで $\{\boldsymbol{w}^{\mathrm{T}}(\boldsymbol{x}_i - \overline{\boldsymbol{x}})\}^2$ はベクトル $\boldsymbol{w}$ と $\boldsymbol{x}_i - \overline{\boldsymbol{x}}$ の内積の 2 乗で $\|\boldsymbol{w}\|=1$ のとき，ベクトル $\boldsymbol{x}_i - \overline{\boldsymbol{x}}$ をベクトル $\boldsymbol{w}$ へ正射影したときの長さの 2 乗である．

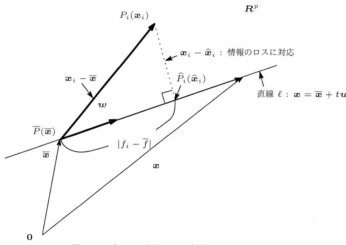

図 5.3 データの直線への正射影

また，図 5.3 のように垂線の足を $\widehat{\boldsymbol{x}}_i$ とすると，

(5.5) $$\widehat{\boldsymbol{x}}_i = \overline{\boldsymbol{x}} + \boldsymbol{w}\boldsymbol{w}^{\mathrm{T}}(\boldsymbol{x}_i - \overline{\boldsymbol{x}})$$

と求まる．

(∵) $\boldsymbol{x}_i - \widehat{\boldsymbol{x}}_i \perp \widehat{\boldsymbol{x}}_i - \overline{\boldsymbol{x}}$ (直交) だから，$\widehat{\boldsymbol{x}}_i = \overline{\boldsymbol{x}} + t\boldsymbol{w}$ とおいて，$t$ を求めると $t = \underbrace{(\boldsymbol{w}^{\mathrm{T}}\boldsymbol{w})}_{=1}^{-1}\boldsymbol{w}^{\mathrm{T}}(\boldsymbol{x}_i - \overline{\boldsymbol{x}}) = \boldsymbol{w}^{\mathrm{T}}(\boldsymbol{x}_i - \overline{\boldsymbol{x}})$ である．これを $\widehat{\boldsymbol{x}}_i = \overline{\boldsymbol{x}} + t\boldsymbol{w}$ に代入して求まる．◁

そこで，$\|\widehat{\boldsymbol{x}}_i - \overline{\boldsymbol{x}}\|^2 = \|\boldsymbol{w}\boldsymbol{w}^{\mathrm{T}}(\boldsymbol{x}_i - \overline{\boldsymbol{x}})\|^2 = \|\boldsymbol{w}^{\mathrm{T}}(\boldsymbol{x}_i - \overline{\boldsymbol{x}})\|^2$ である．そして，データ $\boldsymbol{x}_i$ について，図 5.3 にみてとれるように直角三角形 $P_i\overline{P}\widehat{P}_i$ について，三平方の定理 (ピタゴラスの定理) から

(5.6) $$\|\boldsymbol{x}_i - \overline{\boldsymbol{x}}\|^2 = \|\boldsymbol{x}_i - \widehat{\boldsymbol{x}}_i\|^2 + \|\widehat{\boldsymbol{x}}_i - \overline{\boldsymbol{x}}\|^2$$

が成立する．そこで，$n$ 個の点について平均化すれば

(5.7) $$\frac{1}{n-1}\sum_{i=1}^{n}\|\boldsymbol{x}_i - \overline{\boldsymbol{x}}\|^2 = \frac{1}{n-1}\sum_{i=1}^{n}\|\boldsymbol{x}_i - \widehat{\boldsymbol{x}}_i\|^2 + \underbrace{\frac{1}{n-1}\sum_{i=1}^{n}\|\widehat{\boldsymbol{x}}_i - \overline{\boldsymbol{x}}\|^2}_{=v(f)\ (:f\text{ の分散})}$$
$$= \frac{1}{n-1}\sum_{i=1}^{n}\|\boldsymbol{x}_i - \widehat{\boldsymbol{x}}_i\|^2 + v(f)$$

が成立する．式 (5.7) の左辺は $\boldsymbol{w}$ と無関係で一定だから，右辺の第 2 項を最大化することは，右辺の

第 1 項を最小化することと同等である．第 1 項はデータと直線へ下ろしたデータ (推定量のようなもの) との違いの全体より，情報のロスに相当し (方式 1' に対応)，第 2 項は直線に下したデータ (推定量) のばらつき ($f$ の分散で方式 1 に対応) になっている．

$n$ 個のデータ全体について情報のロスは図 5.4 のような点 $\overline{x}$ を通りベクトル $w$ に平行な直線 $\ell$ と各点との距離の 2 乗和の平均に対応する．分散は直線上へ各点を射影した点のばらつきの平均に対応している．

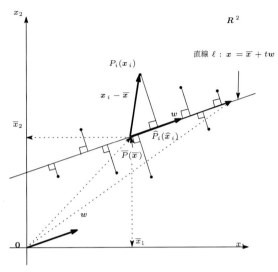

図 5.4 2 次元データのプロット

次に方式 1'' の残差平方和を最小化する方式を考えてみよう．

簡単のため，$p = 2$ の場合に計算してみよう．もとの説明変数 $x_1, x_2$ をそれぞれ $f$ で回帰するモデルは，$x_{i1} = \beta_{01} + \beta_{11} f_i + \varepsilon_{i1}$，$x_{i2} = \beta_{02} + \beta_{12} f_i + \varepsilon_{i2}$ である．そこでもとの変量 $x_1, x_2$ を $f$ で予測するときの残差平方和の総和は

$$(5.8) \quad \sum_{i=1}^n (x_{i1} - \widehat{x}_{i1})^2 + \sum_{i=1}^n (x_{i2} - \widehat{x}_{i2})^2$$
$$= \sum_{i=1}^n (x_{i1} - \widehat{\beta}_{01} - \widehat{\beta}_{11} f_i)^2 + \sum_{i=1}^n (x_{i2} - \widehat{\beta}_{02} - \widehat{\beta}_{12} f_i)^2 = S_{11} - \frac{S_{1f}^2}{S_{ff}} + S_{22} - \frac{S_{2f}^2}{S_{ff}}$$

と変形されるので，残差の最小化は

$$Q = \frac{S_{1f}^2 + S_{2f}^2}{S_{ff}}$$

の最大化と同じになる．ここで $f_i - \overline{f} = w_1(x_{i1} - \overline{x}_1) + w_2(x_{i2} - \overline{x}_2)$ より，

$$(5.9) \quad S_{1f} = S(x_1, f) = \sum_i (x_{i1} - \overline{x}_1)(f_i - \overline{f})$$
$$= \sum \left\{ w_1(x_{i1} - \overline{x}_1)^2 + w_2(x_{i1} - \overline{x}_1)(x_{i2} - \overline{x}_2) \right\} = w_1 S_{11} + w_2 S_{12}$$

同様に，

$$S_{2f} = S(x_2, f) = w_1 S_{12} + w_2 S_{22}, \quad \text{および}$$
$$S_{ff} = S(f, f) = w_1^2 S_{11} + 2 w_1 w_2 S_{12} + w_2^2 S_{22} = \boldsymbol{w}^{\mathrm{T}} S \boldsymbol{w},$$
$$\text{ただし } S = \begin{pmatrix} S_{11} & S_{12} \\ S_{21} & S_{22} \end{pmatrix}$$

が成立する．更に，

$$(5.10) \quad S_{1f}^2 + S_{2f}^2 = w_1^2(S_{11}^2 + S_{12}^2) + 2 w_1 w_2 (S_{11} S_{12} + S_{12} S_{22}) + w_2^2(S_{12}^2 + S_{22}^2)$$

$$= \boldsymbol{w}^{\mathrm{T}} S^2 \boldsymbol{w}$$

だから

$$Q = \frac{\boldsymbol{w}^{\mathrm{T}} S^2 \boldsymbol{w}}{\boldsymbol{w}^{\mathrm{T}} S \boldsymbol{w}}$$

の最大化となる．そして $S$ は非負値対称行列だから固有値は非負でその 1 つを $\lambda$ とすると

$$Q = \frac{\lambda^2 \boldsymbol{w}^{\mathrm{T}} \boldsymbol{w}}{\lambda \boldsymbol{w}^{\mathrm{T}} \boldsymbol{w}} = \lambda$$

が成立し，$S$ つまり $V$ の固有値問題となる．

ここで 2 次元での 2 変量の重み付き和を考えてみよう．

$$\begin{pmatrix} f_1 \\ f_2 \end{pmatrix} = \begin{pmatrix} w_{11} & w_{12} \\ w_{21} & w_{22} \end{pmatrix} \begin{pmatrix} x_1 \\ x_2 \end{pmatrix}$$

によって合成変量を決める．ここで $w_{j1}^2 + w_{j2}^2 = 1 \ (j = 1, 2)$ だから座標軸を $\theta$ だけ回転したときの座標 $(f_1, f_2)^{\mathrm{T}}$ は

$$\begin{pmatrix} f_1 \\ f_2 \end{pmatrix} = \begin{pmatrix} \cos\theta & -\sin\theta \\ \sin\theta & \cos\theta \end{pmatrix} \begin{pmatrix} x_1 \\ x_2 \end{pmatrix}$$

となる．図 5.5 のような関係である．半径 1 の円周上の点は

$$(1, 0)^{\mathrm{T}} \to (\cos\theta, \sin\theta)^{\mathrm{T}}, (0, 1)^{\mathrm{T}} \to (-\sin\theta, \cos\theta)^{\mathrm{T}}$$

と移されるので，$\boldsymbol{x} = (x_1, x_2)^{\mathrm{T}}$ を $\overline{\boldsymbol{x}}$ を中心に $\theta$ だけ回転した点は $W(\boldsymbol{x} - \overline{\boldsymbol{x}})$ と表される．ここに，

$$W = \begin{pmatrix} \boldsymbol{w}^1 \\ \boldsymbol{w}^2 \end{pmatrix} = \begin{pmatrix} w_{11} & w_{12} \\ w_{21} & w_{22} \end{pmatrix}$$

で，$\|\boldsymbol{w}^1\| = \|\boldsymbol{w}^2\| = 1$ である．

$$\boldsymbol{f} = \begin{pmatrix} \boldsymbol{w}^1 \\ \boldsymbol{w}^2 \end{pmatrix} (\boldsymbol{x} - \overline{\boldsymbol{x}}) + W\overline{\boldsymbol{x}} = W(\boldsymbol{x} - \overline{\boldsymbol{x}}) + \overline{\boldsymbol{f}}$$

だから，$\boldsymbol{f} - \overline{\boldsymbol{f}} = W(\boldsymbol{x} - \overline{\boldsymbol{x}})$ と $\boldsymbol{x} - \overline{\boldsymbol{x}}$ を原点の周りにどれだけ回転すれば合成変量 $\boldsymbol{f}$ のばらつきを最大にできるかとなる．

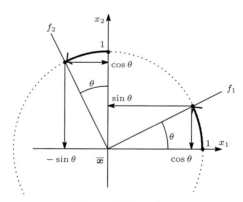

図 **5.5** 座標軸の回転

直交座標軸を $(x_1, x_2)^{\mathrm{T}}$ から $(f_1, f_2)^{\mathrm{T}}$ に回転したとき，$n$ 個の点の重心からの距離の 2 乗の和は以下のように一定である．

$$(5.11) \quad \sum_{i=1}^{n} d(\boldsymbol{x}_i, \overline{\boldsymbol{x}})^2 = \sum_{i=1}^{n} (x_{i1} - \overline{x}_1)^2 + \sum_{i=1}^{n} (x_{i2} - \overline{x}_2)^2 = \sum_{i=1}^{n} (f_{i1} - \overline{f}_1)^2 + \sum_{i=1}^{n} (f_{i2} - \overline{f}_2)^2$$

$$= \sum_{i=1}^{n} \left\{ w_{11}(x_{i1} - \overline{x}_1) + w_{12}(x_{i2} - \overline{x}_2) \right\}^2$$

$$+ \sum_{i=1}^{n} \left\{ w_{21}(x_{i1} - \overline{x}_1) + w_{22}(x_{i2} - \overline{x}_2) \right\}^2$$

なお直交行列の性質から，
$$w_{11} = \cos\theta,\ w_{12} = -\sin\theta,\ w_{21} = \sin\theta,\ w_{22} = \cos\theta$$
とできる．

<u>回帰分析と主成分分析の相違</u>

2 次元においては，主成分分析は，データと直線への垂線の距離の 2 乗和の最小化する直線を求めることであり (図 5.6 の左側)，回帰分析はデータから直線へ $x_2$ 軸に平行に下ろした直線同士の交点とデータとの距離の 2 乗和の最小化する直線を求めることである (図 5.6 の右側)．

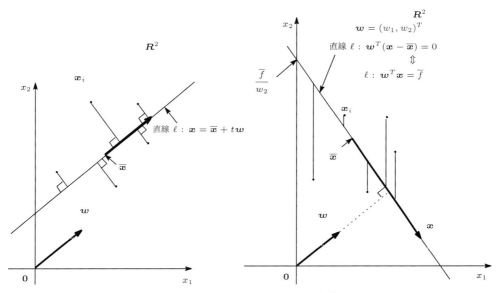

図 5.6　主成分分析と回帰分析の違いの概念図

## 5.3　主成分の導出と実際計算

### 5.3.1　方　　式　　1

まず 2 次元 ($p=2$) の場合に重み $\boldsymbol{w}$ を求めてみよう．

合成変量 $f = w_1 x_1 + w_2 x_2$ の (標本) 平均は

$$m(f) = \overline{f} = w_1 \overline{x}_1 + w_2 \overline{x}_2 \tag{5.12}$$

であり，$f$ の分散 $v(f)$ は

$$
\begin{aligned}
v(f) = V_f = V_{ff} = V(f,f) &= \frac{1}{n-1} \sum_{i=1}^{n} (f_i - \overline{f})^2 \\
&= \frac{1}{n-1} \sum_{i=1}^{n} \left\{ w_1(x_{i1} - \overline{x}_1) + w_2(x_{i2} - \overline{x}_2) \right\}^2 \\
&= \frac{1}{n-1} \left\{ w_1^2 \sum_{i=1}^{n} (x_{i1} - \overline{x}_1)^2 + 2w_1 w_2 \sum_{i=1}^{n} (x_{i1} - \overline{x}_1)(x_{i2} - \overline{x}_2) + w_2^2 \sum_{i=1}^{n} (x_{i2} - \overline{x}_2)^2 \right\} \\
&= w_1^2 V_{11} + 2 w_1 w_2 V_{12} + w_2^2 V_{22} \\
&= (w_1, w_2) \begin{pmatrix} V_{11} & V_{12} \\ V_{12} & V_{22} \end{pmatrix} \begin{pmatrix} w_1 \\ w_2 \end{pmatrix} = \boldsymbol{w}^\mathrm{T} V \boldsymbol{w}
\end{aligned}
\tag{5.13}
$$

である．そこで，制約条件 $w_1^2 + w_2^2 = 1$ のもとで分散 $v(f)$ を最大化する $(w_1, w_2)$ を求める．そのため $\lambda$ を未定係数とするラグランジュの未定係数法より

$$Q(w_1, w_2, \lambda) = v(f) - \lambda(w_1^2 + w_2^2 - 1) \tag{5.14}$$

とおき，

$$\frac{\partial Q}{\partial w_1} = 0, \quad \frac{\partial Q}{\partial w_2} = 0, \quad \frac{\partial Q}{\partial \lambda} = 0$$

を満足する解 $w_1, w_2$ の中からみつける．実際には，以下の式を解くことになる．

(5.15) $$\begin{cases} \dfrac{\partial Q}{\partial w_1} = 2(V_{11} - \lambda)w_1 + 2V_{12}w_2 = 0 \\ \dfrac{\partial Q}{\partial w_2} = 2V_{12}w_1 + 2(V_{22} - \lambda)w_2 = 0 \end{cases}$$

これが自明な解 $(w_1 = w_2 = 0)$ 以外の解をもつための必要十分条件は

(5.16) $$\begin{vmatrix} V_{11} - \lambda & V_{12} \\ V_{12} & V_{22} - \lambda \end{vmatrix} = 0 = \lambda^2 - (V_{11} + V_{22})\lambda + V_{11}V_{22} - V_{12}^2$$

である．これは 2 つの正の実数解をもつ．何故なら判別式

(5.17) $$D = (V_{11} + V_{22})^2 - 4(V_{11}V_{22} - V_{12}^2) = (V_{11} - V_{22})^2 + 4V_{12}^2 \geqq 0$$

より 2 実根であり，根と係数の関係から 2 根の和，積ともに正だからである．また 2 根を $\lambda_1, \lambda_2$ とし対応する固有ベクトルを $\boldsymbol{w}_1, \boldsymbol{w}_2$ とするとき，$f_1 = \boldsymbol{w}_1^\mathrm{T}\boldsymbol{x}$ を**第 1 主成分**，$f_2 = \boldsymbol{w}_2^\mathrm{T}\boldsymbol{x}$ を**第 2 主成分**という．また

(5.18) $$v(f_1) = \boldsymbol{w}_1^\mathrm{T} V \boldsymbol{w}_1 = \lambda_1 \underbrace{\boldsymbol{w}_1^\mathrm{T} \boldsymbol{w}_1}_{=1} = \lambda_1$$

と分散は固有値に等しい．更に

(5.19) $$V(f_1, f_2) = \frac{\sum_{i=1}^n \{w_{11}(x_{i1} - \overline{x}_1) + w_{12}(x_{i2} - \overline{x}_2)\}\{w_{21}(x_{i1} - \overline{x}_1) + w_{22}(x_{i2} - \overline{x}_2)\}}{n-1}$$
$$= s(f_1, f_2) = \lambda_1(w_{11}w_{21} + w_{12}w_{22})$$

となり第 1 主成分と無相関に求めると結局第 2 主成分を求めることになる．

次に<u>一般の $p$ 変数の場合</u>について考えよう．

$f$ の平均 $m(f)$ は

(5.20) $$m(f) = \overline{f} = \boldsymbol{w}^\mathrm{T} \overline{\boldsymbol{x}}$$

で，$f$ の分散 $v(f)$ は

(5.21) $$v(f) = \frac{1}{n-1} \sum_{j,k=1}^p w_j S_{jk} w_k \quad (= \boldsymbol{w}^\mathrm{T} V_x \boldsymbol{w})$$

である．そして式 (5.14) を制約条件 $w_1^2 + \cdots + w_p^2 = 1 \; (= \boldsymbol{w}^\mathrm{T}\boldsymbol{w})$ のもとで最大化する $\boldsymbol{w}$ を求めるので，ラグランジュ (Lagrange) の未定係数法 (微積分の入門書を参照) により

(5.22) $$Q = \sum_{j,k=1}^p \frac{S_{jk}}{n-1} w_j w_k - \lambda\left(\sum_{j=1}^p w_j^2 - 1\right) = \boldsymbol{w}^\mathrm{T} V \boldsymbol{w} - \lambda\left(\boldsymbol{w}^\mathrm{T}\boldsymbol{w} - 1\right)$$

とおき，$w_j \; (j = 1, \ldots, p), \lambda$ で偏微分して 0 とおくことにより

(5.23) $$\begin{cases} \dfrac{\partial Q}{\partial w_j} = 2\sum_{k=1}^p V_{jk} w_k - 2\lambda w_j = 0 \\ \dfrac{\partial Q}{\partial \lambda} = \sum_{j=1}^p w_j^2 - 1 = 0 \end{cases} \iff \begin{cases} \dfrac{\partial Q}{\partial \boldsymbol{w}} = 2(V\boldsymbol{w} - \lambda \boldsymbol{w}) = \boldsymbol{0} \\ \dfrac{\partial Q}{\partial \lambda} = \boldsymbol{w}^\mathrm{T}\boldsymbol{w} - 1 = 0 \end{cases}$$

が導かれる．そこで，上式を $w_j$ について整理すると

(5.24) $$\begin{cases} (V_{11} - \lambda)w_1 + V_{12}w_2 + \cdots + V_{1p}w_p = 0 \\ V_{21}w_1 + (V_{22} - \lambda)w_2 + \cdots + V_{1p}w_p = 0 \\ \quad\quad\quad\quad \cdots \\ V_{p1}w_1 + V_{p2}w_2 + \cdots + (V_{pp} - \lambda)w_p = 0 \end{cases} \iff V\boldsymbol{w} = \lambda \boldsymbol{w}$$

が得られる．これは

(5.25) $$(V - \lambda I)\boldsymbol{w} = \boldsymbol{0}$$

を満たす零ベクトルでない $\boldsymbol{w}$ を求めることになり，行列 $V$ の**固有値問題** (eigenvalue problem) と呼ば

れる．$\boldsymbol{w} \neq \boldsymbol{0}$ のとき，$\boldsymbol{w}$ を $V$ の**固有ベクトル** (eigenvector)，$\lambda$ を $\boldsymbol{w}$ に対する $V$ の**固有値** (eigenvalue) という．これが $\boldsymbol{w} = \boldsymbol{0}$ 以外の解を持つための必要十分条件は

$$\text{(5.26)} \qquad | V - \lambda I_p | = 0 \quad (\text{行列式} = 0)$$

である．成分でかけば以下である．

$$\text{(5.27)} \qquad \begin{vmatrix} V_{11} - \lambda & V_{12} & \cdots & V_{1p} \\ V_{12} & V_{22} - \lambda & \cdots & V_{2p} \\ \vdots & \vdots & \ddots & \vdots \\ V_{p1} & V_{p2} & \cdots & V_{pp} - \lambda \end{vmatrix} = 0$$

式 (5.27) は $\lambda$ の $p$ 次の代数方程式で，固有値問題の**特性 (固有) 方程式** (characteristic equation) と呼ばれる．行列 $V$ の固有値はその方程式の解 $\lambda_1, \ldots, \lambda_p$ として得られる．

> $V$：対称かつ非負値行列 $\implies$ $V$ の固有値はすべて非負の実数

($\because$) $V\boldsymbol{w} = \lambda \boldsymbol{w}$ より両辺の左から $\boldsymbol{w}^\mathrm{T}$ をかけて $\boldsymbol{w}^\mathrm{T} V \boldsymbol{w} = \lambda \boldsymbol{w}^\mathrm{T} \boldsymbol{w} = \lambda$ であり，$V$ が非負値より $\lambda \geqq 0$ である．□

そこで，それらの固有値を $\lambda_1 \geqq \lambda_2 \geqq \cdots \geqq \lambda_p \geqq 0$ とする．また，

$$\text{(5.28)} \qquad v(f) = \boldsymbol{w}^\mathrm{T} V \boldsymbol{w} = \lambda$$

より，$v(f)$ の最大化に関連して

> 合成変量 $f$ の**分散** $v(f)$ は，もとの変量の**分散行列** $V_x$ の固有値に等しい．

次に，各 $\lambda_j$ に対応する固有ベクトルを $\boldsymbol{w}_j = (w_{j1}, w_{j2}, \ldots, w_{jp})^\mathrm{T}$ とするとき，

$$\text{(5.29)} \qquad f_j = w_{j1} x_1 + w_{j2} x_2 + \cdots + w_{jp} x_p \quad (j = 1, \ldots, p)$$

とし，$f_1, f_2, \ldots, f_p$ を順次，**第 1 主成分** (1st principal component)，**第 2 主成分** (2nd principal component)，…，**第 $p$ 主成分** ($p$-th principal component) という．

**注 5.1** 前述と同じ記法で，$f_j$ により第 $j$ 主成分を表すが，第 $i$ サンプルの主成分 $f$ の値と混同しないようにしていただきたい． ◁

そして，主成分は以下のように逐次求める．

**手順 1** 第 1 主成分 $f_1$ の分散を最大化する．
**手順 2** 第 $j$ 主成分 $f_j$ は，$f_1, \ldots, f_{j-1}$ と無相関のもとでその分散が最大となるようにする ($j = 1, \ldots, p$)．
上記の手順を繰り返して各主成分を求める．

また，次のことが成立する．

> 固有値の和はもとの変量 $x_1, \ldots, x_p$ の分散の和に等しい．

($\because$) 特性方程式が

$$(-1)^p \lambda^p - (-1)^{p-1} \lambda^{p-1} (V_{11} + V_{22} + \cdots + V_{pp}) + (\lambda \text{の} p-2 \text{次以下の項})$$
$$= 0 = (\lambda - \lambda_1)(\lambda - \lambda_2) \cdots (\lambda - \lambda_p)$$

より，$\lambda^{p-1}$ の係数を比較して $\lambda_1 + \cdots + \lambda_p = V_{11} + \cdots + V_{pp} = tr(V)$ ここに，行列 $V$ の対角成分の和 (trace) を $tr(V)$ で表す．

> 異なる主成分は互いに無相関である．

($\because$) $j \neq k$ に対し，

$$V(f_j, f_k) = V(f_j, f_k) = \frac{S(f_j, f_k)}{n-1} = \frac{1}{n-1}\sum_{i=1}^{n}(f_{ij} - \overline{f}_j)(f_{ik} - \overline{f}_k)$$

$$= \frac{1}{n-1}\sum_{i=1}^{n}\Big[\big\{w_{j1}(x_{i1}-\overline{x}_1) + \cdots + w_{jp}(x_{ip}-\overline{x}_p)\big\}$$

$$\times \big\{w_{k1}(x_{i1}-\overline{x}_1) + \cdots + w_{kp}(x_{ip}-x_p)\big\}\Big]$$

$$= \boldsymbol{w}_j^{\mathrm{T}} V \boldsymbol{w}_k = \lambda_k \underbrace{\boldsymbol{w}_j^{\mathrm{T}} \boldsymbol{w}_k}_{=0} = 0$$

ここで，$\dfrac{\lambda_j}{tr(V)}$ を第 $j$ 成分の**寄与率** (contribution rate) といい，第 $j$ 主成分までの寄与率の総和である

$$\frac{\lambda_1 + \cdots + \lambda_j}{tr(V)}$$

を第 $j$ 主成分までの**累積寄与率** (accumulated proportion) という．また，各 $j$ 番の固有ベクトルを用い，個体 $i$ の主成分の値

(5.30) $\qquad f_{ij} = w_{j1}(x_{i1}-\overline{x}_1) + \cdots + w_{jp}(x_{ip}-\overline{x}_p) = \sum_{k=1}^{p} w_{jk}\big(x_{ik}-\overline{x}_k\big)$

(これは，平均ベクトル $\overline{\boldsymbol{x}} = (\overline{x}_1, \ldots, \overline{x}_p)^{\mathrm{T}}$ と各サンプル $\boldsymbol{x}_i$ を結ぶベクトルを重みベクトル $\boldsymbol{w}$ への正射影した長さが $f_{ij}$ となることを示している) を第 $i$ サンプルの第 $j$ 主成分の**主成分得点** (principal component score) と呼ぶ．また $i$ 番目の点 $P_i$ から重心までの距離の 2 乗は

$$(x_{i1}-\overline{x}_1)^2 + \cdots + (x_{ip}-\overline{x}_p)^2 = (f_{i1}-\overline{f}_1)^2 + \cdots + (f_{ip}-\overline{f}_p)^2 \;\; \rightarrow \;\; V_{11} + \cdots + V_{pp} = \lambda_1 + \cdots + \lambda_p$$

である．

主成分 $f_j$ ともとの変数 $x_k$ との相関係数を**主成分負荷量**または**因子負荷量** (factor loading) といい，$r(f_j, x_k)$ で表すと以下のように表せる．

──── 公式 ────

(5.31) $\quad r(f_j, x_k) = \dfrac{V(f_j, x_k)}{\sqrt{V(f_j, f_j)V(x_k, x_k)}} = \dfrac{\sum_{\ell=1}^{p} w_{j\ell} V_{\ell k}}{\sqrt{\lambda_j V_{kk}}} = \dfrac{\lambda_j w_{jk}}{\sqrt{\lambda_j V_{kk}}} = \sqrt{\dfrac{\lambda_j}{V_{kk}}} w_{jk}$

つまり

$$(\text{分散行列の場合}) \qquad \text{主成分負荷量} = \frac{\sqrt{\text{固有値}} \times \text{固有ベクトル}}{\sqrt{\text{説明変数の分散}}},$$

$$(\text{相関行列の場合}) \qquad \text{主成分負荷量} = \sqrt{\text{固有値}} \times \text{固有ベクトル}$$

である．

### 5.3.2 方　式　2

合成変量 $f$ ともとの変量 $x_j$ との相関係数の 2 乗のすべての変量についての和を大きくするように重みを決めれば，合成変量がよりもとの変量を説明したことになると考えられる．そこで

(5.32) $\qquad Q = \sum_{j=1}^{p} \big\{r(f, x_j)\big\}^2 \;\; \nearrow \;\; (\text{最大化})$

を最大化するように $\boldsymbol{w}$ を決めよう．相関係数は各変量から定数を引いても，スカラー倍しても変わらないから，もとの変量 $x_j$ を以下のように平均を引き標準偏差で割って標準化した量 $z_j$ を用いる．

(5.33) $\qquad z_{ij} = \dfrac{x_{ij} - \overline{x}_j}{s_j} = \dfrac{x_{ij} - \overline{x}_j}{\sqrt{s_{jj}}}$

<u>各変量を測る尺度が異なる場合</u>，例えば体重 (kg)，身長 (cm)，体脂肪率 (%) などを同時に扱う場合に

は各変量を規準化しておくことが必要になる．このような場合は相関行列に関して主成分分析を行う．そこで，標準化した量の合成変量 $w_1 z_1 + \cdots + w_p z_p$ と変量 $z_j$ との相関係数の 2 乗和の最大化を考える．それは，

$$(5.34) \quad Q = \sum_{j=1}^{p} \left\{ r(w_1 z_1 + \cdots + w_p z_p, z_j) \right\}^2$$

$$= \frac{\sum_{j=1}^{p} \left( \sum_{k=1}^{p} r_{jk} w_k \right)^2}{\sum_{j=1}^{p} \sum_{k=1}^{p} r_{jk} w_j w_k} = \frac{\boldsymbol{w}^{\mathrm{T}} R^{\mathrm{T}} R \boldsymbol{w}}{\boldsymbol{w}^{\mathrm{T}} R \boldsymbol{w}} = \frac{\boldsymbol{w}^{\mathrm{T}} R^2 \boldsymbol{w}}{\boldsymbol{w}^{\mathrm{T}} R \boldsymbol{w}}$$

であり，分母は合成変量 $f$ の分散である．そこで，制約条件

$$(5.35) \quad \sum_{j=1}^{p} \sum_{k=1}^{p} r_{jk} w_j w_k = \boldsymbol{w}^{\mathrm{T}} R \boldsymbol{w} \text{ を一定} (= 1)$$

のもとで分子を最大化する．したがってラグランジュ (Lagrange) の未定係数法で $\lambda$ を未定係数として

$$(5.36) \quad Q(w_1, \ldots, w_p, \lambda) = \sum_{j=1}^{p} \left( \sum_{k=1}^{p} r_{jk} w_k \right)^2 - \lambda \left( \sum_{j=1}^{p} \sum_{k=1}^{p} r_{jk} w_j w_k - 1 \right)$$

$$= \boldsymbol{w}^{\mathrm{T}} R^2 \boldsymbol{w} - \lambda \left( \boldsymbol{w}^{\mathrm{T}} R \boldsymbol{w} - 1 \right)$$

とおき，$w_\ell$, $\lambda$ で偏微分して

$$(5.37) \quad \begin{cases} \dfrac{\partial Q}{\partial w_\ell} = 2 \sum_{j=1}^{p} \sum_{k=1}^{p} r_{\ell j} r_{jk} w_k - 2\lambda \sum_{j=1}^{p} r_{\ell j} w_j = 0 \quad (\ell = 1, \ldots, p) \\ \dfrac{\partial Q}{\partial \lambda} = \sum_{j=1}^{p} \sum_{k=1}^{p} r_{jk} w_j w_k - 1 = 0 \end{cases}$$

$\Longleftrightarrow$

$$(5.38) \quad \begin{cases} \dfrac{\partial Q}{\partial \boldsymbol{w}} = 2(R^2 \boldsymbol{w} - \lambda R \boldsymbol{w}) = \boldsymbol{0} \\ \dfrac{\partial Q}{\partial \lambda} = \boldsymbol{w}^{\mathrm{T}} R \boldsymbol{w} - 1 = 0 \end{cases}$$

が得られ，式 (5.38) の上側の式を変形して両辺に $\boldsymbol{w}^{\mathrm{T}}$ をかけると

$$(5.39) \quad \boldsymbol{w}^{\mathrm{T}} R^2 \boldsymbol{w} = \lambda \boldsymbol{w}^{\mathrm{T}} R \boldsymbol{w} = \lambda$$

が導かれる．つまり

$$(5.40) \quad \lambda = \frac{\boldsymbol{w}^{\mathrm{T}} R^2 \boldsymbol{w}}{\boldsymbol{w}^{\mathrm{T}} R \boldsymbol{w}} = Q$$

となり，最大化する量と $R$ の固有値が一致する．そこで $Q$ を最大にするには $R$ の最大固有値 $\lambda_1$ とそれに対応する固有ベクトル $\boldsymbol{w}$ を重みとした合成変量 $f = \boldsymbol{w}^{\mathrm{T}} \boldsymbol{z}$ を構成すればよい．第 1 主成分だけで情報が不十分な場合には，更に第 2 主成分を第 1 主成分と無相関のもと $Q$ を最大化する．更には第 3 主成分を第 1 主成分，第 2 主成分と無相関のもと $Q$ を最大化して第 3 主成分を求める．以下同様にする．結局，固有値の大きい順に 2 番目，3 番目ととればよい．方式 1 は分散行列に関するものなので，相関行列の場合と値が異なることに注意しよう．

> 分散行列の固有値問題：方式 1 $\Longleftrightarrow$ 方式 1$'$, 1$''$
> 相関行列の固有値問題：方式 2

### 補 5.1

<u>$\boldsymbol{x}$ が正規分布に従うことを仮定するとき</u>
固有値・固有ベクトルの分布 $(\boldsymbol{x}^i)^{\mathrm{T}} = (x_{i1}, \ldots, x_{ip})^{\mathrm{T}}$ が平均ベクトル $\boldsymbol{\mu}$, 分散行列 $\Sigma$ の $p$ 変量正規分布に従うとき，これを $(\boldsymbol{x}^i)^{\mathrm{T}} \sim N_p(\boldsymbol{\mu}, \Sigma)$ と表す．なお，$p$ 変量正規分布の密度関数は

$$f(x_1, \ldots, x_p) = (2\pi)^{-p/2} |\Sigma|^{-1/2} \exp\left\{ -\frac{1}{2} \sum_{i=1}^{p} \sum_{j=1}^{p} (x_i - \mu_i) \sigma^{ij} (x_j - \mu_j) \right\}$$

である．ベクトル表現をすると

$$f(\boldsymbol{x}) = (2\pi)^{-p/2} |\Sigma|^{-1/2} \exp\left(-\frac{1}{2}\boldsymbol{x}^{\mathrm{T}}\Sigma^{-1}\boldsymbol{x}\right)$$

である.

$\lambda_k$, $\boldsymbol{w}_k$ を $\Sigma$ の固有値, 固有ベクトルとし, $\Sigma$ の推定量である $S/(n-1)$ の固有値, 固有ベクトルをそれぞれ, $\widehat{\lambda}_k$, $\widehat{\boldsymbol{w}}_k$ とする. このとき $n$ が十分大のとき, 漸近的に (近似の意味で) 以下のことが成り立つ.

<u>固有値に関して</u>

① $\Sigma$ の固有値がすべて単根であるとき, $\widehat{\lambda}_k$ は, $\widehat{\boldsymbol{w}}_k$ の各要素 $\{\widehat{w}_{ik}\}$ $(i=1,\ldots,p)$ と独立に分布する.

② $\sqrt{n-1}(\widehat{\lambda}_k - \lambda_k)$ は $N(0, 2\lambda_k^2)$ に従い, $\sqrt{n-1}(\widehat{\lambda}_j - \lambda_j)$ と独立に分布する. これから $n$ が十分大のとき, $\lambda_k$ の信頼区間が構成できる.

<u>固有ベクトルに関して</u>

③ $\sqrt{n-1}(\widehat{\boldsymbol{w}}_k - \boldsymbol{w}_k)$ は $p$ 変量正規分布 $N_p\left(\boldsymbol{0}, \lambda_k \sum_{j=1, j\neq k}^{p} \frac{\lambda_j}{(\lambda_j - \lambda_k)^2} \boldsymbol{w}_j \boldsymbol{w}_j^{\mathrm{T}}\right)$ に従う.

④ 漸近共分散 (asymptotic covariance) が次のようになる.

$$ACov[\boldsymbol{w}_j, \boldsymbol{w}_k] = -\frac{\lambda_j \lambda_k}{(n-1)(\lambda_j - \lambda_k)^2} \quad (j \neq k)$$

⑤ 帰無仮説 $H_0: \lambda_{q+1} = \cdots = \lambda_{q+r}$ $(q+r \leq p)$ の検定には

$$\chi_0^2 = -n\sum_{j=q+1}^{q+r} \ln\widehat{\lambda}_j + nr \ln \frac{\sum_{j=q+1}^{q+r} \widehat{\lambda}_j}{r} \to \chi_\phi^2 \quad \left(\phi = \frac{(r-1)(r+2)}{2} - 1\right)$$

⑥ 帰無仮説 $H_0: \boldsymbol{w}_k = \boldsymbol{w}_k^\circ$ の検定 (重みに関する検定) は

$$\chi_0^2 = n\left(\widehat{\lambda}_k \boldsymbol{w}_k^{\circ\mathrm{T}} V^{-1} \boldsymbol{w}_k^\circ + \frac{1}{\widehat{\lambda}_k} \boldsymbol{w}_k^{\circ\mathrm{T}} V \boldsymbol{w}_k^\circ - 2\right)$$

が $H_0$ のもとで, 漸近的に自由度 $p-1$ の $\chi^2$ 分布に従う. ◁

**取り上げる主成分の個数**

以下のような基準がある.

① 累積寄与率が一定の割合以上, 例えば 80% 以上である.

② 各主成分の寄与率がもとの変量の 1 個分以上である. この基準を**カイザー基準**という.

つまり, $\lambda \geq \frac{\sum_{j=1}^{p} S_{jj}}{p}$ (相関行列を用いた主成分分析の場合)

③ 横軸に主成分番号, 縦軸に固有値をとる折れ線 (**スクリープロット**という) を描いて, 大きく減少する前の主成分までをとる.

④ 固有値に関して検定する ($\boldsymbol{x}$ が正規分布に従うことを仮定する).

帰無仮説 $H_0: \lambda_{m+1} = \cdots = \lambda_p = 0$ に関して検定を行う. 今 $\widehat{\lambda}_j$ を $\frac{S}{n-1}$ の第 $j$ 番目に大きい固有値とするとき, 検定統計量について

$$\chi_0^2 = -n\sum_{j=m+1}^{p} \ln\widehat{\lambda}_j + n(p-m) \ln \frac{\sum_{j=m+1}^{p} \widehat{\lambda}_j}{p-m} \to \chi_\phi^2$$

(仮説 $H_0$ のもと漸近的に自由度 $\phi = (p-m-1)(p-m+2)$ の $\chi^2$ 分布に従う) なので

---
**検定方式**

有意水準 $\alpha$ のとき, $\chi_0^2 \geq \chi^2(\phi, \alpha) \implies H_0$ を棄却

---

**補 5.2** 主成分分析は多くの変量を総合して少数個の主成分で表そうとするので統合化の考えに基づいている. 逆にそれらの変量がそれらの主成分で説明されるモデル

$$x_j = a_{j1}f_1 + \cdots + a_{jm}f_m + \varepsilon_j$$

を考えれば, これは因子分析の多くの変動を少数個の共通因子で説明しようという考えに通じる. ◁

扱う変数がいずれも同じ単位 (尺度) である場合には, 分散行列に基づいて主成分分析を行うが, 単位が異なる場合には相関行列に基づいて解析を行う. そこで以下では, 分散行列と相関行列で分けた例で分析してみよう.

### 5.3.3 分散行列による主成分分析の例

---
**例題 5.1 分散行列を用いた主成分分析**

メーカー 8 社のテレビについて，画質，操作性についてテストした結果，以下の表 5.1 のデータが得られた．ただし，評点として良いが 3 点，普通が 2 点，劣っているが 1 点の 3 点評価を行い，幾つかの項目の平均をとったものである．このとき主成分分析により総合特性を求めよ．

---

[予備解析]

**手順 1** データの読み込み：【データ】▶【データのインポート】▶【テキストファイルまたはクリップボード，URL から...】を選択し，ダイアログボックスで，フィールドの区切り記号としてカンマにチェックをいれて，OK を左クリックする．そしてフォルダからファイル (rei51.csv) を指定後，開く (O) をクリックする．さらに データセットを表示 をクリックすると，データが表示される．

**手順 2** 基本統計量の計算：【統計量】▶【要約】▶【アクティブデータセット】を選択すると，以下の出力結果が表示される．これから，画質と操作性はいずれも数値変数で，変数ごとの最小値，最大値，平均値などの概要がつかめる．

表 5.1 テレビのテスト評価

| メーカー \ 項目 | 画質 | 操作性 |
|---|---|---|
| 1 | 2.56 | 1.71 |
| 2 | 1.89 | 2.14 |
| 3 | 2.33 | 2.29 |
| 4 | 2.22 | 1.86 |
| 5 | 2.22 | 1.71 |
| 6 | 2.56 | 1.65 |
| 7 | 1.56 | 2.00 |
| 8 | 1.44 | 2.00 |

```
> summary(rei51)
     画質            操作性
 Min.   :1.440   Min.   :1.650
 1st Qu.:1.808   1st Qu.:1.710
 Median :2.220   Median :1.930
 Mean   :2.098   Mean   :1.920
 3rd Qu.:2.388   3rd Qu.:2.035
 Max.   :2.560   Max.   :2.290
```

また，【統計量】▶【要約】▶【数値による要約...】を選択し，統計量として全てにチェックをいれて変数として画質と操作性を選択し，OK をクリックする．すると以下の出力結果が得られる．画質が少し，左に裾を引いていて，逆に操作性は少し右に裾を引いている．

```
> numSummary(rei51[,c("画質", "操作性")], statistics=c("mean",
+   "sd", "IQR", "quantiles", "cv", "skewness", "kurtosis"),
+   quantiles=c(0,.25,.5,.75,1), type="2")
          mean        sd    IQR        cv   skewness   kurtosis
画質    2.0975 0.4269744  0.580 0.2035635 -0.5734677  -1.113111
操作性  1.9200 0.2276589  0.325 0.1185723  0.3858846  -1.022011
          0%    25%   50%    75%  100% n
画質    1.44 1.8075  2.22 2.3875  2.56 8
操作性  1.65 1.7100  1.93 2.0350  2.29 8
```

また，【統計量】▶【要約】▶【相関行列...】を選択し，変数として画質と操作性を選択し，OK を左クリックする．すると以下の出力結果が得られる．画質と操作性には負の相関があることがわかる．

```
> cor(rei51[,c("画質","操作性")], use="complete")
              画質      操作性
画質     1.0000000  -0.4560341
操作性  -0.4560341   1.0000000
```

**手順 3** グラフ化：【グラフ】▶【散布図...】選択し，$x$ 変数として画質，$y$ 変数として操作性を指定する．オプションで周辺箱ひげ図のみにチェックをいれ，$x$ 軸のラベルに画質，$y$ 軸のラベルに操作性，Graph title に画質と操作性の散布図を直接入力後，左下の Interactively with mouse にチェックをいれて，OK を左クリックする．すると点を特定する注意が現れる．各点をマウスをクリックしてサンプル番号を表示し終了する．

図 5.7 主成分分析の指定

図 5.8 変数の指定

図 5.9 オプションの設定

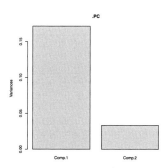

図 5.10 スクリープロット

[主成分分析]

**手順 1** 主成分を求める：【統計量】▶【次元解析】▶【主成分分析...】を選択し (図 5.7)，変数として画質と操作性を指定する (図 5.8)．オプションで，スクリープロット，データセットに主成分得点を保存にチェックをいれ，OK を左クリックする (図 5.9)．すると図 5.10 および以下の出力結果が表示される．次に主成分数として 2 を指定して，OK をクリックする．

```
> .PC <- princomp(~画質+操作性, cor=FALSE, data=rei51)
> unclass(loadings(.PC))  # component loadings
          Comp.1     Comp.2
画質    -0.9558053 -0.2940002
操作性   0.2940002 -0.9558053
> .PC$sd^2  # component variances
    Comp.1     Comp.2
0.17144956 0.03341919
> summary(.PC) # proportions of variance
Importance of components:
                          Comp.1    Comp.2    #主成分1  主成分2
Standard deviation     0.4140647 0.1828092
Proportion of Variance 0.8368751 0.1631249    #寄与率
Cumulative Proportion  0.8368751 1.0000000    #累積寄与率
> screeplot(.PC)
> rei51$PC1 <- .PC$scores[,1]
> rei51$PC2 <- .PC$scores[,2]
> remove(.PC)
```

**手順 2** 主成分負荷量を求め，主成分の解釈をする：【統計量】▶【要約】▶【相関行列...】を選択し，変数として PC1，PC2，画質，操作性を指定して，OK を左クリックする．すると以下に元の変数との相関係数を含む相関行列が計算される．

```
> cor(rei51[,c("PC1","PC2","画質","操作性")], use="complete")  #主成分負荷量
                PC1           PC2         画質       操作性
PC1      1.000000e+00 -5.643170e-17 -0.9909044  0.5716461
PC2     -5.643170e-17  1.000000e+00 -0.1345674 -0.8205003
画質    -9.909044e-01 -1.345674e-01  1.0000000 -0.4560341
操作性   5.716461e-01 -8.205003e-01 -0.4560341  1.0000000
```

PC1 (主成分 1) は画質と負の相関が大きく，また操作性ともやや正の相関が高い．PC2 (主成分 2) は画質と相関が低く，操作性と負の相関が高い．このことから，PC1 は総合特性を表し，PC2 は操作性を表す特性と考えられる．

**手順 3** 主成分得点をグラフ表示：PC1 と PC2 を散布図に表し，サンプルの位置付けをみる．【グラフ】▶【散布図...】を選択し，$x$ 変数として PC1，$y$ 変数として PC2 を指定する．オプションで周辺箱ひげ図のみにチェックをいれ，$x$ 軸のラベルに PC1，$y$ 軸のラベルに PC2，Graph title に主成分得点の散布図を直接入力後，左下の Interactively with mouse にチェックをいれて，OK をクリックする．点を特定する注意が現れるので OK をクリックすると，図 5.11 の散布図が得られる．

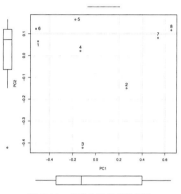

図 **5.11** 主成分得点の散布図

```
> scatterplot(PC2~PC1, reg.line=FALSE, smooth=FALSE, spread=FALSE,
+   id.method='identify', boxplots='xy', span=0.5, xlab="PC1", ylab="PC2",
+   main="主成分得点の散布図", data=rei51)
[1] "1" "2" "3" "4" "5" "6" "7" "8"
```

**手順 4** (主成分得点による) サンプルの解釈をする：第 1 主成分の画質に重点をおいた評価では No.1，6 が良く，第 2 主成分での操作性では No.3 が良い．しかし第 1 主成分での寄与率が 83.7%と高く第 1 主成分での評価で順序付ければ良いだろう．

**演習 5.1** 表 5.2 の 2 科目 (物理，数学) の成績に関して総合得点を主成分分析により考察せよ．　◁

表 **5.2** 数学・物理成績表

| 番号　科目 | 1 | 2 | 3 | 4 | 5 | 6 | 7 |
|---|---|---|---|---|---|---|---|
| 数学 | 43 | 58 | 62 | 85 | 34 | 65 | 82 |
| 物理 | 36 | 60 | 71 | 81 | 32 | 72 | 94 |

**演習 5.2** 表 5.3 の主要国の食料自給率に関するデータについて主成分分析により解析せよ．　◁
**演習 5.3** 表 5.4 の各項目に関する車評価のデータについて主成分分析せよ．　◁

### 5.3.4 相関行列による主成分分析の例

得られるデータが身長 (cm)，体重 (kg)，50 メートル走のタイム (秒) といったように単位が異なることも多く，それらを同時に比較検討するには，標準化をする必要がある．そのために，データのばらつきを相関行列に基づいて解析する．以下では，主成分分析を相関行列に適用する場合を考えよう．

**例題 5.2** 相関行列を用いた主成分分析

表 5.5 の日本の 13 大都市での実収入 (勤労者世帯 1 世帯あたり 1 か月間，単位：万円)，住居費

148　　　　　　　　　　　　　　　5. 主成分分析

割合 (単位：%), 一般病院数 (人口 10 万人あたり) に関するデータについて, 主成分分析してみよ.
(大都市比較統計年表 1995 年, 大都市統計協議会より.)

表 5.3　主要国食料自給率 (1988 年, 単位：%)

| 国＼品目 | 穀物 | 豆類 | 肉類 |
|---|---|---|---|
| 日本 | 30 | 5 | 57 |
| オーストラリア | 297 | 176 | 176 |
| カナダ | 147 | 175 | 115 |
| デンマーク | 136 | 151 | 295 |
| フランス | 222 | 136 | 101 |
| ドイツ | 106 | 27 | 89 |
| イタリア | 80 | 57 | 73 |
| オランダ | 28 | 15 | 236 |
| スペイン | 113 | 77 | 98 |
| スウェーデン | 103 | 84 | 102 |
| イギリス | 105 | 106 | 81 |
| アメリカ | 109 | 123 | 97 |

表 5.4　車の評価 (5 段階)

| 車＼評価項目 | 動力性能 | スペース | 安全性能 | インテリアセンス | 燃費 |
|---|---|---|---|---|---|
| サニー | 3 | 3 | 4 | 2 | 3 |
| カローラ | 3 | 3 | 4 | 2 | 3 |
| ファミリア | 3 | 4 | 4 | 3 | 3 |
| ミラージュ | 3 | 3 | 4 | 3 | 4 |
| ローバー | 3 | 2 | 4 | 5 | 4 |
| ゴルフ | 4 | 4 | 4 | 3 | 2 |
| シビック | 4 | 2 | 3 | 4 | 4 |

表 5.5　都市の比較データ

| 都市＼項目 | 実収入 (万円) | 住居費割合 (%) | 一般病院数 |
|---|---|---|---|
| 札幌 | 50.1 | 7.4 | 11.6 |
| 仙台 | 50.9 | 8.3 | 5.8 |
| 千葉 | 54.8 | 4.3 | 4.9 |
| 東京区部 | 60.1 | 10 | 6 |
| 川崎 | 56.4 | 9.6 | 3.3 |
| 横浜 | 63.4 | 9 | 3.9 |
| 名古屋 | 55.8 | 6.6 | 7.6 |
| 京都 | 54.7 | 4.3 | 8.5 |
| 大阪 | 47.3 | 7.9 | 8.3 |
| 神戸 | 61.8 | 12.3 | 7 |
| 広島 | 56.1 | 7.4 | 7.5 |
| 北九州 | 53.6 | 5.2 | 7.6 |
| 福岡 | 52 | 8.1 | 8.9 |

[予備解析]
**手順 1**　データの読み込み：【データ】▶【データのインポート】▶【テキストファイルまたはクリップボード, URL から...】を選択し, ダイアログボックスで, フィールドの区切り記号としてカンマにチェックをいれて, OK を左クリックする. そしてフォルダからファイル (rei52.csv) を指定後, 開く (O) を左クリックする. さらに データセットを表示 をクリックすると, 図 5.12 のようにデータが表示される.
**手順 2**　基本統計量の計算：図 5.13 のように, 【統計量】▶【要約】▶【アクティブデータセット】を選択すると, 出力結果が表示される.

```
> summary(rei52)
      tosi       syunyu          jyukyo          byouin
 横浜   :1   Min.   :47.30   Min.   : 4.300   Min.   : 3.300
 京都   :1   1st Qu.:52.00   1st Qu.: 6.600   1st Qu.: 5.800
 広島   :1   Median :54.80   Median : 7.900   Median : 7.500
 札幌   :1   Mean   :55.15   Mean   : 7.723   Mean   : 6.992
 神戸   :1   3rd Qu.:56.40   3rd Qu.: 9.000   3rd Qu.: 8.300
 仙台   :1   Max.   :63.40   Max.   :12.300   Max.   :11.600
 (Other):7
```

## 5.3 主成分の導出と実際計算

図 5.12 データの表示

図 5.13 データの要約の指定

また，図 5.14 のように，【統計量】▶【要約】▶【数値による要約...】を選択し，図 5.15 のように変数として byouin, jyukyo, syunyu を選択し，図 5.16 のように全てにチェックをいれて OK をクリックする．すると以下の出力結果が得られる．

```
> numSummary(rei52[,c("byouin", "jyukyo", "syunyu")], statistics=c("mean", "sd",
+ "IQR", "quantiles", "cv", "skewness", "kurtosis"), quantiles=c(0,.25,.5,.75,1),
+   type="2")
           mean       sd  IQR         cv  skewness    kurtosis   0%  25%  50%  75%
byouin  6.992308 2.232884 2.5 0.31933429 0.1704868  0.35409659  3.3  5.8  7.5  8.3
jyukyo  7.723077 2.292435 2.4 0.29682918 0.1542012  0.05487758  4.3  6.6  7.9  9.0
syunyu 55.153846 4.632425 4.4 0.08399096 0.2502449 -0.31452743 47.3   52 54.8 56.4
        100%  n
byouin  11.6 13
jyukyo  12.3 13
syunyu  63.4 13
```

図 5.14 数値による要約の指定

図 5.15 変数の指定

図 5.16 統計量の指定

図 5.17 相関行列の指定

また，図 5.17 のように，【統計量】▶【要約】▶【相関行列...】を選択し，図 5.18 のように変数として byouin, jyukyo, syunyu を選択し， OK を左クリックする．すると以下の出力結果が得られる．

```
> cor(rei52[,c("byouin","jyukyo","syunyu")], use="complete")
           byouin     jyukyo     syunyu
byouin  1.0000000 -0.2394420 -0.5597195
jyukyo -0.2394420  1.0000000  0.4457498
syunyu -0.5597195  0.4457498  1.0000000
```

図 5.18 変数の指定

図 5.19 散布図行列の指定

**手順3　グラフ化**：図 5.19 のように，【グラフ】▶【散布図行列...】を選択し，図 5.20 のように変数を指定し，オプションで図 5.21 のようにチェックをいれて OK をクリックすると図 5.22 の散布図行列が得られる．

図 5.20 変数の指定

図 5.21 オプションの設定

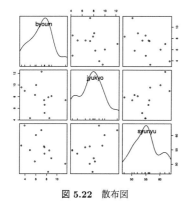
図 5.22 散布図

図 5.23 主成分分析の指定

[主成分分析]

**手順1　主成分を求める**：図 5.23 のように，【統計量】▶【次元解析】▶【主成分分析...】を選択し，変数として NO を除いて全て選択し (図 5.24)，オプションで「データセットに主成分得点を保存」にチェックを入れず (図 5.25)，OK を左クリックする．その出力結果から (図 5.26 のスクリープロットも含め)，主成分 2 までの累積寄与率が 87% あるので，第 2 主成分までとると決めて，再度主成分分析を実行する．今度は，オプションで「データセットに主成分得点を保存」にチェックを入れ，OK を左クリックする．そして図 5.27 で主成分数を 2 に指定し，OK をクリックすると以下の出力結果が得られる．

```
> .PC <- princomp(~byouin+jyukyo+syunyu, cor=TRUE, data=rei52)
> unclass(loadings(.PC))  # component loadings
            Comp.1      Comp.2      Comp.3
byouin   0.5723874  0.59597813   0.5631898
jyukyo  -0.5043258  0.79743241  -0.3312960
```

```
syunyu -0.6465510 -0.09440142  0.7570074
> .PC$sd^2   # component variances
    Comp.1     Comp.2     Comp.3
1.8432120 0.7682793 0.3885087
> summary(.PC) # proportions of variance
Importance of components:
                          Comp.1    Comp.2    Comp.3
Standard deviation      1.357649 0.8765154 0.6233047
Proportion of Variance  0.614404 0.2560931 0.1295029
Cumulative Proportion   0.614404 0.8704971 1.0000000
> screeplot(.PC)
> remove(.PC)
> .PC$sd^2   # component variances
    Comp.1     Comp.2     Comp.3
1.8432120 0.7682793 0.3885087
> summary(.PC) # proportions of variance
Importance of components:
                          Comp.1    Comp.2    Comp.3
Standard deviation      1.357649 0.8765154 0.6233047
Proportion of Variance  0.614404 0.2560931 0.1295029
Cumulative Proportion   0.614404 0.8704971 1.0000000
> screeplot(.PC)
> rei52$PC1 <- .PC$scores[,1]
> rei52$PC2 <- .PC$scores[,2]
> remove(.PC)
```

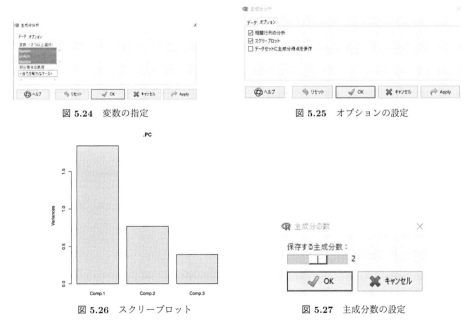

図 5.24 変数の指定　　図 5.25 オプションの設定

図 5.26 スクリープロット　　図 5.27 主成分数の設定

**手順 2　主成分負荷量を求め，主成分の解釈をする**：主成分得点と元の変数との相関係数が主成分負荷量である．そこで，図 5.28 のように，【統計量】▶【要約】▶【相関行列...】を選択し，変数として NO を除いて全て選択し (図 5.29)，OK をクリックすると以下の出力結果が得られる．そこで，PC1 はいずれとも相関が高く，総合特性を表すと考えられる．PC2 とは病院数と住居費割合と相関が高く，安全性に関する特性と考えられる．

```
> cor(rei52[,c("byouin","jyukyo","PC1","PC2","syunyu")], use="complete")
            byouin     jyukyo           PC1           PC2     syunyu
byouin   1.0000000 -0.2394420  7.771015e-01  5.223840e-01 -0.5597195
jyukyo  -0.2394420  1.0000000 -6.846976e-01  6.989618e-01  0.4457498
PC1      0.7771015 -0.6846976  1.000000e+00 -1.932255e-16 -0.8777896
PC2      0.5223840  0.6989618 -1.932255e-16  1.000000e+00  0.0827443
syunyu  -0.5597195  0.4457498 -8.777896e-01 -8.274430e-02  1.0000000
```

図 5.28　相関行列の指定

図 5.29　変数の指定

**手順 3　主成分得点を求め，グラフ表示する**：まず，データの表示をクリックしてデータを再表示して，主成分得点が計算されていることを確認する (図 5.30)．PC1 と PC2 を散布図に表し，サンプルの主成分得点からの位置付けをみる．【グラフ】▶【散布図...】を選択し，図 5.31 のように，$x$ 変数として PC1，$y$ 変数として PC2 を指定する．図 5.32 のようにオプションで周辺箱ひげ図のみにチェックをいれ，$x$ 軸のラベルに PC1，$y$ 軸のラベルに PC2，Graph title に主成分得点の散布図を直接入力後，左下の Interactively with mouse にチェックをいれて，OK をクリックする．すると図 5.33 のような点を特定する注意が現れ，点を逐次クリックして図 5.34 が得られる．

図 5.30　データの再表示

図 5.31　変数の指定

**手順 4　(主成分得点による) サンプルの解釈をする**：第 1 主成分では，No.6, 5, 4, 10 が低く，No.1, 9, 8 が高い．実際は低いほうが実収入が高く，住居費も高い (横浜，神戸，川崎，東京が No. 対応している)．逆に，札幌，大阪，京都は反対の傾向がある．また第 2 主成分では神戸，札幌が高く病院が多く安全面が高い．逆に千葉は低い．第 1 主成分の寄与率が 61%で，都市が 2 グループに区別され，更に第 2 主成分で，それらのグループ内で区別される．

**演習 5.4**　以下の表 5.6 は，男子大学生 18 人の身体測定 (身長 (cm)，体重 (kg)，胸囲 (cm)) に関するデータである．相関行列を用いて，主成分分析を行え．　◁

**演習 5.5**　以下に示す表 5.7 の年齢別の男性についての体力テスト (握力，反復横跳び，垂直跳び) の平均データに関して合成変量を求めよ (平成 7 年度，文部省体育局生涯スポーツ課「体力・運動能力調査報告書」より)．　◁

## 5.3 主成分の導出と実際計算

図 5.32 オプションの設定　　　　図 5.33 点の特定

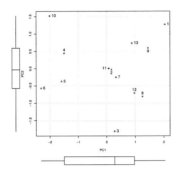

図 5.34 主成分得点の散布図

表 5.6 身体測定データ

| 人 \ 測定項目 | 身長 (cm) | 体重 (kg) | 胸囲 (cm) |
|---|---|---|---|
| 1 | 172 | 60 | 83 |
| 2 | 173 | 49 | 85 |
| 3 | 169 | 63 | 87 |
| 4 | 183 | 76 | 95 |
| 5 | 170.5 | 68 | 93 |
| 6 | 168 | 56 | 80 |
| 7 | 165 | 55 | 90 |
| 8 | 177 | 58 | 78 |
| 9 | 173 | 64 | 80 |
| 10 | 181 | 70 | 87 |
| 11 | 167 | 57 | 85 |
| 12 | 176 | 61 | 85 |
| 13 | 171 | 59 | 90 |
| 14 | 160 | 53 | 83 |
| 15 | 175 | 68 | 90 |
| 16 | 170 | 53 | 80 |
| 17 | 173 | 52 | 80 |
| 18 | 163 | 61 | 86 |

表 5.7 体力テストデータ

| 年齢 \ テスト項目 | 握力 (kg) | 反復横跳び (回) | 垂直跳び (cm) |
|---|---|---|---|
| 15 | 39.51 | 42.94 | 56.43 |
| 20 | 45.88 | 45.88 | 60.17 |
| 25 | 47.91 | 44.46 | 57.24 |
| 30 | 48.83 | 47.27 | 55.17 |
| 35 | 49.08 | 45.56 | 52.55 |
| 40 | 48.59 | 44.29 | 50.67 |
| 45 | 47.68 | 42.15 | 47.88 |
| 50 | 45.30 | 39.47 | 44.69 |
| 55 | 43.61 | 37.36 | 41.30 |

**演習 5.6** 野球選手でよく言われる三冠王は打率，ホームラン数，打点についてである．以下に示す表 5.8 の各野球選手のそれらのデータから，どのように重み付けて総合評価をしたらよいか，主成分分析により求めてみよ．((社) 日本野球機構，BIS データ本部「日本プロ野球公式記録」2000 年版，セ・リーグの上位 18 人の打率，ホームラン数，打点の該当箇所より引用．) ◁

このように，製品 (カメラ，オーディオ，パソコン) 評価，家の満足度，豊かさの評価，レジャーの評価などのアンケート調査についても，主成分分析が適用できる．これまでの記述からも，行列の固有値・固有ベクトルが重要な役割を果たしていることがわかる．以降の章においても重要な役割を果たす．そして，実際に固有値・固有ベクトルを求めるには，コンピュータによる反復計算で求める．そのための手法には，サイズが 30 × 30 以上のような大きな場合には三角行列に変換するハウスホルダー法，QR

表 5.8　個人打撃成績表

| 名前 項目 | 打率 | ホームラン数 | 打点 |
|---|---|---|---|
| 金城　龍彦（横　　浜） | 0.346 | 3 | 36 |
| ロ　ー　ズ（横　　浜） | 0.332 | 21 | 97 |
| 松井　秀喜（巨　　人） | 0.316 | 42 | 108 |
| ペタジーニ（ヤクルト） | 0.316 | 36 | 96 |
| 金本　知憲（広　　島） | 0.315 | 30 | 90 |
| 山﨑　武司（中　　日） | 0.311 | 18 | 68 |
| 立浪　和義（中　　日） | 0.303 | 9 | 58 |
| 石井　琢朗（横　　浜） | 0.302 | 10 | 50 |
| 宮本　慎也（ヤクルト） | 0.300 | 3 | 55 |
| 仁志　敏久（巨　　人） | 0.298 | 20 | 58 |
| 鈴木　尚典（横　　浜） | 0.297 | 20 | 89 |
| 高橋　由伸（巨　　人） | 0.289 | 27 | 74 |
| ゴ　メ　ス（中　　日） | 0.289 | 25 | 79 |
| 木村　拓也（広　　島） | 0.288 | 10 | 30 |
| 真中　　満（ヤクルト） | 0.279 | 9 | 41 |
| 古田　敦也（ヤクルト） | 0.278 | 14 | 64 |
| 新庄　剛志（阪　　神） | 0.278 | 28 | 85 |
| 岩村　明憲（ヤクルト） | 0.278 | 18 | 66 |

法がある．なお，古典的な固有値の反復計算による求め方として，次の2つの手法がある．つまり，

- 一般の行列の場合には**べき乗法**
- 対称行列の場合には**ヤコビ法**

である．

# 6

# 因 子 分 析

## 6.1 因子分析とは

互いに相関のある変量について,それらを決定付ける少数個の潜在的な要因を見つけ解釈するための1つの統計的手法に**因子分析** (factor analysis) がある.因子分析は,主成分分析が多変量データを縮約していこうとするのに対し,観測されるデータに潜む潜在的で共通なな少数個の要因を見つける方法である.スピアマン (C. Spearman) が 1904 年頃,人間の精神能力には知能という潜在能力があるという考えを示すために提唱した手法である.心理学における潜在意識の分析,消費者の購買分析,企業における経営データの分析,食品の潜在的な嗜好分析,地域・都市などの活力の潜在因子の分析,作家の文体解析など様々な場面において適用されている.様々な変動は潜在的な共通な因子によって説明できると考え,それに変数の独自因子が加わったものとしている.探索的因子分析と確認的因子分析に大きく2つに分けて考えられている.次に具体的に成績データに関して因子分析のモデルをたてて考えてみよう.

[**具体例**] $n$ 人の学生に英語,物理,数学のテストを行い,それぞれ成績 $x_1, x_2, x_3$ が得られた.このとき3つの科目に共通な潜在的な理科的能力があるとし,それを $f$ で表し,次のモデルを想定する.

(6.1) $\qquad x_1 = \mu_1 + a_1 f + \varepsilon_1, \quad x_2 = \mu_2 + a_2 f + \varepsilon_2, \quad x_3 = \mu_3 + a_3 f + \varepsilon_3$

ここに $f$ を3つの変数の背後に潜む**共通因子** (common factor) または**一般因子** (general factor) といい,$a_j\ (j = 1, 2, 3)$ を**因子負荷量** (factor loading),$\varepsilon_i$ はテストそれぞれの固有の変動を表す**特殊因子** (specific factor) または**独自因子** (unique factor) という.$\mu_j\ (j = 1, 2, 3)$ は各科目の平均である.因子分析ではこの $a_j$ の推定,および共通因子 $f$ の推定・解釈をしたい.式 (6.1) をベクトル・行列表現をすれば

(6.2) $\qquad\qquad \boldsymbol{x} = \boldsymbol{\mu} + \boldsymbol{a} f + \boldsymbol{\varepsilon} \quad$ (ベクトル・行列表現)

とかかれる.ただし,$\boldsymbol{x} = (x_1, x_2, x_3)^{\mathrm{T}}, \boldsymbol{\mu} = (\mu_1, \mu_2, \mu_3)^{\mathrm{T}}, \boldsymbol{a} = (a_1, a_2, a_3)^{\mathrm{T}}, \boldsymbol{\varepsilon} = (\varepsilon_1, \varepsilon_2, \varepsilon_3)^{\mathrm{T}}$ である.

実際,$n$ 人の学生についてこのモデルをあてはめると,$i\ (= 1, \ldots, n)$ 番の学生について,データは以下のようにかかれる.

(6.3) $\qquad x_{i1} = \mu_1 + a_1 f_i + \varepsilon_{i1}, \quad x_{i2} = \mu_2 + a_2 f_i + \varepsilon_{i2},$

$\qquad\qquad x_{i3} = \mu_3 + a_3 f_i + \varepsilon_{i3} \quad$ (各サンプルごとの表現)

(6.4) $\quad \boldsymbol{x}_i = \boldsymbol{\mu} + \boldsymbol{a} f_i + \boldsymbol{\varepsilon}_i \quad (i = 1, \ldots, n) \quad$ (各サンプルごとのベクトル・行列表現)

ここで,分布に関して次のような仮定がなされる.

- $f$ は平均 0,分散 1 の分布に従う.
- $\varepsilon_1, \varepsilon_2, \varepsilon_3$ はそれぞれ,平均 0,分散 $d_1^2, d_2^2, d_3^2$ の分布に従う.
- $f, \varepsilon_1, \varepsilon_2, \varepsilon_p$ は互いに無相関である.

このとき,$\boldsymbol{x}_i$ の分散 $\Sigma = (\sigma_{jk})_{3 \times 3}$ は以下のようになる.

(6.5) $\qquad Var[\boldsymbol{x}_i] = E\Big[(\boldsymbol{a} f_i + \boldsymbol{\varepsilon}_i)(\boldsymbol{a} f_i + \boldsymbol{\varepsilon}_i)^{\mathrm{T}}\Big] = E[\boldsymbol{a}\boldsymbol{a}^{\mathrm{T}}] + E[\boldsymbol{\varepsilon}_i \boldsymbol{\varepsilon}_i^{\mathrm{T}}]$

より

$$
(6.6) \quad \begin{pmatrix} \sigma_{11} & \sigma_{12} & \sigma_{13} \\ \sigma_{21} & \sigma_{22} & \sigma_{23} \\ \sigma_{31} & \sigma_{32} & \sigma_{33} \end{pmatrix} = \begin{pmatrix} a_1 \\ a_2 \\ a_3 \end{pmatrix} (a_1, a_2, a_3) + \begin{pmatrix} d_1^2 & 0 & 0 \\ 0 & d_2^2 & 0 \\ 0 & 0 & d_3^2 \end{pmatrix}
$$

$$
= \begin{pmatrix} a_1^2 + d_1^2 & a_1 a_2 & a_1 a_3 \\ a_2 a_1 & a_2^2 + d_2^2 & a_2 a_3 \\ a_3 a_1 & a_3 a_2 & a_3^2 + d_3^2 \end{pmatrix}
$$

が成立し，分散が因子負荷行列と独自分散に分解されている．

更に一般の場合，$p$ 個の変量が $n$ 個のサンプルについて観測される場合，以下の表 6.1 のようなデータが得られたとする．

表 6.1 データ表

| 個体＼変量 | 1 | 2 | $\cdots$ | $p$ |
|---|---|---|---|---|
| 1 | $x_{11}$ | $x_{12}$ | $\cdots$ | $x_{1p}$ |
| 2 | $x_{21}$ | $x_{22}$ | $\cdots$ | $x_{2p}$ |
| $\vdots$ | $\vdots$ | $\vdots$ | $\ddots$ | $\vdots$ |
| $n$ | $x_{n1}$ | $x_{n2}$ | $\cdots$ | $x_{np}$ |

これらの変数に関し，$m\ (<p)$ 個の共通因子 $f_1,\ldots,f_m$ があるとし，次のモデルを想定する．これは，サーストーン (L.L. Thurstone) がスピアマンの1因子モデルを拡張して考えた多因子モデルである．

$$
(6.7) \quad \begin{cases} x_1 = \mu_1 + a_{11}f_1 + \cdots + a_{1m}f_m + \varepsilon_1 \\ \quad \vdots \\ x_j = \mu_j + a_{j1}f_1 + \cdots + a_{jm}f_m + \varepsilon_j \\ \quad \vdots \\ x_p = \mu_p + a_{p1}f_1 + \cdots + a_{pm}f_m + \varepsilon_p \end{cases} \iff \boldsymbol{x} = \boldsymbol{\mu} + \boldsymbol{a}_1 f_1 + \cdots + \boldsymbol{a}_m f_m + \boldsymbol{\varepsilon}
$$

$f_1,\ldots,f_m$ はいずれも平均 0，分散 1 の分布に従う．$\varepsilon_1,\ldots,\varepsilon_p$ はそれぞれ，平均 0，分散 $d_1^2,\ldots,d_p^2$ の分布に従う．$f_1,\ldots,f_m, \varepsilon_1,\ldots,\varepsilon_p$ は互いに無相関である．また，$x_1,\ldots,x_p$ が観測可能であり，$f_1,\ldots,f_m, \varepsilon_1,\ldots,\varepsilon_p$ は観測不能な変数である．$a_{jk}\ (j=1,\ldots,p; k=1,\ldots,m)$ は第 $j$ 特性に対する第 $k$ 共通因子の因子負荷量と呼ばれる定数 (母数) である．これをベクトル・行列表現すれば次のようになる．

$$
(6.8) \quad \boldsymbol{x}_{p\times 1} = \boldsymbol{\mu}_{p\times 1} + A_{p\times m} \boldsymbol{f}_{m\times 1} + \boldsymbol{\varepsilon}_{p\times 1} \quad (\text{ベクトル・行列表現})
$$

ただし，$A = (\boldsymbol{a}_1,\ldots,\boldsymbol{a}_m),\ \boldsymbol{a}_j = (a_{1j},\ldots,a_{pj})^{\mathrm{T}},\ E[\boldsymbol{f}] = \boldsymbol{0},\ E[\boldsymbol{\varepsilon}] = \boldsymbol{0},\ Var[\boldsymbol{f}] = I,\ Cov[\boldsymbol{f},\boldsymbol{\varepsilon}] = \boldsymbol{0},\ Var[\boldsymbol{\varepsilon}] = D = \mathrm{diag}(d_1^2,\ldots,d_p^2)$ である．

そこで，

$$
(6.9) \quad Var[\boldsymbol{x}_{p\times 1}] = \Sigma = AA^{\mathrm{T}} + D = \boldsymbol{a}_1 \boldsymbol{a}_1^{\mathrm{T}} + \cdots + \boldsymbol{a}_m \boldsymbol{a}_m^{\mathrm{T}} + D
$$

が成立する．

**注 6.1** $\Sigma = AA^{\mathrm{T}} + D$ なる条件を満たす行列 $\Sigma, A, D$ が存在することが必要である．また $\Sigma$ を与えて一意に $A$ と $D$ が定まることも必要である．$A$ と $D$ がこの等式を満足するとき，$P$ を直交行列 ($P^{\mathrm{T}}P = PP^{\mathrm{T}} = I$) とすれば，$A, P$ と $D$ も等式を満足するので $A$ に直交行列をかけた (直交回転した) ものは同じとみて一意に定まることが必要である．詳しくは丘本 [A10]，柳井他 [A48] を参照されたい． ◁

**演習 6.1** ① $\Sigma = (\sigma_{jk})_{3\times 3},\ A = (a_{jk})_{3\times 2},\ D = \mathrm{diag}(d_1^2, d_2^2, d_3^2)$ の場合に成分ごとに $\Sigma = AA^{\mathrm{T}} + D$ の関係式を表してみよ．

② $A = (\boldsymbol{a}_1, \boldsymbol{a}_2, \boldsymbol{a}_3),\ \boldsymbol{a}_1 = (1,2,3)^{\mathrm{T}},\ \boldsymbol{a}_2 = (2,3,1)^{\mathrm{T}},\ \boldsymbol{a}_3 = (3,1,2)^{\mathrm{T}},\ d_1 = 1, d_2 = 2, d_3 = 4$ の場合について，$\Sigma$ を求めよ． ◁

次に $n$ 個のサンプルが得られる場合，第 $i\,(= 1,\ldots,n)$ サンプル (個体) について着目して，以下のように書かれることが仮定される．

(6.10)
$$\begin{cases} x_{i1} = \mu_1 + a_{11}f_{i1} + \cdots + a_{1m}f_{im} + \varepsilon_{i1} \\ \quad\quad \vdots \\ x_{ij} = \mu_j + a_{j1}f_{i1} + \cdots + a_{jm}f_{im} + \varepsilon_{ij} \quad \Longleftrightarrow \quad \text{(各サンプルごとの表現)} \\ \quad\quad \vdots \\ x_{ip} = \mu_p + a_{p1}f_{i1} + \cdots + a_{pm}f_{im} + \varepsilon_{ip} \end{cases}$$

ここに，$f_{ik}$ は共通因子 $f_k$ の個体 $i$ の**因子得点** (factor score)，$a_{jk}$ は変量 $x_j$ に因子 $f_k$ がどれだけ反映するかを表す**因子負荷量** (factor loading) であり，$\varepsilon_{ij}$ は変量 $x_j$ 固有の変動を表す独自因子の得点である．

(6.11) $\quad \boldsymbol{x}_i = \boldsymbol{\mu} + A\boldsymbol{f}_i + \boldsymbol{\varepsilon}_i \quad (i = 1,\ldots,n) \quad \Longleftrightarrow \quad$ (各サンプルごとのベクトル・行列表現)

ただし，

$$\boldsymbol{x}_i = \begin{pmatrix} x_{i1} \\ \vdots \\ x_{ip} \end{pmatrix}_{p\times 1},\quad \boldsymbol{\mu} = \begin{pmatrix} \mu_1 \\ \vdots \\ \mu_p \end{pmatrix}_{p\times 1},\quad A = \begin{pmatrix} a_{11} & \cdots & a_{1m} \\ \vdots & \ddots & \vdots \\ a_{p1} & \cdots & a_{pm} \end{pmatrix}_{p\times m}$$

$$A = (\boldsymbol{a}_1,\ldots,\boldsymbol{a}_m),\quad \boldsymbol{a}_j = \begin{pmatrix} a_{1j} \\ \vdots \\ a_{pj} \end{pmatrix}_{p\times 1},\quad \boldsymbol{f}_i = \begin{pmatrix} f_{i1} \\ \vdots \\ f_{im} \end{pmatrix}_{m\times 1},\quad \boldsymbol{\varepsilon}_i = \begin{pmatrix} \varepsilon_{i1} \\ \vdots \\ \varepsilon_{ip} \end{pmatrix}_{p\times 1}$$

である．

また，ベクトル・行列表現での呼び方を以下にあげておこう．

- $\boldsymbol{x} = (x_1,\ldots,x_p)^{\mathrm{T}}$：観測ベクトル
- $\boldsymbol{\mu} = (\mu_1,\ldots,\mu_p)^{\mathrm{T}}$：母平均ベクトル
- $\boldsymbol{f} = (f_1,\ldots,f_m)^{\mathrm{T}}$：共通因子 (common factor) ベクトル
- $\boldsymbol{\varepsilon} = (\varepsilon_1,\ldots,\varepsilon_p)^{\mathrm{T}}$：独自因子 (unique または specific factor) ベクトル
- $A = (a_{jk})_{p\times m}$：因子負荷行列 (factor loading matrix)
- $D = \mathrm{diag}(d_1^2,\ldots,d_p^2)$：独自分散行列 (unique variance matrix)

我々としては，$\boldsymbol{f}$, $A$ を推定したい．

$\boldsymbol{f}$ に関しては，直交解と斜交解があり以下のように定義される．

- **直交解** (orthogonal solution)：共通因子が互いに無相関の仮定のもとで得られる解．
- **斜交解** (oblique solution)：無相関の仮定をおかないで得られる共通因子の解．そして，推定法およびその良さを評価をするため，データの分散を分けて解釈する以下のような量が考えられている．

(6.12)
$$\sigma_{jj} = Var[x_j] = Var\left[\sum_{k=1}^{m} a_{jk}f_k + \varepsilon_j\right] = Var\left[\sum_{k=1}^{m} a_{jk}f_k\right] + Var[\varepsilon_j]$$

$$= Var\left[(a_{j1},\ldots,a_{jm})\begin{pmatrix} f_1 \\ \vdots \\ f_m \end{pmatrix}\right] + d_j^2 = a_{j1}^2 + \cdots + a_{jm}^2 + d_j^2$$

$$\sigma_{jk} = Cov[x_j, x_k] = a_{j1}a_{k1} + \cdots + a_{jm}a_{km} \quad (j \neq k)$$

であるから

(6.13) $\qquad\qquad\qquad a_{j1}^2 + \cdots + a_{jm}^2 = \sigma_{jj} - d_j^2$

となり，<u>これは変量 $x_j$ の分散のうち $m$ 個の共通因子によって説明される部分である</u>．その意味で

(6.14) $\qquad\qquad\qquad h_j^2 = 1 - \dfrac{d_j^2}{\sigma_{jj}} \quad (\geqq 0)$

は，共通性 (communality) と呼ばれ，$1 - h_j^2$ は独自性 (uniqueness) といわれる．つまり，以下のようにばらつきを分解して考える．

$$
(6.15) \qquad 1 = \underbrace{\frac{a_{j1}^2 + \cdots + a_{jm}^2}{\sigma_{jj}}}_{x_j \text{の共通性}} + \underbrace{\frac{d_j^2}{\sigma_{jj}}}_{x_j \text{の独自性}}
$$

ベクトル・行列表現では，
- 平均は $E[\boldsymbol{x}] = \boldsymbol{\mu}$ であり，
- 分散については $Var[\boldsymbol{x}] = \Sigma_{p \times p} = A \underbrace{Var[\boldsymbol{f}]}_{=I} A^{\mathrm{T}} + D = AA^{\mathrm{T}} + D$

が成立している．つまり，

> もとの変量の分散行列は (共通) 因子負荷行列の **2 乗**と独自因子の分散行列の和

に分解される．(分けて解釈される．)

注 6.1 でも述べたが，$\Sigma$ から $D$ が一意に定まるかどうかについて，1 つの十分条件が Anderson and Rubin [B1] により与えられている．このように，母数の一意性について問題点があり，ここでは一意に定まるようにした場合についての議論を進める．また母数 $\Sigma$ の要素の自由度と右辺の母数 $(A, D)$ の要素の自由度に関しては，等式

$$
(6.16) \qquad \Sigma_{p \times p} = AA^{\mathrm{T}} + D_p = \boldsymbol{a}_1 \boldsymbol{a}_1^{\mathrm{T}} + \cdots + \boldsymbol{a}_m \boldsymbol{a}_m^{\mathrm{T}} + D_p
$$

から以下のように考える．
- 左辺に関して，独立な要素数 $= p(p+1)/2$ である．
- 右辺に関して，因子負荷量 $A$ の独立な要素数は $pm$ で，独自因子の相関行列 $D$ の独立な要素数は $p$ である．しかし，因子負荷量の回転の不定性の自由度 $m^2$ から，直交行列 $P$ の $PP^{\mathrm{T}} = I$ なる条件の数 $m(m+1)/2$ を引いた $m^2 - m(m+1)/2 = m(m-1)/2$ だけ制約がある．そこで，右辺の独立な要素数は

$$
pm + p - \frac{m(m-1)}{2}
$$

である．したがって

$$
(6.17) \qquad \frac{p(p+1)}{2} \leqq pm + p - \frac{m(m-1)}{2}
$$

が成立しなければならない．

更に，$n$ 個のサンプルをまとめたベクトル・行列表現をすれば以下のように表記される．

$$
(6.18) \qquad X_{n \times p} = M_{n \times p} + F_{n \times m} A_{m \times p}^{\mathrm{T}} + E_{n \times p}
$$

ただし，

$$
X = \begin{pmatrix} \boldsymbol{x}_1^{\mathrm{T}} \\ \boldsymbol{x}_2^{\mathrm{T}} \\ \vdots \\ \boldsymbol{x}_n^{\mathrm{T}} \end{pmatrix} = \begin{pmatrix} x_{11} & \cdots & x_{1p} \\ x_{21} & \cdots & x_{2p} \\ \vdots & \ddots & \vdots \\ x_{n1} & \cdots & x_{np} \end{pmatrix}_{n \times p}, \quad M = \begin{pmatrix} \mu_1 & \cdots & \mu_p \\ \vdots & \ddots & \vdots \\ \mu_1 & \cdots & \mu_p \end{pmatrix}_{n \times p},
$$

$$
A = \begin{pmatrix} a_{11} & \cdots & a_{1m} \\ \vdots & \ddots & \vdots \\ a_{p1} & \cdots & a_{pm} \end{pmatrix}_{p \times m}, \quad F = \begin{pmatrix} \boldsymbol{f}_1^{\mathrm{T}} \\ \vdots \\ \boldsymbol{f}_n^{\mathrm{T}} \end{pmatrix} = \begin{pmatrix} f_{11} & \cdots & f_{1m} \\ \vdots & \ddots & \vdots \\ f_{n1} & \cdots & f_{nm} \end{pmatrix}_{n \times m},
$$

$$E = \begin{pmatrix} \boldsymbol{\varepsilon}_1^{\mathrm{T}} \\ \boldsymbol{\varepsilon}_2^{\mathrm{T}} \\ \vdots \\ \boldsymbol{\varepsilon}_n^{\mathrm{T}} \end{pmatrix} = \begin{pmatrix} \varepsilon_{11} & \cdots & \varepsilon_{1p} \\ \varepsilon_{21} & \cdots & \varepsilon_{2p} \\ \vdots & \ddots & \vdots \\ \varepsilon_{n1} & \cdots & \varepsilon_{np} \end{pmatrix}_{n \times p}$$

**標準化 (規準化) されたデータについてのモデル**

ふつう解析に用いられるデータは単位が異なることも多く，標準化 (規準化) されたデータを扱うことが多い．そこで規準化されたデータ

(6.19) $$z_{ij} = \frac{x_{ij} - \overline{x}_j}{s_j} \quad (i = 1, \ldots, n; j = 1, \ldots, p)$$

について次のモデルを仮定する．

(6.20) $$\boldsymbol{z}_i = \boldsymbol{A}\boldsymbol{f}_i + \boldsymbol{\varepsilon}_i \quad (i = 1, \ldots, n)$$

ただし，

$$Var[\boldsymbol{z}_i] = \Sigma = AA^{\mathrm{T}} + D, \quad Var[\boldsymbol{\varepsilon}_i] = D,$$
$$E[\boldsymbol{f}_i] = \boldsymbol{0}, \quad Var[\boldsymbol{f}_i] = I, \quad Cov[\boldsymbol{f}_i, \boldsymbol{\varepsilon}_i] = \boldsymbol{0}$$

である．

そして，$\Sigma$ を標本相関行列 $R$ で近似して解析をすすめる．以後では，<u>標準化されたデータについてこのモデルを出発点として解析をすすめる立場で議論する</u>．分散行列の場合に比べ相関行列の分解に関する等式について，独立な母数の個数 (自由度) が左辺は $p(p-1)/2$ と減少することに注意されたい．

---

**例題 6.1　1 因子モデル**

以下の表 6.2 の数学と物理の成績に関して，数理的能力である潜在能力の 1 因子で説明されるとして，因子負荷量を求めよ．

---

表 6.2　数学と物理の成績

| 名前＼科目 | 数学 | 物理 |
|---|---|---|
| 1 | 85 | 81 |
| 2 | 78 | 88 |
| 3 | 81 | 75 |
| 4 | 63 | 70 |
| 5 | 45 | 55 |
| 6 | 91 | 89 |
| 7 | 74 | 82 |
| 8 | 85 | 87 |

**解説**

**手順 1**　モデルをたてる．標準化されたデータ $z$ について

$$z_1 = a_1 f + \varepsilon_1, z_2 = a_2 f + \varepsilon_2$$

というモデルをたてる．そして相関行列に関して

$$R = \begin{pmatrix} 1 & r_{12} \\ r_{21} & 1 \end{pmatrix}, \quad R = \begin{pmatrix} a_1 \\ a_2 \end{pmatrix}(a_1, a_2) + \begin{pmatrix} d_1^2 & 0 \\ 0 & d_2^2 \end{pmatrix}$$

なる関係から

$$1 = a_1^2 + d_1^2, \quad r_{12} = a_1 a_2, \quad 1 = a_2^2 + d_2^2$$

が成立する．$r_{12}$ をデータから求めこの方程式に代入すると，未知数が $a_1, a_2, d_1, d_2$ の 4 個で方程式が 3 個なので一意に $a_1, a_2, d_1, d_2$ は定まらない．そこでここでは $a_1 = a_2$ として求めることにする．また $r_{12}$ を求めるため以下に表 6.3 の補助表を作成する．

表 6.3 より, $S_{11} = 46846 - 602^2/8 = 1545.5, S_{22} = 50069 - 627^2/8 = 927.875, S_{12} = 48271 - 602 \times 627/8 = 1089.25$ と求まり

$$r_{12} = \frac{1089.25}{\sqrt{1545.5 \times 927.875}} = 0.910 = a_1 a_2$$

と計算される.

表 6.3 補助表

| 科目<br>名前 | $x_1$ | $x_2$ | $x_1^2$ | $x_2^2$ | $x_1 x_2$ |
|---|---|---|---|---|---|
| 1 | 85 | 81 | 7225 | 6561 | 6885 |
| 2 | 78 | 88 | 6084 | 7744 | 6864 |
| 3 | 81 | 75 | 6561 | 5625 | 6075 |
| 4 | 63 | 70 | 3969 | 4900 | 4410 |
| 5 | 45 | 55 | 2025 | 3025 | 2475 |
| 6 | 91 | 89 | 8281 | 7921 | 8099 |
| 7 | 74 | 82 | 5476 | 6724 | 6068 |
| 8 | 85 | 87 | 7225 | 7569 | 7395 |
| 計 | 602 | 627 | 46846 | 50069 | 48271 |

**手順 2** 手順 1 で導いた連立方程式を解くと, $a_1 = a_2$ のときには, $a_1 = a_2 = 0.954, d_1 = d_2 = 0.30$ が 1 つの解である. □

**演習 6.2** (2 因子モデル) 6 種類のノートパソコンのカタログからのイメージ調査で 5 段階評価のアンケート結果が得られた (表 6.4). 共通因子が 2 個であるとして因子負荷量を求めよ. ◁

表 6.4 ノートパソコンのイメージ

| 項目<br>名前 | 外観 | 機能 | 携帯性 |
|---|---|---|---|
| 1 | 3 | 5 | 1 |
| 2 | 2 | 4 | 3 |
| 3 | 5 | 3 | 5 |
| 4 | 4 | 4 | 3 |
| 5 | 3 | 5 | 3 |
| 6 | 2 | 4 | 4 |

そして因子分析の解析の接近法として大きく 2 通りがある. 1 つは**探索的** (exploratory) 因子分析である. 一般的な因子分析のモデルを前提とし, 因子数 $m$ もデータから推定し, その潜在因子を推定する分析法である. 制限の少ない接近法でもある. それに対し, もう 1 つの**検証的** (確証的: confirmatory) 因子分析は, ある程度の構造を具体的に仮定 (因子数も仮定) し, それをデータから検証しようとする分析法で, 制限されたもとでの接近法である. ここでは, 探索的にまず因子数 $m$ を推定または検定により決め, データから $(\boldsymbol{\mu}, A, D)$ を推定し, 共通因子を推定していく段階を経ることにする. そこで以下のような解析手順になる.

---
**因子分析の解析手順**

**手順 1** 共通因子数 $m$ の決定 (同定), 共通性 $h_j^2$ の推定

**手順 2** 因子負荷量 $\{a_{jk}\}$ の推定

**手順 3** 因子軸の回転と因子の解釈

**手順 4** 因子得点 $\{f_{jk}\}$ の推定とその利用

---

以下で各手順でのいろいろな手法について個々に解説していこう. 必ずしも手順通りに進める必要があるわけではない. 適合性の観点から一度に因子数と因子負荷量を推定することもあるだろうし, 解釈に応じて前に戻って因子数を変えたりと実際のデータの解析に適した順に, 繰り返し解析を行う.

## 6.2 因子数の決定

因子数の決定方法には以下のようにいくつかの方法がある．統計的推測での仮説検定による方法，心理学からの方法などがあるが，難しい問題である．

1) 相関行列 $R$ の固有値の中で 1 より大きい個数とする．
2) $R$ の対角要素をその変量と残りの変量との重相関係数 (SMC : squared multiple correlation) で置き換えた行列の正の固有値の個数とする．
   つまり，$R - \{\text{diag}(R^{-1})\}^{-1}$ の正の固有値の個数である．
3) スクリーテスト (scree test) による．相関行列の固有値を降順に並べ，横軸に固有値番号，縦軸に固有値の値を打点したグラフ (スクリーグラフ：scree graph) を描いて変化の急なところを境とした固有値の個数で因子数を決める．なお，スクリー (scree) は岩くずの意味である．
4) 因子数について検定することによる (尤度比検定に基づく)

$$\begin{cases} H_0 : \text{因子数は } m \\ H_1 : \Sigma \text{は正定値行列} \end{cases}$$

を検定する．

$x_1, \ldots, x_n$ が正規分布に従うとき，重み付き残差行列 $E$ は

(6.21) $\qquad E = D_U^{-1/2}(U - D_U)D_U^{-1/2} \quad (U = R - AA^\mathrm{T}, D_U = \text{diag}(U))$

で定義される．そして，$H_0$ のもとで

(6.22) $\qquad \chi_0^2 = (n-1)/2\,tr(E^2) \quad (tr(E^2) \text{ は } E^2 \text{の対角要素の和})$

が漸近的に自由度 $1/2\{(p-m)^2 - (p+m)\}$ の $\chi^2$ 分布に従うことを使って検定できる．

また $D_U^{-1/2}RD_U^{-1/2}$ の固有値の小さいほうの $(p-m)$ 個を $\widehat{\lambda}_{m+1}, \ldots, \widehat{\lambda}_p$ とすると $H_0$ のもとで

(6.23) $\qquad \chi_0^2 = -(n-1)\ln \widehat{\lambda}_{m+1} \cdots \widehat{\lambda}_p$

が近似的に $\chi^2$ 分布に従うことを使って検定できる．

**実際に因子抽出を打ち切る方法 (基準)** に次のような方法がある．

① 得られた共通因子負荷量の平方和の推定された共通性 $h_j^2$ の総和に対する比率がある割合 (例えば 90％) を超えた場合，つまり共通因子で説明される分散の割合がある程度大きくなれば良いとする．
② 相関行列の対角成分に 1 を挿入した場合に得られる固有値の絶対値が 1 以下になると因子の抽出を止める．
③ 相関行列の対角成分に SMC を入れた場合の得られる固有値が負になるとき因子の抽出を止める．

主に①によって因子数が決められているようである．

## 6.3 因子負荷量の推定

因子負荷量を推定する方法は統計における様々な推定法に対応して，色々考えられている．本質的には標本分散行列とモデルとの離れ具合を最小化する考えに基づいている．そこで $V$ と $\Sigma$ との近さを表す量を $L(V, \Sigma)$ で表すとする．このとき近さを以下のようにとることで，主な手法が与えられる．分布まで仮定するなら，一般的に分布 (密度) 間の近さを測る量

(6.24) $\qquad \ell\Big(g, f(\boldsymbol{\mu}, \Sigma)\Big)$

を最小化する考えになる．ただし，$g$ は真の密度関数であり，$f(\boldsymbol{\mu}, \Sigma)$ は (正規) 分布の密度関数 $f$ を仮定したもとでの平均，分散行列を母数としたモデルである．以下では分布形を仮定する場合とそうでない場合に分けて，個々の手法を考えてみよう．

### 6.3.1 分布 (形) を仮定しない場合 (平均と分散 (相関) 構造のみから求められる方法)

もとのデータ $x_{ij}$ に対し，規準化したデータ $z_{ij} = \dfrac{x_{ij} - \overline{x}_j}{s_j}$ を用いる．そこで，次のようなモデルをたてる．

$$(6.25) \qquad \boldsymbol{z} = A\boldsymbol{f} + \boldsymbol{\varepsilon}, \quad Var[\boldsymbol{z}] = \Sigma = AA^{\mathrm{T}} + D$$

である．そして左辺を相関行列 $R$ で近似し (推定量 $R$ で置き換え)，

$$(6.26) \qquad R = AA^{\mathrm{T}} + D$$

をみたす $A, D$ を求めることを考える．

ここで，$r^{jj}$ を相関行列 $R$ の逆行列 $R^{-1}$ の $(j,j)$ 要素とする．本項では最小 2 乗法について述べる．

#### a. 主因子 (分析) 法 (principal factor analysis)

よく用いられている方法で，多くの統計関係のソフトプログラムに組み込まれている．相関行列または残差行列の共通性に対する寄与が最大，つまり因子負荷量の 2 乗和が最大になるように因子負荷量を求める．そこで $R$ と $AA^{\mathrm{T}} + D$ との近さを測る量を最小にするという意味で最小 2 乗法に主因子法も含めて考えられる．主成分分析と同様な手法で固有値，固有ベクトルを求める方法なので主因子法といわれる．

そして非反復による場合と反復による場合があり，それぞれ以下のような手順で解く．

**(i) 非反復による方法**

**手順 1** 標本相関行列 $R$ を求める．

**手順 2** $R^{*} = R - D$ を求める．非対角成分は相関係数であり，対角成分の共通性 ($h_j^2 = 1 - d_j^2$) を計算する．この推定値には SMC が普通用いられる．つまり，$(j,j)$ 成分に $1 - 1/r^{jj}$ を代入する $(j = 1, \ldots, p)$．そこで

$$(6.27) \qquad R^{*} = R - D = \begin{pmatrix} 1 - \dfrac{1}{r^{11}} & r_{12} & \cdots & r_{1p} \\ r_{21} & 1 - \dfrac{1}{r^{22}} & \cdots & r_{2p} \\ \vdots & \vdots & \ddots & \vdots \\ r_{p1} & r_{p2} & \cdots & 1 - \dfrac{1}{r^{pp}} \end{pmatrix}$$

が成立する．

**手順 3** $R^{*}$ の固有値，固有ベクトルを求める．固有値を大きい順に $\lambda_1, \ldots, \lambda_p$ とし，そのうち適当な個数 (1 より大きい個数など) を $m$ とし，対応する固有ベクトルを $\boldsymbol{b}_1, \ldots, \boldsymbol{b}_m$ とする．そして $\boldsymbol{a}_j = \sqrt{\lambda_j} \boldsymbol{b}_j$ $(j = 1, \ldots, m)$ とし，$A = (\boldsymbol{a}_1, \ldots, \boldsymbol{a}_m)$ と因子負荷量を推定する．つまり

$$(6.28) \qquad R^{*} \cong AA^{\mathrm{T}} = \boldsymbol{a}_1 \boldsymbol{a}_1^{\mathrm{T}} + \cdots + \boldsymbol{a}_m \boldsymbol{a}_m^{\mathrm{T}}$$

と近似する．これは行列のスペクトル分解である．

**(ii) 反復による方法**

反復の 1 回目は非反復の手順 1, 2, 3 と同じであり，手順 4 に収束判定の条件をいれるので以下のようになる．

**手順 1** 標本相関行列 $R$ をデータより計算する．

**手順 2** 非反復の $R^{*}$ を 1 回目なので，$R^{(1)}$ とあらわす．

**手順 3** 非反復での $A$ を $A^{(1)}$ とあらわす．

**手順 4** $R^{(1)}$ と $A^{(1)} A^{(1)\mathrm{T}}$ の対角要素の差 $|r_{jj}^{(1)} - \sum_{k=1}^{m} a_{jk}^2|$ が十分小さければ反復を止め，$A^{(1)}$ を因子負荷量の推定値とする．小さくなければ $R^{(1)}$ の対角要素を $\sum_{k=1}^{m} a_{jk}^2$ $(j = 1, \ldots, p)$ で置き換えたものを $R^{(2)}$ として手順 3 に戻り $R^{(2)}$ の固有値，固有ベクトルを求めるというように反復する．上記の手順 3, 4 を繰り返し行い，対角要素が収束するまで繰り返す．

**手順 5** 収束したときの $\boldsymbol{a}_j = \sqrt{\lambda_j} \boldsymbol{b}_j$ が因子負荷量で $\dfrac{\lambda_j}{p}$ が寄与率である．

**注 6.2** 手順 2 における共通性 (= 全体の分散から独自分散を除いたもの $= h_j^2 = a_{j1}^2 + \cdots + a_{jm}^2 = 1 - d_j^2$ ($\sigma_{jj} = 1$)) の初期値として，

① $j$ 番目の変数と他の $p-1$ 個の変数との重相関係数の 2 乗 (SMC) は $1-1/r^{jj}$ で与えられることによる SMC が用いられる．他に

② 最大相関 (highest correlation)：$\max_{k \neq j} |r_{jk}|$

③ 1 (これは独自分散 $d_j^2 = 0$ と同等)

とするなどがあるが，大体 SMC がよく使われ，良さそうである．また反復する場合，母数全てについて同時に最適 (小) 化することが良いが，最適な値が同じか余り変わらなければ母数を例えば $D$ と $A$ について交互に最適化というような手法がとられる．詳しくは，丘本 [A10] を参照されたい． ◁

相関行列は実対称行列なので，固有値は全て実数である．以下で具体的な数値の場合，主因子法を適用してみよう．

---

**例題 6.2**

以下の (標本) 相関行列に対して主因子法により，因子負荷量を非反復および反復計算により求めよ．

$$\begin{pmatrix} 1 & 1/2 \\ 1/2 & 1 \end{pmatrix}$$

---

**解**

(i) 非反復による解法

**手順 1** $R^* = R - D$ を求める．まず $R$ の逆行列 $R^{-1}$ を求めると

$$R^{-1} = \frac{2}{3}\begin{pmatrix} 2 & -1 \\ -1 & 2 \end{pmatrix}$$

である．共通性 $h_j^2$ の推定値として，SMC を用いると $h_j^2 = 1 - 1/r^{jj}$ $(j=1,2)$ であり，$h_1^2 = 1 - 1/r^{11} = 1 - 1/(4/3) = 1/4$, $h_2^2 = 1 - 1/r^{22} = 1/4$ なので $R^* = R - D = \begin{pmatrix} 1/4 & 1/2 \\ 1/2 & 1/4 \end{pmatrix}$.

RMAX を用いる場合　相関行列 $R$ の $j$ 行の絶対値最大の要素を共通性 $h_j^2$ とする．つまり $h_j^2 = \max_{k \neq j} r_{jk}$ とする．そこで $h_1^2 = 1/2, h_2^2 = 1/2$ より

$$R^* = \begin{pmatrix} 1/2 & 1/2 \\ 1/2 & 1/2 \end{pmatrix}$$

となる．

以下では SMC を採用した場合に計算する．

**手順 2** $R^*$ について固有値，固有ベクトルを求める．

$|R^* - \lambda I| = \begin{vmatrix} 1/4 - \lambda & 1/2 \\ 1/2 & 1/4 - \lambda \end{vmatrix} = (\lambda + 1/4)(\lambda - 3/4) = 0$ より固有値は $\lambda_1 = 3/4, \lambda_2 = -1/4$ と求まる．そこで因子数を 1 とする．

固有値 $\lambda_1 = 3/4$ に対応する固有ベクトルは $\begin{pmatrix} 1/4 - 3/4 & 1/2 \\ 1/2 & 1/4 - 3/4 \end{pmatrix}\begin{pmatrix} b_{11} \\ b_{21} \end{pmatrix} = 0$ より $b_{11} = b_{21}$ だから $\boldsymbol{b}_1 = (1/\sqrt{2}, 1/\sqrt{2})^{\mathrm{T}}$ である．故に因子負荷行列は

$$A = \sqrt{\lambda_1} \cdot \boldsymbol{b}_1 = \sqrt{3/4}\begin{pmatrix} 1/\sqrt{2} & 1/\sqrt{2} \end{pmatrix} = \begin{pmatrix} \sqrt{6}/4 \\ \sqrt{6}/4 \end{pmatrix}$$

と求まる．

(ii) 反復による解法

非反復の場合の手順 3 で，

$$A^{(1)}A^{(1)T} = \boldsymbol{a}_1\boldsymbol{a}_1^{\mathrm{T}} = \begin{pmatrix} \sqrt{6}/4 \\ \sqrt{6}/4 \end{pmatrix}\begin{pmatrix} \sqrt{6}/4 & \sqrt{6}/4 \end{pmatrix} = \begin{pmatrix} 3/8 & 3/8 \\ 3/8 & 3/8 \end{pmatrix}$$

で $R^{(1)} = R^*$ で $|r_{11}^* - a_{11}^{(1)2}| = |1/4 - 3/8| = 1/8$ で十分小さくないので，反復を続ける．そこで

$$R^{(2)} = \begin{pmatrix} a_{11}^2 & r_{12} \\ r_{12} & a_{22}^2 \end{pmatrix} = \begin{pmatrix} 3/8 & -2/3 \\ -2/3 & 3/8 \end{pmatrix}$$

とおき，$R^{(2)}$ の固有値，固有ベクトルを求める．固有値は $25/24, -7/24$ で $25/24$ に対応する固有ベクトルは

$\boldsymbol{b} = (1/\sqrt{2}, 1/\sqrt{2})^{\mathrm{T}}$ で因子負荷行列は $A^{(2)} = 5\sqrt{3}/(12)(1,1)^{\mathrm{T}}$ で $|r_{11}^{(2)} - a_{11}^{(2)2}| = |3/8 - 25/48| = 7/48$ なので，更に

$$R^{(3)} = \begin{pmatrix} 75/144 & -2/3 \\ -2/3 & 75/144 \end{pmatrix}$$

とする．$R^{(3)}$ の固有値，固有ベクトルを求める．固有値は $1.1875, -0.14583$ で $1.1875$ に対応する固有ベクトルは $\boldsymbol{b} = (1/\sqrt{2}, 1/\sqrt{2})^{\mathrm{T}}$ で因子負荷行列は $A^{(3)} = \sqrt{1.1875}/\sqrt{2}(1,1)^{\mathrm{T}}$ で $|r_{11}^{(3)} - a_{11}^{(3)2}| = |75/144 - 1.1875/2| = 0.0729$ でまだ十分でないので反復するというように収束するまで行い，収束したときの $A^{(n)}$ を因子負荷量とする． □

**b. 重み付き最小 2 乗法**

与えられた正値の重み行列 $W$ に対して，関数

(6.29) $\qquad L(\Sigma, V) = \dfrac{1}{2} tr\{(V-\Sigma)W\}^2 \quad \searrow \quad$ (最小化)

を $(A, D)$ について最小化する推定量を一般化最小 2 乗推定量という．

- $W = I$ のとき　重みなし最小 2 乗法 (ULS : unweighted least-squares)
- $W = V^{-1}$ のとき　重み付き最小 2 乗法 (WLS : weighted least-squares)
- $W = \mathrm{diag}(V)^{-2}$ のとき　単純最小 2 乗法 (SLS : simple least-squares)

という推定量の漸近正規性が成り立つ．

### 6.3.2 分布 (形) を仮定しての方法

**a. 最尤推定法 (maximum likelihood method)**

$\Sigma = AA^{\mathrm{T}} + D$ のモデルで，データに多次元正規分布を仮定し，そのときの $A$ と $D$ について尤度を最大化するように $A$ と $D$ を推定する．そこで，最尤推定量の良い性質である一致性，漸近正規性などを推定量がもつ．$V$ がウィッシャート分布にしたがうと仮定することになる．最尤法は不適解 (improper solution) が生じやすいためその改善法も考えられている．

実際データ $\boldsymbol{x}_1, \ldots, \boldsymbol{x}_n$ が得られる確率 (母数の関数とみた尤度) $L$ は

$$\begin{aligned}
(6.30)\ L(A, D) &= \prod_{i=1}^{n} (2\pi)^{-p/2} |\Sigma|^{-1/2} \exp\left\{-\frac{1}{2}(\boldsymbol{x}_i - \boldsymbol{\mu})^{\mathrm{T}} \Sigma^{-1} (\boldsymbol{x}_i - \boldsymbol{\mu})\right\} \\
&= (2\pi)^{-np/2} \exp\left\{-\frac{n}{2}(\overline{\boldsymbol{x}} - \boldsymbol{\mu})^{\mathrm{T}} \Sigma^{-1} (\overline{\boldsymbol{x}} - \boldsymbol{\mu})\right\} |\Sigma|^{-n/2} \exp\left\{-\frac{n}{2} tr(\Sigma^{-1} V)\right\}
\end{aligned}$$

である．平均ベクトルに関しての最尤推定量は $\widehat{\boldsymbol{\mu}} = \overline{\boldsymbol{x}}$ である．

**b. その他**

ミンレス法 (Minres : minimizing residual method)，セントロイド法 (centroid method : 重心法) などがある．ミンレス法は，ハーマン (Harman and Jones [B6]) による提案で，$tr(X - M - FA^{\mathrm{T}})^{\mathrm{T}}(X - M - FA^{\mathrm{T}})$：残差行列の各成分の平方和を最小にする方法である．相関行列に適用する場合は非対角要素の 2 乗和を最小化するものである．またセントロイド法は，因子負荷量の総和を最大化する方法である．詳しくは奥野他 [A11] を参照されたい．

## 6.4　因子軸の回転と解釈

因子の解釈を容易にするために因子の回転 (rotation) の操作が行われる．例えば図 6.1 のような散布図であるデータについては，軸の回転により点のばらつきを明確に成分に分けて表すことがみられる．

**直交回転** (orthogonal rotation) は回転後の因子が直交していて互いに因子が無相関の回転をいう．ここでは，オーソマックス (orthomax) 法について説明しよう．これはバリマックス (varimax) 法，コーティマックス (quartimax) 法などを含む方法である．**斜交回転** (oblique rotation) としてはオブリマックス (oblimax) 法，オブリミン (oblimin) 法などがある．

(6.31) $\qquad \boldsymbol{x}_i = \boldsymbol{\mu} + A\boldsymbol{f}_i + \boldsymbol{\varepsilon}_i$

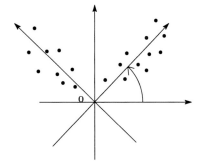

図 6.1 軸の回転

であるとき $P$ を直交行列として一次 (線形) 変換 $\boldsymbol{f}_i \to P\boldsymbol{f}_i$ を考えると

(6.32) $$\boldsymbol{x}_i = \boldsymbol{\mu} + AP^{\mathrm{T}}P\boldsymbol{f}_i + \boldsymbol{\varepsilon}_i = \boldsymbol{\mu} + A\boldsymbol{f}_i + \boldsymbol{\varepsilon}_i$$

なので，因子負荷行列 $A$ も $A \to AP^{\mathrm{T}}$ なる回転を考えれば，$AA^{\mathrm{T}} = AP(AP)^{\mathrm{T}} = A\underbrace{PP^{\mathrm{T}}}_{=I}A^{\mathrm{T}} = AA^{\mathrm{T}}$ で，$\Sigma = AA^{\mathrm{T}} + D$ が成立するので，共通因子は回転しても条件を満足している．つまり回転に関する不定性がある．以下では直交回転と斜交回転に分けて考えよう．

### 6.4.1 直交回転

オーソマックス法は回転後の因子負荷行列を $B = (b_{jk})$ とすると

(6.33) $$V = \sum_{k=1}^{m} \left\{ \sum_{j=1}^{p} (b_{jk}^2)^2 - \alpha \frac{\left(\sum_{j=1}^{p} b_{jk}^2\right)^2}{p} \right\}$$

を最大にするような回転をする方法である．回転前の行列 $A$ と回転後の行列 $B$ との関係は $B = AT$ である．$\alpha = 1$ のときは，各因子の因子負荷量の 2 乗の分散の和を最大化するように回転することになり，**バリマックス回転**といわれる．$b_{jk}^2$ の代わりに $b_{jk}^2/h_j^2$ の分散の和を最大化ように回転する場合を**規準化バリマックス法** (normalized varimax method) という．$\alpha = 0$ のときは，因子負荷量行列の各要素の 2 乗を要素とする行列において，行内の平均からの偏差の平方和を最大にする**コーティマックス法** (quartimax method) である．実際 $\alpha = 1$ (バリマックス回転) の場合，実際には $m$ 個のうちの逐次 2 つの因子の組のみに直交変換を施す変換をすべての組 ($m(m-1)/2$ 個ある) について行うことで最大化する．そこで，2 つの因子 $k, k'$ について $V$ を最大化する回転角 $\theta_{kk'}$ は以下のように与えられる．

$k, (\neq) k'$ 列のみに変換を施す直交変換の行列 $T_{kk'}$ は

$$T_{kk'} = \begin{pmatrix} 1 & & & & & & & & & \\ & \ddots & & & & & & & & \\ & & 1 & & & & & & & \\ & & & \cos\theta & \cdots & \cdots & \cdots & -\sin\theta & & \\ & & & & 1 & & & & & \\ & & & \vdots & & \ddots & & \vdots & & \\ & & & & & & 1 & & & \\ & & & \sin\theta & \cdots & \cdots & \cdots & \cos\theta & & \\ & & & & & & & & 1 & \\ & & & & & & & & & \ddots \\ & & & & & & & & & & 1 \end{pmatrix} \begin{matrix} \\ \\ \\ \leftarrow k \text{行} \\ \\ \\ \\ \leftarrow k' \text{行} \\ \\ \\ \end{matrix}$$

で与えられる．$(\boldsymbol{b}_1, \ldots, \boldsymbol{b}_m) = (\boldsymbol{a}_1, \ldots, \boldsymbol{a}_m)T_{kk'}$ なる関係から

$$\begin{cases} \boldsymbol{b}_k = \boldsymbol{a}_k \cos\theta_{kk'} + \boldsymbol{a}_{k'} \sin\theta_{kk'} \\ \boldsymbol{b}_{k'} = -\boldsymbol{a}_{k'} \sin\theta_{kk'} + \boldsymbol{a}_k \cos\theta_{kk'} \\ \boldsymbol{b}_j = \boldsymbol{a}_j \quad (j \neq k, k') \end{cases}$$

が成立している．次に，$V$ を最大にすることから，$V$ を $\theta_{kk'}$ に関して微分し 0 とおいた式から，$\theta_{kk'}$ は以下の式を満足するものになる．

$$\tan(4\theta_{kk'}) = \frac{c-d}{e-f} \quad \left(\leftrightarrow \theta_{kk'} = \frac{1}{4}\tan^{-1}\left(\frac{c-d}{e-f}\right)\right)$$

ただし，

$$c = 4p\sum_{j=1}^{p}(a_{jk}^2 - a_{jk'}^2)a_{jk}a_{jk'}, \quad d = 4\sum_{j=1}^{p}(a_{jk}^2 - a_{jk'}^2)\sum_{j=1}^{p}a_{jk}a_{jk'},$$

$$e = p \times \Big\{\sum_{j=1}^{p}(a_{jk}^2 - a_{jk'}^2)^2 - 4\sum_{j=1}^{p}(a_{jk}^2 - a_{jk'}^2)\Big\}, \quad f = \sum_{j=1}^{p}(a_{jk}^2 - a_{jk'}^2)^2 - 4\big(\sum_{j=1}^{p}a_{jk}a_{jk'}\big)^2$$

である．

### 6.4.2 斜交回転

オーソマックス法に対応して斜交法には，**オブリミン法** (oblimin method) があり，回転後の因子負荷行列を $B = (b_{jk})$ とすると

$$\sum_{r<s}^{m}\Big\{\sum_{j=1}^{p}b_{jr}^2 b_{js}^2 - \frac{\alpha}{p}\Big(\sum_{j=1}^{p}b_{jr}^2\Big)\Big(\sum_{j=1}^{p}b_{js}^2\Big)\Big\} \tag{6.34}$$

を最小にするような回転をする方法である．$\alpha = 0$ のときは，因子負荷量行列の各要素の2乗を要素とする行列において，相異なる列間の積和を加えたものを最小にする**コーティミン法** (quartimin method) である．$\alpha = 1$ のときは，因子負荷量行列の各要素の2乗を要素とする行列において，相異なる列間の共分散の和を最小にする**コバリミン法** (covarimin method) である．

また，まず直交回転で因子負荷量の $k$ (ふつう 4) 乗することで望ましい目標とするパターン行列を構成して，その行列と最小2乗の意味で最もよい斜交回転 (プロクラステス回転) をするような方法を**プロマックス法** (promax method) という．詳しくは田中・垂水 [A23] を参照されたい．

## 6.5 因子得点

データのモデルが

$$X_{n\times p} = F_{n\times m}A_{m\times p}^{\mathrm{T}} + E_{n\times p} \quad (\boldsymbol{x}_i = A\boldsymbol{f}_i + \boldsymbol{\varepsilon}_i: i = 1, \ldots, n) \tag{6.35}$$

である．因子分析における各個体の共通な因子での得点を**因子得点**という．共通因子の数が $m$ であるとする．ここでは 2 つの手法をとりあげる．1 つは，**バートレット** (Bartlett) による重み付き最小2乗法であり，もう 1 つは**トムソン** (Thomson) の回帰推定法である．

① **バートレット** (Bartlett) **による重み付き最小2乗法** $i$ 個体の因子得点 $\boldsymbol{f}_i$ を，不偏性を満たす推定量のうち分散 $V(\widehat{\boldsymbol{f}}_{(j)})$ $(j = 1,\ldots,m)$ を最小にするものである．なお，$\widehat{A}$ は推定された因子負荷行列，$\widehat{D}$ は推定された $\boldsymbol{\varepsilon}$ の (独自) 分散行列である．そこで，

$$\widehat{\boldsymbol{f}}_i = (\widehat{A}^{\mathrm{T}}\widehat{D}^{-1}\widehat{A})^{-1}\widehat{A}^{\mathrm{T}}\widehat{D}^{-1}\boldsymbol{x}_i \tag{6.36}$$

となる．これは，不偏性の性質がある．そこで，

$$\widehat{F} = \begin{pmatrix}\widehat{\boldsymbol{f}}_1^{\mathrm{T}} \\ \vdots \\ \widehat{\boldsymbol{f}}_n^{\mathrm{T}}\end{pmatrix} = \begin{pmatrix}f_{11} & \cdots & f_{1m} \\ \vdots & \ddots & \vdots \\ f_{n1} & \cdots & f_{nm}\end{pmatrix}_{n\times m} = \begin{pmatrix}\boldsymbol{x}_1^{\mathrm{T}} \\ \vdots \\ \boldsymbol{x}_n^{\mathrm{T}}\end{pmatrix}\widehat{D}^{-1}\widehat{A}^{\mathrm{T}}(\widehat{A}\widehat{D}^{-1}\widehat{A})^{-1}$$

$$= X\widehat{D}^{-1}\widehat{A}^{\mathrm{T}}(\widehat{A}\widehat{D}^{-1}\widehat{A})^{-1}$$

である．

② **トムソン** (Thomson) **の回帰推定法** $\boldsymbol{f}$ の期待値が

$$E(\boldsymbol{f}) = A^{\mathrm{T}}\Sigma^{-1}\boldsymbol{x} \tag{6.37}$$

である．そこで，$i$ 個体の因子得点 $\boldsymbol{f}_i$ を

$$\widehat{\boldsymbol{f}}_i = \widehat{\Phi}\widehat{A}^{\mathrm{T}}(\widehat{A}\widehat{\Phi}\widehat{A}^{\mathrm{T}} + \widehat{D})^{-1}\boldsymbol{x}_i \tag{6.38}$$

とする．これは，平均 2 乗誤差を最小にする性質がある．なお，直交因子の場合は，$\Phi = \widehat{\Phi} = I$ (単位行列) とおくので，

$$\widehat{\boldsymbol{f}}_i = \widehat{A}^{\mathrm{T}}(\widehat{A}\widehat{A}^{\mathrm{T}} + \widehat{D})^{-1}\boldsymbol{x}_i \quad (\widehat{F} = X(\widehat{A}\widehat{A}^{\mathrm{T}} + \widehat{D})^{-1}\widehat{A}) \tag{6.39}$$

である．また，以下の残差

$$\sum_{i=1}^{n}(\boldsymbol{x}_i - \widehat{A}\boldsymbol{f}_i)^{\mathrm{T}}\widehat{D}^{-1}(\boldsymbol{x}_i - \widehat{A}\boldsymbol{f}_i) \quad \searrow \quad \text{(最小化)} \tag{6.40}$$

を最小化する最小 2 乗推定量で与える．

## 6.6 実際の計算例

---
**例題 6.3　1 因子モデル**

以下の表 6.5 の数学と物理と英語の成績に関して，数理的能力である潜在能力の 1 因子で説明されるとして，因子分析を行え．

---

表 6.5　数学，物理，英語の成績

| 科目\名前 | 数学 | 物理 | 英語 |
|---|---|---|---|
| 1 | 85 | 81 | 88 |
| 2 | 78 | 88 | 85 |
| 3 | 81 | 75 | 73 |
| 4 | 63 | 70 | 89 |
| 5 | 45 | 55 | 52 |
| 6 | 91 | 89 | 95 |
| 7 | 74 | 82 | 80 |
| 8 | 85 | 87 | 92 |

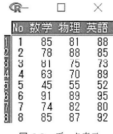

図 6.2　データ表示

[予備解析]

**手順 1**　データの読み込み：【データ】▶【データのインポート】▶【テキストファイルまたはクリップボード，URL から...】を選択し，ダイアログボックスで，フィールドの区切り記号としてカンマにチェックをいれて，OK を左クリックする．フォルダからファイルを指定後，開く (O) を左クリックする．そして データセットを表示 をクリックすると，図 6.2 のようにデータが表示される．

**手順 2**　基本統計量の計算：【統計量】▶【要約】▶【アクティブデータセット】をクリックすると，次の出力結果が表示される．

```
> summary(rei61)   #データの要約
      No             数学            物理            英語
 Min.   :1.00   Min.   :45.00   Min.   :55.00   Min.   :52.00
 1st Qu.:2.75   1st Qu.:71.25   1st Qu.:73.75   1st Qu.:78.25
 Median :4.50   Median :79.50   Median :81.50   Median :86.50
 Mean   :4.50   Mean   :75.25   Mean   :78.38   Mean   :81.75
 3rd Qu.:6.25   3rd Qu.:85.00   3rd Qu.:87.25   3rd Qu.:89.75
 Max.   :8.00   Max.   :91.00   Max.   :89.00   Max.   :95.00
```

【統計量】▶【要約】▶【数値による要約...】をクリックし，統計量で全てにチェックをいれ，さらに変数で英語，数学，物理を選択し，OK をクリックすると，次の出力結果が表示される．

```
> numSummary(rei61[,c("英語","数学","物理")], statistics=c("mean", "sd", "IQR",
```

```
+     "quantiles", "cv", "skewness", "kurtosis"), quantiles=c(0,.25,.5,.75,1),
+     type="2")
        mean     sd    IQR        cv skewness kurtosis 0%   25%  50%   75% 100% n
英語  81.750 13.87444 11.50 0.1697179 -1.636250 2.830031 52 78.25 86.5 89.75   95 8
数学  75.250 14.85886 13.75 0.1974599 -1.367292 1.715845 45 71.25 79.5 85.00   91 8
物理  78.375 11.51319 13.50 0.1468988 -1.322909 1.552513 55 73.75 81.5 87.25   89 8
```

【統計量】▶【要約】▶【相関行列...】を選択し,統計量で全てにチェックをいれ,さらに変数として英語,数学,物理を選択し OK をクリックすると,次の出力結果が表示される.

```
> cor(rei61[,c("英語","数学","物理")], use="complete")
          英語      数学      物理
英語 1.0000000 0.7910010 0.8359616
数学 0.7910010 1.0000000 0.9095956
物理 0.8359616 0.9095956 1.0000000
```

**手順3 グラフ化**:【グラフ】▶【散布図行列...】を選択し,変数として英語,数学,国語を選択して 開く (O) をクリックする.すると図6.3のように散布図が表示される.いずれの変数についても左に裾を引いている.またどの変数の組についても正の相関がありそうである.

[因子分析]

**手順1 共通因子を求め,因子の数を決める**:【統計量】▶【次元解析】▶【因子分析...】を選択し,変数として英語,数学,国語を選択し,因子の回転でバリマックスにチェックをいれ,因子スコアで回帰にチェックをいれて OK をクリックすると次の出力結果が得られる.

**手順2 因子の回転と因子得点の指定も含め,因子負荷量より因子の解釈をする**:

```
> .FA <- factanal(~英語+数学+物理, factors=1, rotation="varimax",
  scores="regression", data=rei61)
> .FA
Call:
factanal(x = ~英語 + 数学 + 物理, factors = 1, data = rei61,
 scores = "regression", rotation = "varimax")
Uniquenesses:
 英語  数学  物理
0.273 0.139 0.039
Loadings:   #因子負荷量:絶対値が0に近いと表示されないように設定されている
      Factor1
英語  0.853
数学  0.928
物理  0.980
               Factor1
SS loadings      2.549
Proportion Var   0.850
#なお, print(x,cutoff=0)は絶対値で0より小さい値は表示しないことを意味する.
The degrees of freedom for the model is 0 and the fit was 0
> rei61$F1 <- .FA$scores[,1]
> remove(.FA)
```

直交回転だとバリマックス回転,斜交回転だとプロマックス回転を指定する.また因子得点は,バートレットの方法か回帰による方法のいずれかを選択する.回転については1因子なので考えない.共通因子が1因子なので,因子負荷量からどの変数とも相関が大きいので,共通因子は数理的能力を表しているのではと考えられる.

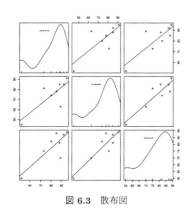
図 6.3 散布図

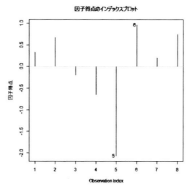
図 6.4 因子得点のインデックスプロット

**手順 3** 因子得点を求め，グラフ表示する：因子得点を保存しておき，【グラフ】▶【インデックスプロット】を選択し，変数に F1 を選択後，オプションの設定後，サンプルの因子得点をプロットすると，図 6.4 の出力が得られる．

**手順 4** グラフからサンプルの解釈をする：図 6.4 から，サンプル No.5 が得点が特に低く，サンプル No.2, 6, 8 が大体同じ得点である．

次に変数を多く扱う場合の例をとりあげよう．

---
**例題 6.4**

19 社のアンケート調査結果である．19 社における売上げ高，営業利益，経常利益，当期純利益に関する 4 個の項目に関する 5 段階評価による回答でのアンケート調査により表 6.6 のデータが得られた．潜在因子を仮定してモデルをたて，因子分析せよ．

---

表 6.6 アンケート結果

| 企業 No. \ 項目 | 売上高 $x_1$ | 営業利益 $x_2$ | 経常利益 $x_3$ | 当期純利益 | 営業 CF | フリ.CF | 総資本 | 自己資本 |
|---|---|---|---|---|---|---|---|---|
| 1 | 5 | 5 | 5 | 5 | 4 | 4 | 4 | 4 |
| 2 | 4 | 4 | 4 | 4 | 3 | 3 | 3 | 3 |
| 3 | 4 | 5 | 5 | 5 | 5 | 4 | 3 | 3 |
| 4 | 4 | 4 | 4 | 3 | 3 | 3 | 3 | 3 |
| 5 | 4 | 5 | 4 | 4 | 3 | 4 | 3 | 4 |
| 6 | 3 | 5 | 3 | 3 | 5 | 3 | 3 | 3 |
| 7 | 3 | 3 | 3 | 3 | 3 | 4 | 3 | 3 |
| 8 | 3 | 3 | 3 | 3 | 3 | 3 | 3 | 3 |
| 9 | 3 | 3 | 4 | 4 | 4 | 4 | 3 | 3 |
| 10 | 3 | 4 | 4 | 3 | 3 | 3 | 4 | 3 |
| 11 | 5 | 5 | 4 | 4 | 3 | 3 | 3 | 3 |
| 12 | 4 | 5 | 4 | 4 | 5 | 4 | 4 | 3 |
| 13 | 5 | 5 | 3 | 4 | 4 | 3 | 3 | 3 |
| 14 | 4 | 5 | 4 | 5 | 4 | 4 | 4 | 5 |
| 15 | 4 | 4 | 5 | 4 | 4 | 4 | 3 | 3 |
| 16 | 5 | 4 | 5 | 4 | 4 | 4 | 3 | 4 |
| 17 | 4 | 4 | 5 | 3 | 3 | 3 | 3 | 3 |
| 18 | 4 | 5 | 4 | 4 | 4 | 3 | 3 | 4 |
| 19 | 4 | 3 | 5 | 3 | 3 | 3 | 2 | 3 |

[予備解析]

**手順 1** データの読み込み：【データ】▶【データのインポート】▶【テキストファイルまたはクリップボード，URL から...】を選択し，ダイアログボックスで，フィールドの区切り記号としてカンマにチェックをいれて， OK を左クリックする．フォルダからファイルを指定後， 開く(O) を左クリッ

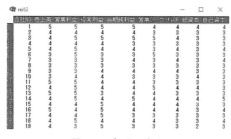

図 6.5 データの表示

クする．そして データセットを表示 をクリックすると，図 6.5 のようにデータが表示される．
**手順 2** 基本統計量の計算：【統計量】▶【要約】▶【アクティブデータセット】をクリックすると，次の出力結果が表示される．

```
> summary(rei63)   #データの要約
     会社NO           売上高           営業利益          経常利益         当期純利益
 Min.   : 1.0    Min.   :3.000    Min.   :3.000    Min.   :3.000    Min.   :3.000
 1st Qu.: 5.5    1st Qu.:3.500    1st Qu.:4.000    1st Qu.:4.000    1st Qu.:3.000
 Median :10.0    Median :4.000    Median :4.000    Median :4.000    Median :4.000
 Mean   :10.0    Mean   :3.947    Mean   :4.263    Mean   :4.105    Mean   :3.842
 3rd Qu.:14.5    3rd Qu.:4.000    3rd Qu.:5.000    3rd Qu.:5.000    3rd Qu.:4.000
 Max.   :19.0    Max.   :5.000    Max.   :5.000    Max.   :5.000    Max.   :5.000
     営業CF          フリ.CF           総資本           自己資本
 Min.   :3.000   Min.   :3.000    Min.   :2.000    Min.   :3.000
 1st Qu.:3.000   1st Qu.:3.000    1st Qu.:3.000    1st Qu.:3.000
 Median :4.000   Median :3.000    Median :3.000    Median :3.000
 Mean   :3.684   Mean   :3.474    Mean   :3.158    Mean   :3.368
 3rd Qu.:4.000   3rd Qu.:3.000    3rd Qu.:3.000    3rd Qu.:4.000
 Max.   :5.000   Max.   :4.000    Max.   :4.000    Max.   :5.000
```

【統計量】▶【要約】▶【数値による要約...】をクリックし，全変数を選択し，統計量をクリックし，統計量で全てにチェックをいれ，さらに OK をクリックすると，次の出力結果が表示される．

```
> numSummary(rei63[,c("フリ.CF", "営業CF", "営業利益", "経常利益", "自己資本",
+ "総資本", "当期純利益","売上高")], statistics=c("mean", "sd", "IQR", "quantiles",
+ "cv", "skewness", "kurtosis"), quantiles=c(0,.25,.5,.75,1), type="2")
             mean       sd IQR        cv   skewness   kurtosis 0% 25% 50% 75%
フリ.CF   3.473684 0.5129892 1.0 0.1476787  0.11466817 -2.2352941  3 3.0   3   4
営業CF    3.684211 0.7492686 1.0 0.2033729  0.61579656 -0.8562443  3 3.0   4   4
営業利益  4.263158 0.8056816 1.0 0.1889870 -0.54264851 -1.2037769  3 4.0   4   5
経常利益  4.105263 0.7374684 1.0 0.1796397 -0.17239345 -0.9978576  3 4.0   4   5
自己資本  3.368421 0.5972647 1.0 0.1773130  1.44341728  1.3800133  3 3.0   3   4
総資本    3.157895 0.5014599 0.0 0.1587956  0.38464985  1.1125091  2 3.0   3   3
当期純利益 3.842105 0.6882472 1.0 0.1791328  0.21208876 -0.6623094  3 3.0   4   4
売上高    3.947368 0.7050362 0.5 0.1786092  0.07361766 -0.7657236  3 3.5   4   4
         100%  n
フリ.CF    4  19
営業CF     5  19
営業利益   5  19
経常利益   5  19
自己資本   5  19
総資本     4  19
```

| | | |
|---|---|---|
| 当期純利益 | 5 | 19 |
| 売上高 | 5 | 19 |

【統計量】▶【要約】▶【相関行列...】をクリックし，さらに全変数を選択し OK をクリックすると，次の出力結果が表示される．

```
> cor(rei63[,c("フリ.CF","営業CF","営業利益","経常利益","自己資本","総資本",
 "当期純利益","売上高")],use="complete")
              フリ.CF      営業CF      営業利益     経常利益     自己資本       総資本
フリ.CF    1.00000000 0.41079192 0.08489527 0.30143028 0.48670858 0.34099717
営業CF     0.41079192 1.00000000 0.51342707 0.06350006 0.02613542 0.28793992
営業利益   0.08489527 0.51342707 1.00000000 0.04429039 0.24913082 0.44147297
経常利益   0.30143028 0.06350006 0.04429039 1.00000000 0.03319201 -0.04744010
自己資本   0.48670858 0.02613542 0.24913082 0.03319201 1.00000000 0.35145794
総資本     0.34099717 0.28793992 0.44147297 -0.04744010 0.35145794 1.00000000
当期純利益 0.69566559 0.43659887 0.47985210 0.25347708 0.55482648 0.39819071
売上高     0.07276069 0.07195621 0.51475320 0.43864549 0.18053814 0.02481119
             当期純利益    売上高
フリ.CF    0.6956656 0.07276069
営業CF     0.4365989 0.07195621
営業利益   0.4798521 0.51475320
経常利益   0.2534771 0.43864549
自己資本   0.5548265 0.18053814
総資本     0.3981907 0.02481119
当期純利益 1.0000000 0.43988676
売上高     0.4398868 1.00000000
```

**手順3** グラフ化：【グラフ】▶【散布図行列...】を選択し，オプションで密度プロットと最小2乗直線にチェックをいれて，会社 NO を除いて変数をすべて選択して OK をクリックする．すると図6.6のように散布図行列が表示される．一山型でなく，下に凸型，右上がり型，右下がり型などがみられる．また，相関が高い変数がみられる．

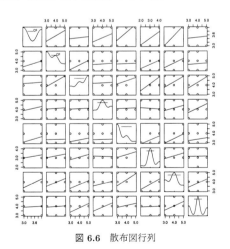

図 6.6 散布図行列

図 6.7 因子分析の指定

[因子分析]

**手順1** 共通因子を求め，因子の数を決める．：図6.7のように，【統計量】▶【次元解析】▶【因子分析...】をクリックし，変数として会社 NO を除いて変数をすべて選択し，オプションで因子の回転でバリマックスにチェックを入れ，因子スコアでなしにチェックを入れ，因子数を4で一度実行する．そし

て寄与率等をみながら，ここでは因子数として累積寄与率(共通因子が3で57.0%)から因子数を3として再度因子分析を実行する．今度は因子スコアで回帰にチェックをいれ，因子数を3として，OKを左クリックする．すると以下の結果が出力される．

```
> .FA
Call:
factanal(x = ~フリ.CF + 営業CF + 営業利益 + 経常利益 + 自己資本 +総資本 + 当期純利益 + 売
上高, factors = 4, data = rei63,scores = "none", rotation = "varimax")
Uniquenesses:
   フリ.CF    営業CF   営業利益   経常利益   自己資本   総資本  当期純利益
    0.039     0.396     0.019     0.643     0.157     0.620     0.256
    売上高
    0.005
Loadings:
         Factor1 Factor2 Factor3 Factor4
フリ.CF    0.150            0.904   0.338
営業CF     0.663            0.389  -0.114
営業利益   0.905   0.310  -0.159   0.202
経常利益           0.502   0.314
自己資本                   0.184   0.893
総資本     0.478            0.179   0.331
当期純利益 0.397   0.358   0.504   0.451
売上高     0.192   0.965           0.137

               Factor1 Factor2 Factor3 Factor4
SS loadings      1.715   1.428   1.421   1.300
Proportion Var   0.214   0.179   0.178   0.163
Cumulative Var   0.214   0.393   0.570   0.733

Test of the hypothesis that 4 factors are sufficient.
The chi square statistic is 0.47 on 2 degrees of freedom.
The p-value is 0.789
```

**手順2** 因子の回転と因子得点の指定も含め，因子負荷量より因子の解釈をする：因子を(直交)回転により，負荷量の変化をみる．因子F1とはフリ.CF，当期純利益，自己資本と因子負荷量が大きく資金めぐりが良いかどうかを表す量である．また因子F2とは営業利益，売上高，営業CF，総資本との因子負荷量が大きく，営業による利潤を表す量である．

**手順3** 因子得点のグラフ化：【グラフ】▶【散布図...】を選択し，共通因子が3個なのでペアごとに3個の散布図を作成するか，散布図行列(図6.8)を作成する．ここではペアごとに以下のように作成してみる．x変数にF1，y変数にF2を選択し，周辺箱ひげ図にチェックをいれ，点を特定のInteractively with mouseにチェックをいれて OK をクリックする．次に点を特定する注意が表示され，OK をクリックする．図6.9のように，散布図上の点をクリックしてサンプル番号を表示して終了する．同様に，F1とF3，F2とF3の散布図も作成する．

**手順4** グラフからサンプルの解釈をする：因子F1の資金めぐりの良さについては大きく2極化され，No.9, 15, 16, 12などが高く，逆にNo.19, 17, 10, 6などが低い．もとのデータからの高いほうが資金繰りが良いとみられる．また因子F2の営業による利潤は，3つのグループに分かれ，No.6, 12, 5, 3などの上位グループ，No.10, 16などの中位のグループ，No.19, 9などの下位グループに分かれる．

```
> .FA
Call:
factanal(x = ~フリ.CF + 営業CF + 営業利益 + 経常利益 + 自己資本 +総資本 +当期純利益 + 売
上高, factors = 3, data = rei63,
```

```
           scores = "regression", rotation = "varimax")
Uniquenesses:
    フリ.CF      営業CF    営業利益    経常利益    自己資本    総資本  当期純利益
     0.005       0.544      0.005      0.681      0.716      0.649      0.293
     売上高
     0.005
Loadings:#因子負荷量
          Factor1 Factor2 Factor3  #第1因子 第2因子 第3因子
フリ.CF    0.990   0.113
営業CF     0.351   0.575
営業利益            0.942   0.325
経常利益    0.290  -0.105   0.473
自己資本    0.458   0.236   0.136
総資本     0.291   0.509
当期純利益  0.637   0.410   0.364
売上高              0.209   0.975
          Factor1 Factor2 Factor3   #第1因子 第2因子 第3因子
SS loadings   1.889   1.769   1.444  #因子負荷の平方和
Proportion Var 0.236   0.221   0.180  #因子寄与率(分散説明率)
Cumulative Var 0.236   0.457   0.638  #累積寄与率
#データがこのモデルにあてはまっているかの適合度検定
Test of the hypothesis that 3 factors are sufficient.
The chi square statistic is 4.67 on 7 degrees of freedom.
The p-value is 0.7    #p値が70%なので当てはまらないとはいえない
> rei63$F1 <- .FA$scores[,1]
> rei63$F2 <- .FA$scores[,2]
> rei63$F3 <- .FA$scores[,3]
> remove(.FA)
```

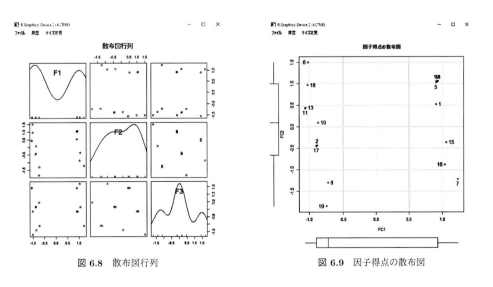

図 6.8　散布図行列　　　　　　　図 6.9　因子得点の散布図

　因子得点については，scores = "regression" でトムソンの回帰推定法を指定している．scores = "Bartlett" だとバートレットの回帰推定法を指定することになる．"none" だと得点を求めない．rotation = "varimax" より，バリマックス回転を指定しているが，rotation = "promax" はプロマックス回転 (斜行回転の 1 つ) を指定する．デフォルト ("none") はバリマックス回転を指定することになる．

**演習 6.3** 13 大学における学生の授業満足度に関する授業内容，選択自由度，授業一体感の 3 つの項目に関する

5段階評価による回答でのアンケート調査により表 6.7 のデータが得られた．潜在因子を仮定してモデルをたて，因子分析せよ．(大学ランキング 1995, 朝日新聞社より) ◁

表 6.7 授業満足度調査

| 大学 No. \ 項目 | 授業内容 $x_1$ | 選択自由度 $x_2$ | 授業一体感 $x_3$ |
|---|---|---|---|
| 1(北海道大) | 5 | 2 | 5 |
| 2(東北大) | 1 | 1 | 5 |
| 3(筑波大) | 4 | 3 | 4 |
| 4(日本大) | 1 | 1 | 1 |
| 5(東京大) | 5 | 5 | 4 |
| 6(名古屋大) | 1 | 1 | 3 |
| 7(大阪大) | 1 | 1 | 2 |
| 8(京都大) | 1 | 5 | 3 |
| 9(九州大) | 1 | 1 | 4 |
| 10(慶応義塾大) | 5 | 5 | 4 |
| 11(早稲田大) | 1 | 3 | 1 |
| 12(立命館大) | 4 | 5 | 1 |
| 13(関西大) | 2 | 4 | 1 |

**演習 6.4** 消費者の即席ラーメンの好みに関する質問項目を作成し，アンケート調査から得たデータについて潜在因子を仮定し，因子モデルをたてて解析せよ． ◁

**演習 6.5** 何人かの学生の 3 科目，例えば情報科学，統計学，プログラミング等に関する成績データをとり，潜在因子を仮定して因子分析せよ． ◁

**演習 6.6** 就職先を決定する際の理由について下記の項目について 20 〜 30 人に 1 〜 5 の 5 段階評価で回答をしてもらい，潜在因子について考察せよ．
 1. やりがい　2. 給与　3. 福利・厚生　4. 将来性 ◁

**演習 6.7** いくつかの企業またはスーパーのイメージに関する質問項目をいくつか各自考え，それぞれの項目について 5 段階でのアンケート調査を行い因子分析を適用してみよ． ◁

**演習 6.8** ホテルの顧客満足度 (客室，食事，設備，接客，値段，総合満足度) に関するアンケート調査を行い，因子分析を適用してみよ． ◁

**演習 6.9** レストラン満足度 (食事，設備，接客，値段) に関するアンケート調査に基づき，共通因子を考え，因子分析を適用してみよ． ◁

# 7

## 正準相関分析

### 7.1 正準相関分析とは

外的基準変数が1つでなく複数の場合がある．例えば数理的な科目 (物理，数学，理科) と言語的科目 (英語，古文，漢文) との相互の関連を調べたいといった場合，入学試験での英語，数学，国語という3科目から入学後の情報科学，認知科学，経営科学，プログラミング科目の4科目の成績を予測したい場合，プロ野球入団テストでの体力テストから，入団後の活躍 (打率，打点，安打数) を予測したい場合など複数の説明変数によって複数の目的変数を予測したい場合がある．以下の図 7.1 のような原因系と結果系の流れを想定すればよいだろう．

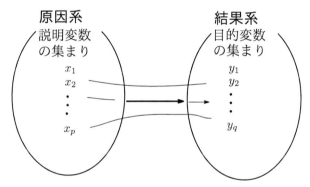

図 7.1 原因系から結果系への流れ

$p$ 個の説明変数を $x_1, \ldots, x_p$ とし，$q$ 個の外的基準変数を $y_1, \ldots, y_q$ とするとき

(7.1) $\qquad f = v_1 x_1 + \cdots + v_p x_p = \boldsymbol{v}^\mathrm{T} \boldsymbol{x}, \qquad g = w_1 y_1 + \cdots + w_q y_q = \boldsymbol{w}^\mathrm{T} \boldsymbol{y}$

である合成変量 $f, g$ について $f$ から $g$ が最も良く推定できるように重み $v_1, \ldots, v_p$ と $w_1, \ldots, w_q$ を定める．説明変数の総合指標 $f$ と目的変数の総合指標 $g$ の間の相関が高くなるように係数を決めたいわけである．また，もともと $p+q$ 個の変数について，それぞれ $p$ 個と $q$ 個の変数の組に分けたときのそれらの組の間の関係を知りたい場合にも適用される．このように，外的基準が複数の予測モデルであると同時に変数の相互の関連も調べる相関分析も行う．その意味で，正準相関分析は回帰関係と相関関係の両方を分析する特殊なモデルである．

そして，適用場面としては以下のような状況が考えられる．

[適用場面] 学生の文系科目の評価点と理系科目の評価点の関係をみる．生産指数の組から物価指数の組を予測する．いくつかの基礎科目から情報処理系科目の組を予測する．運動能力を示すと考えられる疾走力，跳躍力，投力，持久力などから体力を示す敏捷性，瞬発力，背筋力，握力，柔軟性，肺活量の組との関連を調べる．製品のいくつかの工場での検査した結果と実際の市場での消費者による評価の関連を調べる．車の性能と評価の関連を調べる．試作品と実際の製品との関連を調べる．

次に $n$ 個のサンプルについて，説明変数に関する第 $i\,(=1,\ldots,n)$ サンプルのデータが $\boldsymbol{x}_i = (x_{i1}, \ldots, x_{ip})^\mathrm{T}$ で与えられ，目的変数に関する第 $i\,(=1,\ldots,n)$ サンプルのデータが $\boldsymbol{y}_i = (y_{i1}, \ldots, y_{iq})^\mathrm{T}$

で与えられるとする．このとき，図 7.2 のように合成変量 $f, g$ 同士の関係を調べるのである．これを**正準相関分析** (canonical correlation analysis) といい，ホテリング (Hotelling) により 1936 年に導入された．

このとき，$v_1, \ldots, v_p, w_1, \ldots, w_q$ を**正準係数** (canonical coefficient), $f, g$ を**正準変量** (canonical variable) という．正準変量ともとの変数との間の相関係数を**正準負荷量** (canonical loadings) という．

ここで，扱うデータは単位も違う場合が多いため，標準 (規準) 化して利用するのが実際的である．もとの変数を各変数の平均と分散で標準化する変換は

(7.2) $\quad z_{ij}^{(x)} = \dfrac{x_{ij} - \overline{x}_j}{s_j^{(x)}} \quad (j = 1, \ldots, p),$

$\qquad\qquad z_{ij}^{(y)} = \dfrac{y_{ij} - \overline{y}_j}{s_j^{(y)}} \quad (j = 1, \ldots, q)$

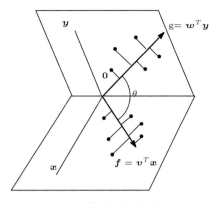

図 **7.2** 正準相関分析の概念図

によって行う．ただし，各組 (群) の標準偏差は以下で与えられる．

(7.3) $\qquad s_j^{(x)2} = s(x_j, x_j) = \dfrac{1}{n-1} \sum_{i=1}^n (x_{ij} - \overline{x}_j)^2 \quad (i = 1, \ldots, p)$

(7.4) $\qquad s_j^{(y)2} = s(y_j, y_j) = \dfrac{1}{n-1} \sum_{i=1}^n (y_{ij} - \overline{y}_j)^2 \quad (j = 1, \ldots, q)$

いま説明変数 $x$ での $i$ サンプルの総合指標を以下のように変形する．

(7.5) $\qquad\qquad f_i = v_1 x_{i1} + \cdots + v_p x_{ip} = \boldsymbol{v}^\mathrm{T} \boldsymbol{x}_i$

両辺から $\overline{f} = \dfrac{\sum_i f_i}{n} = \boldsymbol{v}^\mathrm{T} \overline{\boldsymbol{x}}$ を引いて

(7.6) $\qquad f_i - \overline{f} = v_1(x_{i1} - \overline{x}_1) + \cdots + v_p(x_{ip} - \overline{x}_p) = \boldsymbol{v}^\mathrm{T}(\boldsymbol{x}_i - \overline{\boldsymbol{x}})$

標準偏差でスケールを調整して

(7.7) $\qquad f_i - \overline{f} = v_1 s_1^{(x)} \dfrac{x_{i1} - \overline{x}_1}{s_1^{(x)}} + \cdots + v_p s_p^{(x)} \dfrac{x_{ip} - \overline{x}_p}{s_p^{(x)}} = \boldsymbol{v}^{*\mathrm{T}} \boldsymbol{z}_i^{(x)}$

と変形されるので，結局

(7.8) $\qquad\qquad f_i^* = v_1^* z_{i1}^{(x)} + \cdots + v_p^* z_{ip}^{(x)} = \boldsymbol{v}^{*\mathrm{T}} \boldsymbol{z}_i^{(x)}$

とかかれる．ただし，$\boldsymbol{z}^{(x)} = (z_1^{(x)}, \ldots, z_p^{(x)})^\mathrm{T}$, $\boldsymbol{v} = (v_1, \ldots, v_p)^\mathrm{T}$, $\boldsymbol{v}^* = (v_1^*, \ldots, v_p^*)^\mathrm{T}$, $f_i^* = f_i - \overline{f}$ とおく．

同様に目的変数 $y$ についても

(7.9) $\qquad\qquad g_i^* = w_1^* z_{i1}^{(y)} + \cdots + v_p^* z_{iq}^{(y)} = \boldsymbol{w}^{*\mathrm{T}} \boldsymbol{z}_i^{(y)}$

が成立するので，標準化した変数について正準相関分析する場合の (正準) 係数を $v_1^*, \ldots, v_p^*, w_1^*, \ldots, w_q^*$ で表すとき，もとの正準係数との間には

(7.10) $\qquad v_j^* = v_j s_j^{(x)} \quad (j = 1, \ldots, p), \qquad w_j^* = w_j s_j^{(y)} \quad (j = 1, \ldots, q)$

なる関係が成立する．ただし，標準化したデータでは，$f_i^* = f_i - \overline{f}, g_i^* = g_i - \overline{g}$ を総合指標とする．または，$\overline{\boldsymbol{x}} = \boldsymbol{0}, \overline{\boldsymbol{y}} = \boldsymbol{0}$ と仮定したときと考えてもよい．

後述されるが，正準変量は主成分分析と同様，行列の固有値の大きい順に対応して添え字付けされ，複数個抽出される．そして $k$ 番目の正準変量を**第 $k$ 正準変量**という．

以下では**標準化されたデータ**を扱うとして議論する．なお，アスタリスク $*$ は省略する．つまり，

(7.11) $\quad f = v_1 z_1^{(x)} + \cdots + v_p z_p^{(x)} = \boldsymbol{v}^\mathrm{T} \boldsymbol{z}^{(x)}, \quad g = w_1 z_1^{(y)} + \cdots + w_p z_q^{(y)} = \boldsymbol{w}^\mathrm{T} \boldsymbol{z}^{(y)}$

なる総合指標について考察する．第 $k$ 正準変量を $f_k, g_k$ で表せば，標準化された変数により

$$\text{(7.12)} \qquad f_k = \boldsymbol{v}_k^T \boldsymbol{z}^{(x)}, \quad g_k = \boldsymbol{w}_k^T \boldsymbol{z}^{(y)}$$

と表される．ただし，

$$\boldsymbol{v}_k = (v_{1k}, \ldots, v_{pk})^{\mathrm{T}}, \quad \boldsymbol{z}^{(x)} = (z_1^{(x)}, \ldots, z_p^{(x)})^{\mathrm{T}},$$
$$\boldsymbol{w}_k = (w_{1k}, \ldots, w_{qk})^{\mathrm{T}}, \quad \boldsymbol{z}^{(y)} = (z_1^{(y)}, \ldots, z_q^{(y)})^{\mathrm{T}}$$

である．そこで第 $k$ 正準変量の変数 $x_j\,(=z_j^{(x)}), y_j\,(=z_j^{(y)})$ に関する**正準負荷量**を $c_{jk}^{(x)}, c_{jk}^{(y)}$ とおくと

$$\text{(7.13)} \qquad r(z_j^{(x)}, f_k) = r(x_j, f_k) = c_{jk}^{(x)} = \frac{\sum_i (x_{ij} - \overline{x}_j)(f_{ik} - \overline{f}_k)}{\sqrt{\sum_i (x_{ij} - \overline{x}_j)^2 \sum_i (f_{ik} - \overline{f}_k)^2}}$$

$$\text{(7.14)} \qquad r(z_j^{(y)}, g_k) = r(y_j, g_k) = c_{jk}^{(y)} = \frac{\sum_i (y_{ij} - \overline{y}_j)(g_{ik} - \overline{g}_k)}{\sqrt{\sum_i (y_{ij} - \overline{y}_j)^2 \sum_i (g_{ik} - \overline{g}_k)^2}}$$

である．それぞれを 2 乗して変数について和をとり変数の個数で割った

$$\text{(7.15)} \qquad \frac{\sum_{j=1}^p r^2(x_j, f_k)}{p} = \frac{\boldsymbol{c}_k^{(x)T} \boldsymbol{c}_k^{(x)}}{p}, \quad \frac{\sum_{j=1}^q r^2(y_j, g_k)}{q} = \frac{\boldsymbol{c}_k^{(y)T} \boldsymbol{c}_k^{(y)}}{q}$$

は第 $k$ 正準変量で説明される変動の割合を表し，**寄与率**である．ただし，$\boldsymbol{c}_k^{(x)} = (c_{1k}^{(x)}, \ldots, c_{pk}^{(x)})^{\mathrm{T}}$，$\boldsymbol{c}_k^{(y)} = (c_{1k}^{(y)}, \ldots, c_{qk}^{(y)})^{\mathrm{T}}$ である．更に，何番目までの正準変量を用いるか ($k$ についていくつまで足すか) で**累積寄与率**も定義される．

また推定された $\widehat{\boldsymbol{v}}_k, \widehat{\boldsymbol{w}}_k$ を用いて各サンプルの正準変量の値，つまり

$$\text{(7.16)} \qquad \widehat{f}_{ik} = \widehat{\boldsymbol{v}}_k^T \boldsymbol{z}_i^{(x)}, \quad \widehat{g}_{ik} = \widehat{\boldsymbol{w}}_k^T \boldsymbol{z}_i^{(y)}$$

をそれぞれ第 $i$ サンプルの第 $k$ 正準変量の説明変数，目的変数の**正準得点**という．そして，正準変量と他の組 (群) の変数との相関係数である $r(z_j^{(x)}, g_k)\,(=\lambda_k c_{jk}^{(x)}), r(z_j^{(y)}, f_k)\,(=\lambda_k c_{jk}^{(y)})$ ($\lambda_k$ は後述の行列の固有値) を**交差負荷量** (cross-loadings) という．更に，それぞれを 2 乗して変数について和をとり変数の個数で割った

$$\text{(7.17)} \qquad \frac{\sum_{j=1}^p r^2(z_j^{(x)}, g_k)}{p} = \frac{\lambda_k^2 \boldsymbol{c}_k^{(x)T} \boldsymbol{c}_k^{(x)}}{p}, \quad \frac{\sum_{j=1}^q r^2(z_j^{(y)}, f_k)}{q} = \frac{\lambda_k^2 \boldsymbol{c}_k^{(y)T} \boldsymbol{c}_k^{(y)}}{q}$$

を第 $k$ 正準変量に対する**冗長性指数** (redundancy index) または**冗長性係数** (redundancy coefficient) という．また，正準変量 $f$ と $g$ の相関係数 $r(f,g)$ を**正準相関係数** (canonical correlation coefficient) という．

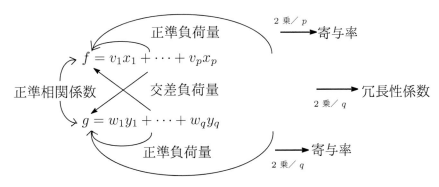

図 **7.3** 正準相関分析の相関関係

**注 7.1** 式 (7.11) の各変数 $z_j^{(x)}(x_j)\,(j=1,\ldots,p)$ についての正準負荷量は

$$r(z_j^{(x)}, f_k) = \frac{\frac{1}{n-1} \sum_i z_{ij}^{(x)}(f_{ik} - \overline{f}_k)}{\sqrt{\frac{1}{n-1} \sum_i z_{ij}^{(x)2}} \sqrt{\frac{1}{n-1} \sum_i (f_{ik} - \overline{f}_k)^2}}$$

$$= \frac{(\frac{1}{n-1}\sum_i z_{ij}^{(x)} z_i^{(x)T}) v_k}{\sqrt{v_k^T (\frac{1}{n-1}\sum_i z_i^{(x)} z_i^{(x)T}) v_k}} = \frac{R_{xx} \text{の第 } j \text{ 行ベクトル} \cdot v_k}{\sqrt{v_k^T R_{xx} v_k}}$$

と変形される．ただし，$R_{xx}$ は説明変数 $x$ の相関行列である．

$$r(z^{(x)}, f_k) = (r(z_1^{(x)}, f_k), \ldots, r(z_p^{(x)}, f_k))^T,$$
$$r(z^{(y)}, g_k) = (r(z_1^{(y)}, g_k), \ldots, r(z_q^{(y)}, g_k))^T$$

なるベクトル表示を用いれば $v_k^T R_{xx} v_k = 1$ なる条件のもとで，

$$r(z^{(x)}, f_k) = R_{xx} v_k = c_k^{(x)}$$

となる．同様に式 (7.11) の各変数 $y_j$ ($j=1,\ldots,q$) についての正準変量は

$$r(z_j^{(y)}, g_k) = \frac{R_{yy} \text{の第 } j \text{ 行ベクトル} \cdot w_k}{\sqrt{w_k^T R_{yy} w_k}}$$

と変形される．$R_{yy}$ は目的変数 $y$ の相関行列である．$w_k^T R_{xx} w_k = 1$ なる条件のもとで，ベクトル表示では

$$r(z^{(y)}, g_k) = R_{yy} w_k = c_k^{(y)}$$

◁

## 7.2 正準相関分析の適用

$n$ 個のデータを

$$x_i = (x_{i1}, \ldots, x_{ip})^T, \quad y = (y_{i1}, \ldots, y_{iq})^T \quad (i = 1, \ldots, n)$$

とベクトル表示することに注意する．そして，第 1 組の変数 $x$ の分散共分散行列を $V_{xx}$ とし，第 2 組の変数 $y$ のそれを $V_{yy}$，それらの共分散行列を $V_{xy}$ で表すと，あわせた全体の分散共分散行列は

(7.18) $$\begin{pmatrix} V_{xx} & V_{xy} \\ V_{xy}^T & V_{yy} \end{pmatrix}_{(p+q)\times(p+q)}$$

となる．このとき，合成変量 $f, g$ の相関係数 $r(f, g)$ は

(7.19) $$r(f, g) = \frac{S(f, g)}{\sqrt{S(f,f)} \sqrt{S(g,g)}} = \frac{v^T V_{xy} w}{\sqrt{v^T V_{xx} v} \sqrt{w^T V_{yy} w}}$$

となる．ここで合成変量 $f, g$ の分散をいずれも 1 であるという制約を設けると $v^T V_{xx} v = 1$ かつ $w^T V_{yy} w = 1$ なる制約条件のもとで，相関係数 (7.19) を最大にするように重み $v, w$ を決めれば良い．そこでラグランジュの未定係数法により

(7.20) $$Q = v^T V_{xy} w - \frac{\lambda}{2}(v^T V_{xx} v - 1) - \frac{\mu}{2}(w^T V_{yy} w - 1)$$

を $v, w$ の各成分で偏微分し 0 とおくことにより，方程式

(7.21) $$\begin{cases} \dfrac{\partial Q}{\partial v} = V_{xy} w - \lambda V_{xx} v = 0 \\ \dfrac{\partial Q}{\partial w} = V_{yx} v - \mu V_{yy} w = 0 \end{cases}$$

が得られる．式 (7.21) の第 1 式，第 2 式にそれぞれ左から $v^T, w^T$ を掛けると

(7.22) $$\lambda = \lambda \underbrace{v^T V_{xx} v}_{=1} = v^T V_{xy} w, \quad \mu = \mu \underbrace{w^T V_{yy} w}_{=1} = w^T V_{yx} v$$

より $\lambda = \mu$ が成立する．また式 (7.21) の下側の式から

(7.23) $$w = \frac{1}{\lambda} V_{yy}^{-1} V_{yx} v$$

で，これを式 (7.21) の上側の式に代入して

(7.24) $$\left( V_{xy} V_{yy}^{-1} V_{yx} - \lambda^2 V_{xx} \right) v = 0$$

が成立する．次に，$V_{xx}$ は非負値行列なので，固有値を $d_1 \geqq 0,\ldots,d_p \geqq 0$ とでき，直交行列 $P$ $(P^\mathrm{T}P = I)$ が存在して $P^\mathrm{T}V_{xx}P = \mathrm{diag}(d_1,\ldots,d_p) = D$ (対角行列) とできる．そこで $D^{1/2} = \mathrm{diag}(\sqrt{d_1},\ldots,\sqrt{d_p})$ とおけば，$D = D^{1/2}D^{1/2}$ となる．そして $P^\mathrm{T}V_{xx}P = D^{1/2}D^{1/2}$ より $V_{xx} = PD^{1/2}D^{1/2}P^\mathrm{T} = \underbrace{PD^{1/2}P^\mathrm{T}}_{=V_{xx}^{1/2}}\underbrace{PD^{1/2}P^\mathrm{T}}_{=V_{xx}^{1/2}} = V_{xx}^{1/2}V_{xx}^{1/2}$ だから

$$(7.25) \quad V_{xx}^{1/2}\left(V_{xx}^{-1/2}V_{xy}V_{yy}^{-1}V_{yx}V_{xx}^{-1/2} - \lambda^2 I_{p\times p}\right)\boldsymbol{u} = \boldsymbol{0}$$

と変形できる．ただし，$\boldsymbol{u} = V_{xx}^{1/2}\boldsymbol{v}$ である．また，条件 $\boldsymbol{v}^\mathrm{T}V_{xx}\boldsymbol{v} = 1$ は $\boldsymbol{u}^\mathrm{T}\boldsymbol{u} = 1$ となる．そこで式 (7.24) が $\boldsymbol{u} = \boldsymbol{0}$ 以外の解 (自明でない解) をもつには，

$$(7.26) \quad |V_{xx}^{-1/2}V_{xy}V_{yy}^{-1}V_{yx}V_{xx}^{-1/2} - \lambda^2 I_{p\times p}| = 0$$

が成立することが必要十分である．ここで，$V_{xx}^{-1/2}V_{xy}V_{yy}^{-1}V_{yx}V_{xx}^{-1/2}$ は非負値 (対称) 行列なので解はすべて非負である．そこで，$p \geqq q$ のとき

$$\lambda_1^2 \geqq \lambda_2^2 \geqq \cdots \geqq \lambda_t^2 \geqq 0, \quad \lambda_{t+1}^2 = \cdots = \lambda_p^2 = 0$$

とする．そして，固有値 $\lambda_1^2, \lambda_2^2, \ldots$，に対応する固有ベクトルを $\boldsymbol{u}_1, \boldsymbol{u}_2, \ldots,$ とし，次に $\boldsymbol{v}_k = V_{xx}^{-1/2}\boldsymbol{u}_k$ から $\boldsymbol{v}_k$ を求め，更に式 (7.23) より $\boldsymbol{w}_k$ を求める．このようにして正準係数 $\boldsymbol{v}_k, \boldsymbol{w}_k$ が求まる．

このとき正準変量として

$$(7.27) \quad \left\{\begin{array}{ll} f_1 = \boldsymbol{v}_1^\mathrm{T}\boldsymbol{x}, & g_1 = \boldsymbol{w}_1^\mathrm{T}\boldsymbol{y} \\ \cdots & \cdots \\ f_t = \boldsymbol{v}_t^\mathrm{T}\boldsymbol{x}, & g_t = \boldsymbol{w}_t^\mathrm{T}\boldsymbol{y} \end{array}\right\}$$

が求まる．このときの $f_k = \boldsymbol{v}_k^\mathrm{T}\boldsymbol{x}, g_k = \boldsymbol{w}_k^\mathrm{T}\boldsymbol{y}$ が第 $k$ 正準変量 $(k = 1,\ldots,t)$ である．また，正準相関係数について以下が成立する．

$$(7.28) \quad r(f_j, f_k) = \frac{\boldsymbol{v}_j^\mathrm{T}V_{xx}\boldsymbol{v}_k}{\sqrt{\boldsymbol{v}_j^\mathrm{T}V_{xx}\boldsymbol{v}_j}\sqrt{\boldsymbol{v}_k^\mathrm{T}V_{xx}\boldsymbol{v}_k}} = \boldsymbol{v}_j^\mathrm{T}V_{xx}\boldsymbol{v}_k$$
$$= \boldsymbol{u}_j^\mathrm{T}V_{xx}^{-1/2}V_{xx}V_{xx}^{-1/2}\boldsymbol{u}_k = \boldsymbol{u}_j^\mathrm{T}\boldsymbol{u}_k = 0 \quad (j \neq k)$$

同様に

$$(7.29) \quad r(g_j, g_k) = 0, \quad r(f_j, g_k) = 0 \quad (j \neq k)$$

$$(7.30) \quad r(f_j, g_j) = \boldsymbol{v}_j^\mathrm{T}V_{xy}\boldsymbol{w}_j = \boldsymbol{u}_j^\mathrm{T}V_{xx}^{-1/2}V_{xy}\frac{1}{\lambda_j}V_{yy}^{-1}V_{yx}V_{xx}^{-1/2}\boldsymbol{u}_j = \sqrt{\lambda_j^2}$$

**演習 7.1** 式 (7.29) の $r(g_j, g_k) = 0, r(f_j, g_k) = 0$ $(j \neq k)$ を示せ． ◁

**注 7.2** 扱う変数 (データ) が標準化されている場合には，分散共分散行列は相関行列に置き換えて解釈する．つまり，$V_{xx}$ は $R_{xx}$ というように変えて扱う． ◁

更に注 7.1 より**正準負荷量**について $\boldsymbol{v}_k^\mathrm{T}V_{xx}\boldsymbol{v}_k = 1$ なる制約があるので $V_{xx}\boldsymbol{v}_k = \boldsymbol{c}_k^{(x)}$ である．また，$\boldsymbol{w}_k^\mathrm{T}V_{yy}\boldsymbol{w}_k = 1$ なる制約があるので $V_{yy}\boldsymbol{w}_k = \boldsymbol{c}_k^{(y)}$ なる関係がある．そこで，**寄与率**は $\|\boldsymbol{c}_k^{(x)}\|^2/p, \|\boldsymbol{c}_k^{(y)}\|^2/q$ である．

次に，**交差負荷量**について

$$(7.31) \quad r(z_j^{(x)}, g_k) = \frac{\frac{1}{n-1}\sum_i z_{ij}^{(x)}(g_{ik} - \overline{g}_k)}{\sqrt{\frac{1}{n-1}\sum_i(z_{ij}^{(x)})^2}\sqrt{\frac{1}{n-1}\sum_i(g_{ik} - \overline{g}_k)^2}}$$
$$= \frac{\frac{1}{n-1}\sum_i z_{ij}\boldsymbol{z}_i^{(y)T}\boldsymbol{w}_k}{\sqrt{\frac{1}{n-1}\sum_i \boldsymbol{w}_k^T\boldsymbol{z}_i^{(y)}\boldsymbol{z}_i^{(y)T}\boldsymbol{w}_k}} = \frac{R_{xy}\text{の第}j\text{行ベクトル}\frac{1}{\lambda_k}R_{yy}^{-1}R_{yx}\boldsymbol{v}_k}{\sqrt{\boldsymbol{w}_k^T R_{yy}\boldsymbol{w}_k}}$$
$$= \lambda_k c_{jk}^{(x)}$$

であり，同様に $r(z_j^{(y)}, f_k) = \lambda_k c_{jk}^{(y)}$ である．

$$r(\boldsymbol{z}^{(x)}, g_k) = (r(z_1^{(x)}, g_k),\ldots,r(z_p^{(x)}, g_k))^\mathrm{T} = (\lambda_k c_{1k}^{(x)},\ldots,\lambda_k c_{pk}^{(x)})^\mathrm{T} = \lambda_k \boldsymbol{c}_k^{(x)},$$

$$r(\boldsymbol{z}^{(y)}, g_k) = (r(z_1^{(y)}, g_k), \ldots, r(z_q^{(y)}, g_k))^{\mathrm{T}} = (\lambda_k c_{1k}^{(y)}, \ldots, \lambda_k c_{pk}^{(y)})^{\mathrm{T}} = \lambda_k \boldsymbol{c}_k^{(x)} \quad (k = 1, \ldots, t)$$

なるベクトル表示を用いれば

(7.32) $$r(\boldsymbol{z}^{(x)}, g_k) = \lambda_k V_{xx} \boldsymbol{v}_k = \lambda_k \boldsymbol{c}_k^{(x)},$$

(7.33) $$r(\boldsymbol{z}^{(y)}, f_k) = \lambda_k V_{yy} \boldsymbol{w}_k = \lambda_k \boldsymbol{c}_k^{(y)}$$

である．また冗長性係数は

(7.34) $$re(x, y) = \frac{\lambda_1^2 \boldsymbol{c}_1^{(x)\mathrm{T}} \boldsymbol{c}_1^{(x)} + \cdots + \lambda_t^2 \boldsymbol{c}_t^{(x)\mathrm{T}} \boldsymbol{c}_t^{(x)}}{p} = \frac{\lambda_1^2 \|\boldsymbol{c}_1^{(x)}\|^2 + \cdots + \lambda_t^2 \|\boldsymbol{c}_t^{(x)}\|^2}{p}$$

(7.35) $$re(y, x) = \frac{\lambda_1^2 \boldsymbol{c}_1^{(y)\mathrm{T}} \boldsymbol{c}_1^{(y)} + \cdots + \lambda_t^2 \boldsymbol{c}_t^{(y)\mathrm{T}} \boldsymbol{c}_t^{(y)}}{q} = \frac{\lambda_1^2 \|\boldsymbol{c}_1^{(y)}\|^2 + \cdots + \lambda_t^2 \|\boldsymbol{c}_t^{(y)}\|^2}{q}$$

となる．

**補 7.1** 式 (7.24) は，$V_{xx}$ が正則なときには

$$V_{xx}\left(V_{xx}^{-1} V_{xy} V_{yy}^{-1} V_{yx} - \lambda^2 I\right)\boldsymbol{v} = \boldsymbol{0} \quad \left(\left(V_{xy} V_{yy}^{-1} V_{yx} V_{xx}^{-1} - \lambda^2 I\right) V_{xx} \boldsymbol{v} = \boldsymbol{0}\right)$$

と変形でき，これが $\boldsymbol{v} = \boldsymbol{0}$ 以外の解をもつには

(7.36) $$|V_{xx}^{-1} V_{xy} V_{yy}^{-1} V_{yx} - \lambda^2 I| = 0 \quad \left(|V_{xy} V_{yy}^{-1} V_{yx} V_{xx}^{-1} - \lambda^2 I| = 0\right)$$

であればよい．そして，$\boldsymbol{v}^{\mathrm{T}} V_{xx} \boldsymbol{v} = 1$ の条件のもとで解けばよい．ただし，$V_{xx}^{-1} V_{xy} V_{yy}^{-1} V_{yx}$ $(V_{xy} V_{yy}^{-1} V_{yx} V_{xx}^{-1})$ は対称行列とはかぎらない．

また，求めるベクトルの長さを 1 にするため本文では式 (7.21) を式 (7.22) に変形して固有値問題を解いた．式 (7.24) のように変形しないで，

$$\begin{cases} \left(V_{xy} V_{yy}^{-1} V_{yx} - \lambda_1^2 V_{xx}\right)\boldsymbol{v} = \boldsymbol{0} \\ \boldsymbol{v}^{\mathrm{T}} V_{xx} \boldsymbol{v} = 1 \end{cases}$$

を直接解いてもよい．式 (7.24) の $\boldsymbol{v}$ が $\boldsymbol{v} = \boldsymbol{0}$ 以外の解を持つためには

(7.37) $$|V_{xy} V_{yy}^{-1} V_{yx} - \lambda^2 V_{xx}| = 0$$

であることが必要十分である．ここで，$V_{xy} V_{yy}^{-1} V_{yx}$ は対称行列である．そして，この式 (7.37) の解のうち最大のもの $\lambda_1^2$ を求め，対応する固有ベクトル $\boldsymbol{v}$ を

$$\begin{cases} \left(V_{xy} V_{yy}^{-1} V_{yx} - \lambda_1^2 V_{xx}\right)\boldsymbol{v} = \boldsymbol{0} \\ \boldsymbol{v}^{\mathrm{T}} V_{xx} \boldsymbol{v} = 1 \end{cases}$$

から求め，$\boldsymbol{v}_1$ とする．次に式 (7.21) の $\boldsymbol{w} = \frac{1}{\lambda} V_{yy}^{-1} V_{yx} \boldsymbol{v}$ と $\boldsymbol{w}^{\mathrm{T}} V_{xx} \boldsymbol{w} = 1$ から $\boldsymbol{w}_1$ を求める．この $\boldsymbol{v}_1, \boldsymbol{w}_1$ が正準係数である．そして，$f = \boldsymbol{v}_1^{\mathrm{T}} \boldsymbol{x}, g = \boldsymbol{w}_1^{\mathrm{T}} \boldsymbol{y}$ が正準変量である．更に必要であれば次に大きい固有値 $\lambda_2^2$ をとりあげて前述の計算で正準変量を求める．このようにして必要なところまで正準変量を求める．

また平方根法により，$V_{xx} = LL^{\mathrm{T}}$（$L$：下三角行列）なる分解をして式 (7.21) を以下のように変形して解く方法もある．

$$L\left(L^{-1} V_{xy} V_{yy}^{-1} V_{yx} L^{\mathrm{T}-1} - \lambda^2 I\right) L^{\mathrm{T}} \boldsymbol{v} = \boldsymbol{0}$$

ここで平方根法は例えば 2 次の場合 $L = \begin{pmatrix} a & 0 \\ b & c \end{pmatrix}$ とするとき，$LL^{\mathrm{T}} = V$ なる式を成分ごとに比較し，方程式を解いて $a, b, c$ を求めるような方法である． ◁

**補 7.2** $\begin{pmatrix} \boldsymbol{x} \\ \boldsymbol{y} \end{pmatrix} \sim N_{p+q}\left(\begin{pmatrix} \boldsymbol{\mu}_x \\ \boldsymbol{\mu}_y \end{pmatrix}, \begin{pmatrix} \Sigma_{xx} & \Sigma_{xy} \\ \Sigma_{yx} & \Sigma_{yy} \end{pmatrix}\right)$ のとき，$t$ 個まで正準相関係数が 0 でなく，$t+1$ 番目以降 0 である仮説を検定するには，次のようにすればよい．まず仮説

$$\begin{cases} \text{帰無仮説 } H_0：\text{正準相関係数が } t+1 \text{ 番目以降 0 である} \\ \text{対立仮説 } H_1：\text{not} \quad H_0 \end{cases}$$

を検定するには，Bartlett [B2] により

$$\chi_0^2 = -\left\{n - 1 - \frac{p+q+1}{2}\right\}\left\{\ln \prod_{k=t+1}^{p} (1 - \lambda_k^2)\right\}$$

が，帰無仮説のもとで漸近的に（$n$ が十分大のとき）自由度 $(p-t)(q-t)$ の $\chi^2$ 分布に従うことを利用する． ◁

Rでは，関数 **cancor(x,y)** ($x$：原因系のデータ，$y$：結果系のデータ) を用いて正準相関分析を行う．

---
**例題 7.1**

表 7.1 に 2 科目の教養科目の成績と専門科目の 2 科目の成績が与えられている．教養科目の成績と専門科目の成績に関して，正準相関係数を求めよ．

---

表 7.1 教養科目の成績と専門科目の成績データ

| 科目\個人 No. | 教養 | | 専門 | |
|---|---|---|---|---|
| | 数学 ($x_1$) | 英語 ($x_2$) | データ解析 ($y_1$) | 情報科学 ($y_2$) |
| 1 | 70 | 82 | 75 | 88 |
| 2 | 60 | 85 | 50 | 80 |
| 3 | 30 | 25 | 40 | 34 |
| 4 | 65 | 62 | 73 | 61 |
| 5 | 44 | 54 | 38 | 68 |
| 6 | 52 | 47 | 33 | 55 |
| 7 | 90 | 98 | 85 | 95 |
| 8 | 75 | 82 | 77 | 81 |

**解**
**手順 1** 各変量間の相関係数を求める．

表 7.2 補助表

| 科目\No. | $x_1$ | $x_2$ | $y_1$ | $y_2$ | $x_1^2$ | $x_2^2$ | $x_1x_2$ | $y_1^2$ | $y_2^2$ | $y_1y_2$ | $x_1y_1$ | $x_1y_2$ | $x_2y_1$ | $x_2y_2$ |
|---|---|---|---|---|---|---|---|---|---|---|---|---|---|---|
| 1 | 70 | 82 | 75 | 88 | 4900 | 6724 | 5740 | 5625 | 7744 | 6600 | 5250 | 6160 | 6150 | 7216 |
| 2 | 60 | 85 | 50 | 80 | 3600 | 7225 | 5100 | 2500 | 6400 | 4000 | 3000 | 4800 | 4250 | 6800 |
| 3 | 30 | 25 | 40 | 34 | 900 | 625 | 750 | 1600 | 1156 | 1360 | 1200 | 1020 | 1000 | 850 |
| 4 | 65 | 62 | 73 | 61 | 4225 | 3844 | 4030 | 5329 | 3721 | 4453 | 4745 | 3965 | 4526 | 3782 |
| 5 | 44 | 54 | 38 | 68 | 1936 | 2916 | 2376 | 1444 | 4624 | 2584 | 1672 | 2992 | 2052 | 3672 |
| 6 | 52 | 47 | 33 | 55 | 2704 | 2209 | 2444 | 1089 | 3025 | 1815 | 1716 | 2860 | 1551 | 2585 |
| 7 | 90 | 98 | 85 | 95 | 8100 | 9604 | 8820 | 7225 | 9025 | 8075 | 7650 | 8550 | 8330 | 9310 |
| 8 | 75 | 82 | 77 | 81 | 5625 | 6724 | 6150 | 5929 | 6561 | 6237 | 5775 | 6075 | 6314 | 6642 |
| 計 | 486 | 535 | 471 | 562 | 31990 | 39871 | 35410 | 30741 | 42256 | 35124 | 31008 | 36422 | 34173 | 40857 |
| | ① | ② | ③ | ④ | ⑤ | ⑥ | ⑦ | ⑧ | ⑨ | ⑩ | ⑪ | ⑫ | ⑬ | ⑭ |

そのため表 7.2 のような補助表を作成する．この補助表から偏差平方和，積和は $S_{x_1x_1} = \sum x_{i1}^2 - (\sum x_{i1})^2/n =$ ⑤ $-$ ①$^2/8 = 2465.5$ のように計算して，$S_{x_1x_2} = 2908.75, S_{x_2x_2} = 4092.875, S_{y_1y_1} = 3010.875, S_{y_1y_2} = 2036.25, S_{y_2y_2} = 2775.5, S_{x_1y_1} = 2394.75, S_{x_1y_2} = 2280.5, S_{x_2y_1} = 2674.875, S_{x_2y_2} = 3273.25$ と計算される．

相関係数については
$$r_{x_1x_2} = \frac{S_{x_1x_2}}{\sqrt{S_{x_1x_1}S_{x_2x_2}}} = \frac{2908.75}{\sqrt{2465.5 \times 4092.875}} = 0.9157$$

のように計算して，$r_{y_1y_2} = 0.7044, r_{x_1y_1} = 0.8789, r_{x_1y_2} = 0.8718, r_{x_2y_1} = 0.7620, r_{x_2y_2} = 0.9712$ と求まる．
そして
$$R_{xx} = \begin{pmatrix} r_{x_1x_1} & r_{x_1x_2} \\ r_{x_2x_1} & r_{x_2x_2} \end{pmatrix}, \quad R_{xy} = \begin{pmatrix} r_{x_1y_1} & r_{x_1y_2} \\ r_{x_2y_1} & r_{x_2y_2} \end{pmatrix},$$
$$R_{yx} = \begin{pmatrix} r_{y_1x_1} & r_{y_1x_2} \\ r_{y_2x_1} & r_{y_2x_2} \end{pmatrix}, \quad R_{yy} = \begin{pmatrix} r_{y_1y_1} & r_{y_1y_2} \\ r_{y_2y_1} & r_{y_2y_2} \end{pmatrix}$$

より，相関行列は

$$\begin{pmatrix} R_{xx} & R_{xy} \\ R_{yx} & R_{yy} \end{pmatrix}_{(2+2)\times(2+2)} = \begin{array}{c} \\ x_1 \\ x_2 \\ y_1 \\ y_2 \end{array} \begin{pmatrix} \begin{array}{cc} x_1 & x_2 \\ 1 & 0.9157 \\ 0.9157 & 1 \\ \hline 0.8789 & 0.7620 \\ 0.8718 & 0.9712 \end{array} & \begin{array}{cc} y_1 & y_2 \\ 0.8789 & 0.8718 \\ 0.7620 & 0.9712 \\ \hline 1 & 0.7044 \\ 0.7044 & 1 \end{array} \end{pmatrix}$$

と求まる.

**手順 2** 相関行列に関連した行列の固有値, 固有ベクトルを求める.

$x$ の係数ベクトルを $v$, $y$ の係数ベクトルを $w$ とすると

$$(R_{xy}R_{yy}^{-1}R_{yx} - \lambda^2 R_{xx})v = 0$$

である. $R_{xx}$ は正値対称行列なので直交行列で対角化できる. そこで, $R_{xx}$ の固有値は $1.9157, 0.0843$ で対応する固有ベクトルは $a_1 = (0.7071, 0.7071)^{\mathrm{T}}$, $a_2 = (0.7071, -0.7071)^{\mathrm{T}}$ なので $P = (a_1, a_2)$, $D^{1/2} = \mathrm{diag}(\sqrt{1.9157}, \sqrt{0.0843})$ とおき $R_{xx}^{1/2} = PD^{1/2}P^{\mathrm{T}}$ とすると

$$R_{xx}^{1/2}\left(R_{xx}^{-1/2}R_{xy}R_{yy}^{-1}R_{yx}R_{xx}^{-1/2} - \lambda^2 I\right)u = 0$$

が成立する. ただし, $u = R_{xx}^{1/2}v$ である. また, $v^{\mathrm{T}}R_{xx}v = 1$ は $u^{\mathrm{T}}u = 1$ という条件になる. そこで, $R_{xx}^{1/2}$ を求めると

$$\begin{pmatrix} 0.7071 & 0.7071 \\ 0.7071 & -0.7071 \end{pmatrix}\begin{pmatrix} 1.3841 & 0 \\ 0 & 0.2903 \end{pmatrix}^{-1}\begin{pmatrix} 0.7071 & 0.7071 \\ 0.7071 & -0.7071 \end{pmatrix} = \begin{pmatrix} 0.8372 & 0.5469 \\ 0.5469 & 0.8372 \end{pmatrix}$$

から,

$$R_{xx}^{-1/2} = \begin{pmatrix} 2.0836 & -1.3611 \\ -1.3611 & 2.0836 \end{pmatrix}$$

である. また, $R_{xy}R_{yy}^{-1}R_{yx}$ を求めると

$$\begin{pmatrix} 0.8789 & 0.8718 \\ 0.7620 & 0.9712 \end{pmatrix}\begin{pmatrix} 1 & 0.7044 \\ 0.7044 & 1 \end{pmatrix}^{-1}\begin{pmatrix} 0.8789 & 0.7620 \\ 0.8718 & 0.9712 \end{pmatrix} = \begin{pmatrix} 0.8992 & 0.8876 \\ 0.8876 & 0.9553 \end{pmatrix}$$

と求まるので,

$$R_{xx}^{-1/2}R_{xy}R_{yy}^{-1}R_{yx}R_{xx}^{-1/2} = \begin{pmatrix} 0.6391 & 0.2385 \\ 0.2385 & 0.7784 \end{pmatrix}$$

と計算される. この行列の固有値, 固有ベクトルを求めると, 固有値は $0.9574, 0.4603$ で対応する固有ベクトルは $u_1 = (0.5996, 0.8003)^{\mathrm{T}}$, $u_2 = (0.8003, -0.5996)^{\mathrm{T}}$ と求まる. よって正準係数は,

$$v_1 = R_{xx}^{-1/2}u_1 = (0.1602, 0.8512)^{\mathrm{T}}, v_2 = R_{xx}^{-1/2}u_2 = (2.4833, -2.3383)^{\mathrm{T}}$$

と求まり,

$$w_1 = \frac{1}{\lambda_1}R_{yy}^{-1}R_{yx}v_1 = \frac{1}{\sqrt{0.9574}}\begin{pmatrix} 1 & 0.7044 \\ 0.7044 & 1 \end{pmatrix}^{-1}\begin{pmatrix} 0.8789 & 0.7620 \\ 0.8718 & 0.9712 \end{pmatrix}\begin{pmatrix} 0.1602 \\ 0.8512 \end{pmatrix}$$
$$= (0.2201, 0.8318)^{\mathrm{T}},$$
$$w_2 = \frac{1}{\lambda_2}R_{yy}^{-1}R_{yx}v_2 = (1.3906, -1.1360)^{\mathrm{T}}$$

と計算される.

また, 正準相関係数は $r(f_1, g_1) = \sqrt{\lambda_1^2} = \sqrt{0.9574} = 0.9785$, $r(f_2, g_2) = \sqrt{\lambda_2^2} = 0.6785$ である.

**手順 3** 正準負荷量, 寄与率, 交差負荷量, 冗長性指数を求める.

正準負荷量は $\lambda_1^2$ について, $c_1^{(x)} = R_{xx}v_1 = (0.9397, 0.9979)^{\mathrm{T}}$, $c_1^{(y)} = R_{yy}w_1 = (0.8061, 0.9869)^{\mathrm{T}}$ となる.

$\lambda_2^2$ について, $c_2^{(x)} = R_{xx}v_2 = (0.3421, -0.0644)^{\mathrm{T}}$, $c_2^{(x)} = R_{yy}w_2 = (0.5904, -0.1564)^{\mathrm{T}}$ となる.

そこで寄与率は

$$\frac{\|c_1^{(x)}\|^2}{2} = \frac{0.9397^2 + 0.9979^2}{2} = 0.9394, \quad \frac{\|c_2^{(x)}\|^2}{2} = 0.0606, \quad \frac{\|c_1^{(y)}\|^2}{2} = 0.8119, \quad \frac{\|c_2^{(y)}\|^2}{2} = 0.1866$$

次に, 交差負荷量は $\lambda_k c_k^{(x)}, \lambda_k c_k^{(y)} (k = 1, 2)$ の形であるので, 正準負荷量を $\lambda_k$ 倍すれば求まる. 更に, 冗長性係数は

$$re(x,y) = \left(\lambda_1^2 \|\boldsymbol{c}_1^{(x)}\|^2 + \lambda_2^2 \|\boldsymbol{c}_2^{(x)}\|^2\right)/2$$
$$= \left\{0.9574 \times (0.9397^2 + 0.9979^2) + 0.4603 \times (0.3421^2 + 0.0644^2)\right\}/2 = 0.9271,$$
$$re(y,x) = \left(\lambda_1^2 \|\boldsymbol{c}_1^{(y)}\|^2 + \lambda_2^2 \|\boldsymbol{c}_2^{(y)}\|^2\right)/2 = 0.8631$$

と求まる．これらをまとめて以下の 表 7.3 ～ 7.6 のようになる．

表 7.3 正準負荷量 (1 群)

| 科目 | $f_1$ | $f_2$ |
|---|---|---|
| 数学 | 0.9397 | 0.3421 |
| 英語 | 0.9979 | −0.0644 |
| 寄与率 | 0.9394 | 0.0606 |
| 累積寄与率 | 0.9394 | 1 |

表 7.4 正準負荷量 (2 群)

| 科目 | $g_1$ | $g_2$ |
|---|---|---|
| データ解析 | 0.8061 | 0.5904 |
| 情報科学 | 0.9869 | −0.1564 |
| 寄与率 | 0.8119 | 0.1866 |
| 累積寄与率 | 0.8119 | 1 |

表 7.5 交差負荷量 (1 群)

| 科目 | $g_1$ | $g_2$ |
|---|---|---|
| 数学 | 0.9194 | 0.2321 |
| 英語 | 0.9764 | −0.0437 |
| 冗長性指数 | 0.8993 | 0.0279 |
| 累積冗長性指数 | 0.8993 | 0.9272 |

表 7.6 交差負荷量 (2 群)

| 科目 | $f_1$ | $f_2$ |
|---|---|---|
| データ解析 | 0.7887 | 0.4006 |
| 情報科学 | 0.9656 | −0.1061 |
| 冗長性指数 | 0.7772 | 0.0859 |
| 累積冗長性指数 | 0.7772 | 0.8631 |

**手順 4** 正準得点を求めて打点する．また，検討・考察を行う．

まずもとの数値を次の変換により標準化する．つまり，

$$z_{i1}^{(x)} = \frac{x_{i1} - \overline{x}_1}{s_1^{(x)}} = \frac{x_{i1} - 60.75}{18.7674}, \quad z_{i2}^{(x)} = \frac{x_{i1} - 66.875}{24.1805}, \quad z_{i1}^{(y)} = \frac{y_{i1} - 58.875}{20.7395}, \quad z_{i2}^{(y)} = \frac{y_{i2} - 70.25}{19.9123}$$

とする．このとき正準得点は

$$\boldsymbol{f}_i = (\widehat{\boldsymbol{v}}_1^{*T} \boldsymbol{z}_i^{(x)}, \widehat{\boldsymbol{v}}_2^{*T} \boldsymbol{z}_i^{(x)}), \quad \mathrm{g}_i = (\widehat{\boldsymbol{w}}_1^{*T} \boldsymbol{z}_i^{(y)}, \widehat{\boldsymbol{w}}_2^{*T} \boldsymbol{z}_i^{(y)}) \quad (i = 1, \ldots, 8)$$

から以下の表 7.7 の補助表のようになる．

表 7.7 補助表

| No. | $z_1^{(x)}$ | $z_2^{(x)}$ | $z_1^{(y)}$ | $z_2^{(y)}$ | $f_1$ | $f_2$ | $g_1$ | $g_2$ |
|---|---|---|---|---|---|---|---|---|
| 1 | 0.4929 | 0.6255 | 0.7775 | 0.8914 | 0.6114 | −0.2387 | 0.9126 | 0.0686 |
| 2 | −0.0400 | 0.7496 | −0.4279 | 0.4896 | 0.6316 | −1.8520 | 0.3131 | −1.1513 |
| 3 | −1.6385 | −1.7318 | −0.9101 | −1.8205 | −1.7366 | −0.0194 | −1.7146 | 0.8025 |
| 4 | 0.2265 | −0.2016 | 0.6811 | −0.4645 | −0.1353 | 1.0338 | −0.2365 | 1.4748 |
| 5 | −0.8925 | −0.5325 | −1.0065 | −0.1130 | −0.5962 | −0.9713 | −0.3155 | −1.2713 |
| 6 | −0.4662 | −0.8219 | −1.2476 | −0.7659 | −0.7743 | 0.7641 | −0.9116 | −0.8649 |
| 7 | 1.5586 | 1.2872 | 1.2597 | 1.2429 | 1.3453 | 0.8605 | 1.3111 | 0.3397 |
| 8 | 0.7593 | 0.6255 | 0.8739 | 0.5399 | 0.6541 | 0.4229 | 0.6414 | 0.6020 |

更に正準得点を打点すると図 7.4 のようになる． □

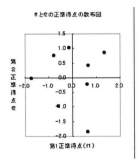
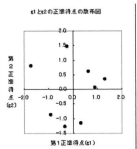
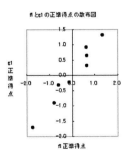

図 7.4 例題 7.1 正準得点の散布図

**補 7.3** 手順 2 でどのように式変形して，固有値問題を解くかは固有値，固有ベクトルが求めやすい，理解しやすいようにすればよいだろう．以下に他の変形を 2 通り示しておこう．

- **別行列に変形した解法 1**

行列 $R_{xx}$ は正則なので
$$R_{xx}(R_{xx}^{-1}R_{xy}R_{yy}^{-1}R_{yx} - \lambda^2 I)\boldsymbol{v} = \boldsymbol{0}$$
と変形される．そこで，$R_{xx}^{-1}R_{xy}R_{yy}^{-1}R_{yx}$ の固有値，固有ベクトルを求める．この行列は一般に対称行列ではない．

$$R_{xx}^{-1}R_{xy}R_{yy}^{-1}R_{yx} = \begin{pmatrix} 1 & 0.9157 \\ 0.9157 & 1 \end{pmatrix}^{-1} \begin{pmatrix} 0.8789 & 0.8718 \\ 0.7620 & 0.9712 \end{pmatrix}$$

$$\begin{pmatrix} 1 & 0.7044 \\ 0.7044 & 1 \end{pmatrix}^{-1} \begin{pmatrix} 0.8789 & 0.7620 \\ 0.8718 & 0.9712 \end{pmatrix} = \begin{pmatrix} 0.5351 & 0.07980 \\ 0.3977 & 0.8822 \end{pmatrix}$$

と計算される．この行列の固有値は 0.9573, 0.4599 である．固有値 $\lambda_1^2 = 0.9576$ に対応する固有ベクトルを $\boldsymbol{v}_1 = (v_{11}, v_{21})^{\mathrm{T}}$ とすると，これが $\boldsymbol{x}$ の正準係数であり，以下の連立方程式を解くことで求まる．

$$\begin{cases} \begin{pmatrix} 0.5351 - 0.9576 & 0.0798 \\ 0.0798 & 0.8822 - 0.9576 \end{pmatrix} \boldsymbol{v} = \boldsymbol{0} \\ \boldsymbol{v}^{\mathrm{T}} R_{xx} \boldsymbol{v} = 1 \end{cases}$$

実際には

$$\begin{cases} (0.5351 - 0.9573)v_{11} + 0.0798 v_{21} = 0 \\ v_{11}^2 + 2 \times 0.9157 v_{11} v_{21} + v_{21}^2 = 1 \end{cases}$$

なる連立方程式を解いて $\boldsymbol{v}_1 = (0.1608, 0.8507)^{\mathrm{T}}$ と求まる．また，$\boldsymbol{w}_1 = \frac{1}{\lambda_1} R_{yy}^{-1} R_{yx} \boldsymbol{v}_1 = (0.2208, 0.8321)^{\mathrm{T}}$ と計算される．固有値 0.4599 に対応する固有ベクトルも同様に，$\boldsymbol{v}_2 = (-2.4829, 2.3399)^{\mathrm{T}}$ と求まり，$\boldsymbol{w}_2 = \frac{1}{\lambda_2} R_{yy}^{-1} R_{yx} \boldsymbol{v}_2 = (-1.3915, 1.1369)^{\mathrm{T}}$ と計算される．

- **別行列へ変形した解法 2**

$R_{xy}R_{yy}^{-1}R_{yx} = \begin{pmatrix} 0.8992 & 0.8876 \\ 0.8876 & 0.9553 \end{pmatrix}$ だったので

$$R_{xy}R_{yy}^{-1}R_{yx}\boldsymbol{v} - \lambda^2 R_{xx}\boldsymbol{v} = \begin{pmatrix} 0.8992 - \lambda^2 & 0.8876 - 0.9157\lambda^2 \\ 0.8876 - 0.9157\lambda^2 & 0.9553 - \lambda^2 \end{pmatrix} \boldsymbol{v} = \boldsymbol{0}$$

である．よって自明でない解をもつには

$$\begin{vmatrix} 0.8992 - \lambda^2 & 0.8876 - 0.9157\lambda^2 \\ 0.8876 - 0.9157\lambda^2 & 0.9553 - \lambda^2 \end{vmatrix} = 0.1615\lambda^4 - 0.2290\lambda^2 + 0.0712 = 0$$

より，$\lambda_1^2 = 0.9574, \lambda_2^2 = 0.4603$ となる．

固有値 $\lambda_1^2$ に対応する固有ベクトルを $\boldsymbol{v}_1 = (v_{11}, v_{21})^{\mathrm{T}}$ とすると，これが $\boldsymbol{x}$ の正準係数であり，以下の連立方程式を解くことで求まる．

$$\begin{cases} \begin{pmatrix} 0.8992 - 0.9574 & 0.8876 - 0.9157 \times 0.9574 \\ 0.8876 - 0.9157 \times 0.9574 & 0.8992 - 0.9574 \end{pmatrix} \boldsymbol{v} = \boldsymbol{0} \\ \boldsymbol{v}^{\mathrm{T}} R_{xx} \boldsymbol{v} = 1 \end{cases}$$

実際には

$$\begin{cases} -0.0582 v_{11} + 0.01091 v_{21} = 0 \\ v_{11}^2 + 2 \times 0.9157 v_{11} v_{21} + v_{21}^2 = 1 \end{cases}$$

なる連立方程式を解いて $\boldsymbol{v}_1 = (0.1596, 0.8517)^{\mathrm{T}}$ と求まる．更に対応するベクトル $\boldsymbol{w}_1 = \frac{1}{\sqrt{\lambda_1^2}} R_{yy}^{-1} R_{yx} \boldsymbol{v}$ が $\boldsymbol{y}$ の正準係数であり，$\boldsymbol{w}^{\mathrm{T}} R_{yy} \boldsymbol{w} = 1$ のもとで

$$\boldsymbol{w}_1 = \frac{1}{\lambda_1} R_{yy}^{-1} R_{yx} \boldsymbol{v}_1 = (0.2202, 0.8324)^{\mathrm{T}}$$

となる．同様に，固有値 $\lambda_2^2 = 0.4603$ に対する係数ベクトルは

$$\boldsymbol{v}_2 = (2.483, -2.338)^{\mathrm{T}}, \quad \boldsymbol{w}_2 = (1.391, -1.136)^{\mathrm{T}}$$

である． ◁

[予備解析]

**手順 1** データの読み込み：【データ】▶【データのインポート】▶【テキストファイルまたはクリップボード，URL から...】を選択し，ダイアログボックスで，フィールドの区切り記号としてカンマにチェックをいれて，OK を左クリックする．そしてフォルダからファイル (rei71.csv) を指定後，開く (O) を左クリックする．さらに データセットを表示 をクリックすると，図 7.5 のようにデータが表示される．

```
> rei71 <- read.table("rei71.csv",
+   header=TRUE, sep=",", na.strings="NA", dec=".", strip.white=TRUE)
> library(relimp, pos=4)
> showData(rei71, placement='-20+200', font=getRcmdr('logFont'),
  maxwidth=80, maxheight=30)
```

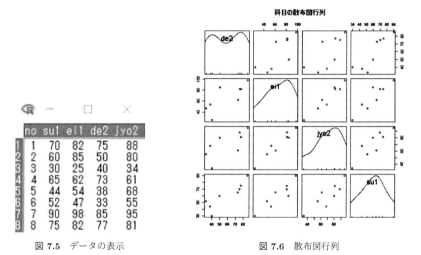

図 7.5 データの表示　　　　図 7.6 散布図行列

**手順 2** 基本統計量の計算：【統計量】▶【要約】▶【アクティブデータセット】を選択すると，出力結果が表示される．

```
> summary(rei71) #データの要約
       no              su1             ei1             de2             jyo2
 Min.   :1.00    Min.   :30.00   Min.   :25.00   Min.   :33.00   Min.   :34.00
 1st Qu.:2.75    1st Qu.:50.00   1st Qu.:52.25   1st Qu.:39.50   1st Qu.:59.50
 Median :4.50    Median :62.50   Median :72.00   Median :61.50   Median :74.00
 Mean   :4.50    Mean   :60.75   Mean   :66.88   Mean   :58.88   Mean   :70.25
 3rd Qu.:6.25    3rd Qu.:71.25   3rd Qu.:82.75   3rd Qu.:75.50   3rd Qu.:82.75
 Max.   :8.00    Max.   :90.00   Max.   :98.00   Max.   :85.00   Max.   :95.00
```

また，【統計量】▶【要約】▶【数値による要約...】を選択し，全てにチェックをいれて変数として su1, ei1, de2, jyo2 を選択し，OK を左クリックする．すると以下の出力結果が得られる．

```
> numSummary(rei71[,c("de2", "ei1", "jyo2", "su1")], statistics=c("mean", "sd",
+   "IQR", "quantiles", "cv", "skewness", "kurtosis"),quantiles=c(0,.25,.5,.75,1),
+   type="2")
       mean      sd     IQR       cv    skewness    kurtosis  0%   25%   50%   75%
de2  58.875 20.73946  36.00  0.3522625 -0.06508041 -2.20833463  33 39.50 61.5 75.50
ei1  66.875 24.18050  30.50  0.3615775 -0.54566133 -0.47727090  25 52.25 72.0 82.75
jyo2 70.250 19.91231  23.25  0.2834492 -0.70112858  0.08343043  34 59.50 74.0 82.75
su1  60.750 18.76737  21.25  0.3089279 -0.16306124 -0.03708036  30 50.00 62.5 71.25
```

```
        100% n
de2      85  8
ei1      98  8
jyo2     95  8
su1      90  8
```

【統計量】▶【要約】▶【相関行列】を選択し，変数として su1, ei1, de2, jyo2 を選択し，OK を左クリックする．すると以下の出力結果が得られる．

```
> cor(rei71[,c("de2","ei1","jyo2","su1")], use="complete")
           de2       ei1       jyo2      su1
de2  1.0000000 0.7619788 0.7043915 0.8789442
ei1  0.7619788 1.0000000 0.9711679 0.9156714
jyo2 0.7043915 0.9711679 1.0000000 0.8717801
su1  0.8789442 0.9156714 0.8717801 1.0000000
```

**手順 3** グラフの作成：【グラフ】▶【散布図行列...】を選択し，オプションでチェックをいれて OK を左クリックすると散布図行列 (図 7.6) が得られる．

```
> x<-rei71[,2:3];y<-rei71[,4:5]
> x
  su1 ei1
1  70  82
(中略)
8  75  82
> y
  de2 jyo2
1  75   88
(中略)
8  77   81
```

[正準相関分析]

**手順 1** 関数 **cancor** の適用：ライブラリにある cancor 関数を利用する．$x$ と $y$ のそれぞれの総合特性の相関が高くなるように正準変量が構成され，元の変数との相関係数が計算される．

```
> rei71.can<-cancor(x,y)  #既存の正準相関分析の関数を用いて解析する
> rei71.can$xcoef<-rei71.can$xcoef*sqrt(nrow(x)-1)  #係数の補正
> rei71.can$ycoef<-rei71.can$ycoef*sqrt(nrow(y)-1)  #係数の補正
> rei71.can
$cor
[1] 0.9784184 0.6782519   #正準相関係数   diag(cor(xscore,yscore))
$xcoef  #正準係数
          [,1]         [,2]
su1 0.008598955  0.13229184
ei1 0.035157396 -0.09670045
$ycoef   #正準係数
           [,1]         [,2]
de2  0.01065819  0.06708833
jyo2 0.04177880 -0.05709902
$xcenter   #原因群の変数の平均値
    su1    ei1
60.750 66.875
```

```
$ycenter   #結果群の変数の平均値
    de2    jyo2
58.875 70.250
> mx<-as.matrix(x);my<-as.matrix(y)   #行列に変換する
> xscore<-mx%*%rei71.can$xcoef #原因群の正準得点
> xscore   #f1,f2
         [,1]      [,2]
[1,] 3.484833  1.3309924
(中略)
[8,] 3.527828  1.9924517
> yscore<-my%*%rei71.can$ycoef #結果群の正準得点
> yscore   #g1,g2
         [,1]         [,2]
[1,] 4.475898  0.006910553
(中略)
[8,] 4.204763  0.540780366
```

**手順 2** 正準相関係数，正準負荷量，交差負荷量，寄与率，冗長性指数の計算：総合変量の解釈と寄与率を検討する．$f_1$ の元の変数との相関係数 (正準負荷量) から $f_1$ は数理能力，$g_1$ の元の変数との相関係数 (正準負荷量) から $g_1$ は言語能力と考えられる．交差負荷量から原因系変数は結果系の総合変量の言語能力 ($g_1$) と連関が高く，結果系変数は原因系の総合変量の数理能力 ($f_1$) と連関が高いことがわかる．またそれぞれの総合変量の寄与率も高いことがわかる．

```
> diag(cor(xscore,yscore)) #正準相関係数
[1] 0.9784184 0.6782519
> cor(x,xscore)   #正準負荷量(原因群の変数と原因群の正準得点との相関)
         [,1]        [,2]
su1 0.9398134  0.34168811
ei1 0.9978942 -0.06486301
> cor(y,yscore)   #正準負荷量(結果群の変数と結果群の正準得点との相関)
          [,1]       [,2]
de2  0.8070369  0.5905010
jyo2 0.9876144 -0.1569003
> cor(x,yscore)   #交差負荷量(原因群の変数と結果群の正準得点との相関)
         [,1]        [,2]
su1 0.9195308  0.23175061
ei1 0.9763581 -0.04399346
> cor(y,xscore)   #交差負荷量(結果群の変数と原因群の正準得点との相関)
          [,1]       [,2]
de2  0.7896198  0.4005084
jyo2 0.9663002 -0.1064179
> t(cor(x,xscore)[,1])%*%cor(x,xscore)[,1]/2 #寄与率
         [,1]
[1,] 0.939521
> t(cor(x,xscore)[,2])%*%cor(x,xscore)[,2]/2 #寄与率
           [,1]
[1,] 0.06047899
> t(cor(y,yscore)[,1])%*%cor(y,yscore)[,1]/2 #寄与率
          [,1]
[1,] 0.8133454
> t(cor(y,yscore)[,2])%*%cor(y,yscore)[,2]/2 #寄与率
          [,1]
```

```
              [,1]
[1,]  0.1866546
> t(cor(x,yscore)[,1])%*%cor(x,yscore)[,1]/2  #冗長性指数(係数)
              [,1]
[1,]  0.8994059
> t(cor(x,yscore)[,2])%*%cor(x,yscore)[,2]/2  #冗長性指数
              [,1]
[1,]  0.02782188
> t(cor(y,xscore)[,1])%*%cor(y,xscore)[,1]/2  #冗長性指数
              [,1]
[1,]  0.7786177
> t(cor(y,xscore)[,2])%*%cor(y,xscore)[,2]/2  #冗長性指数
              [,1]
[1,]  0.08586589
```

**手順3** 正準得点グラフ：視覚的に捉えるため，正準得点をグラフ化する．

```
>par(mfrow=c(1,3)) #グラフ画面を1行3列に分割する
> plot(xscore[,1:2],xlab="f1",ylab="f2")   #f1,f2の正準得点グラフ
> text(xscore[,1:2],labels=rei71$no,col=2,adj=0)
> plot(yscore[,1:2],xlab="g1",ylab="g2")   #g1,g2の正準得点グラフ
> text(yscore[,1:2],labels=rei71$no,col=2,adj=0)
> plot(xscore[,1],yscore[,1],xlab="f1",ylab="g1")  #f1,g1の正準得点グラフ
> text(xscore[,1],yscore[,1],labels=rei71$no,col=2,adj=0)
> par(mfrow=c(1,1)) #グラフ画面を1行1列に戻す
```

図7.7から，$f_1$と$f_2$，$g_1$と$g_2$はいずれもあまり連関がなさそうである．原因系である数理能力と結

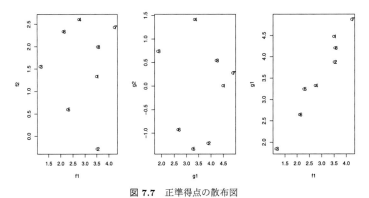

図 **7.7** 正準得点の散布図

表 **7.8** 身長と足のサイズの組と体重と胸囲の組のデータ

| 項目<br>個人<br>No. | 身長と足のサイズ | | 体重と胸囲 | |
|---|---|---|---|---|
| | 身長 ($x_1$ cm) | 足のサイズ ($x_2$ cm) | 体重 ($y_1$ kg) | 胸囲 ($y_2$ cm) |
| 1 | 172 | 27 | 60 | 88 |
| 2 | 173 | 26.5 | 49 | 85 |
| 3 | 169 | 26 | 63 | 87 |
| 4 | 183 | 27.5 | 76 | 95 |
| 5 | 170.5 | 26.5 | 68 | 93 |
| 6 | 168 | 25 | 56 | 80 |
| 7 | 177 | 26 | 58 | 78 |
| 8 | 175 | 26.5 | 62 | 75 |
| 9 | 173 | 27 | 64 | 80 |
| 10 | 181 | 28 | 70 | 87 |
| 11 | 167 | 26.5 | 57 | 85 |

果系の言語能力である $f_1$ と $g_1$ は，相関 (直線的) が高いことがわかる．

**演習 7.2** 身長と足のサイズの組と体重と胸囲の組するデータ (表 7.8) について正準相関分析せよ． ◁

**演習 7.3** 入団テストでの体力テストの成績とプロでの打率，打点，ホームラン数などの組の成績に関するデータなどを各自調べ正準相関分析せよ． ◁

# 8

# クラスター分析

## 8.1 クラスター分析とは

　例えばアルバイトを時間給によって近いもの同士にまとめたり，旅行先を行き先別等によって分類したり，車を車種で分類したり，パソコンを値段・機能などで分類してまとめたりと我々は分類する場面に直面することが多い．このように対象 (個体) をある類似の度合いを表すものさしによって互いに似たものを集めて集落 (**クラスター**) をつくり，対象を分類する手法を**クラスター分析** (cluster analysis) という．そこで，分類の対象 (object) 間の違いを表すためのものさしとして非類似度 (dissimilarity) を定義する必要がある．非類似度は大きいほど，類似していなくて似ていないことを意味する．つまり，距離のようなものが該当し，大きいほど離れていることを意味する．対象 $O_r, O_s$ の間の非類似度を $d_{rs}$ で表すとする．なお，対称性 $d_{rs} = d_{sr}$ が成り立つとする．逆に類似度 (similarity) は大きいほど似ていることを示す量であり，相関係数などが該当する．サンプル (あるいは変数) 間の類似度あるいは非類似度に基づいて，サンプル (あるいは変数) の分類を行う手法である．分類してできたサンプル (あるいは変数) の集まりを**クラスター** (cluster) という．

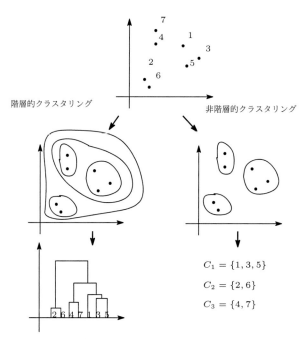

図 8.1　階層的方法と非階層的方法によるクラスタリング

　そして，分類方法は主に階層的方法と非階層的方法の 2 つに分けられる．階層的 (系統的) 方法では，結果が樹形図 (ツリー型図，デンドログラム：dendrogram) に表現できる．つまり，下位の層からすぐ上位の層をみるとそのクラスターを含む 1 つのクラスターがある．非階層的 (非系統的) 方法は，あらか

じめ決めたグループ数に，各サンプルを分ける方法である．クラスター間に上位，下位といった関係がなく，並列的な複数のクラスターへ分類するものである．図 8.1 を参照されたい．

まず，データの型に対応して非類似度または類似度の定義から始めよう．

## 8.2 個体間・変量間の距離 (非類似度)，類似度の定義

以下では個体間と変量間に分けて非類似度 (距離) または類似度の定義を述べよう．

### 8.2.1 個体間の非類似度 (距離) の定義

サンプル (個体) 同士の非類似度，類似度を測るものさしとしてふつう以下の距離的なものが使われる．つまり，個体 $i$ と $i'$ の距離 $d(i, i')$ の定義には以下のようなものがある．

**a. 計量型データの場合**

個体 $i\ (= 1, \ldots, n)$ について $p$ 変量の測定値 $\{x_{ij} : j = 1, \ldots, p\}$ が得られるとする．そこで $\boldsymbol{x}_i = (x_{i1}, \ldots, x_{ip})^\mathrm{T}$ と表せる．

① (重み付き) ユークリッド距離 (Euclidean distance)

$$d(i, i') = \sqrt{\sum_{j=1}^{p} w_j (x_{ij} - x_{i'j})^2} \tag{8.1}$$

$w_j = 1\ (j = 1, \ldots, p)$ のとき，普通のユークリッド距離である．重みは

$$w_j = 1/v_j^2\ (j = 1, \ldots, p) : 分散の逆数$$

にとられることが多い．

② $L_1$-ノルム

$$d(i, i') = \sum_{j=1}^{p} w_j |x_{ij} - x_{i'j}| \tag{8.2}$$

ふつう，$w_j = 1\ (j = 1, \ldots, p)$ (市街距離) である．

③ ミンコフスキー距離 (Minkovski distance)

$$d(i, i') = \left\{ \sum_{j=1}^{p} |x_{ij} - x_{i'j}|^q \right\}^{1/q} \tag{8.3}$$

④ マハラノビスの距離 (Mahalanobis' distance)

$$d(i, i') = \sum_{j,k=1}^{p} (x_{ij} - x_{i'j}) V^{jk} (x_{ik} - x_{i'k}) = (\boldsymbol{x}_i - \boldsymbol{x}_{i'})^\mathrm{T} V^{-1} (\boldsymbol{x}_i - \boldsymbol{x}_{i'}) \tag{8.4}$$

ただし，$V^{jk}$ は $i, i'$ が所属するクラスター内の分散共分散行列 $V = (V_{jk})$ の逆行列の $(j, k)$ 要素．

**b. 計数型データの場合**

各個体について $p$ 変量の測定値が，0 または 1 の値である $\{x_{ij} : i = 1, \ldots, n; j = 1, \ldots, p\}$ が得られる場合である．

個体 $i$ と個体 $i'$ の間の類似度 (近さ) である一致度を以下のような量で測る．

① 一致係数 (matching coefficient)

$$e(i, i') = \frac{個体\ i\ と\ i'\ について\ (0,0)\ または\ (1,1)\ となる変量の数}{全変量数\ (= p)} \tag{8.5}$$

② 類似比 (similarity ratio)

$$e(i, i') = \frac{(1,1)\ となる変量の数}{(0,0)\ 以外の全変量数} \tag{8.6}$$

等がある．

### 8.2.2 変量間の類似度の定義

ふつう，相関係数によって測られる．大きいほど類似度が高い．

**a. 間隔尺度のデータ** $x_{ij}$

積率相関係数 (ピアソンの相関係数) が以下のように定義される.

$$(8.7) \quad e(j,j') = r_{jj'} = \frac{\sum_{i=1}^{n}(x_{ij}-\overline{x}_j)(x_{ij'}-\overline{x}_{j'})}{\sqrt{\sum_{i=1}^{n}(x_{ij}-\overline{x}_j)^2 \sum_{i=1}^{n}(x_{ij'}-\overline{x}_{j'})^2}}$$

**b. 名義尺度のデータ (2 変量の場合)** $n_{ij}$

① ピアソンの一致係数 (Pearson's contingency coefficient)

$$(8.8) \quad e(j,j') = C = \sqrt{\frac{\chi^2}{\chi^2 + n}}$$

② グッドマン・クラスカルの係数 (Goodman-Kruskal's $\lambda$)

$$(8.9) \quad e(j,j') = \lambda = \frac{\sum_{i=1}^{p} n_{i\max} + \sum_{i=1}^{p} n_{i\max} - n_{\cdot\max} - n_{\max\cdot}}{2n - (n_{\cdot\max} + n_{\max\cdot})}$$

**c. 順序尺度のデータ (2 変量の場合)** $R(x_{ij})$

① スピアマンの順位相関係数 (Spearman's rank correlation coefficient)

標本相関係数のデータ $x_{ij}$ の代わりに, $n$ 個のデータ $x_{1j},\ldots,x_{nj}$ での $x_{ij}$ の順位データ $R(x_{ij})$ に変えたもので変形すると以下の形となる.

$$(8.10) \quad e(j,j') = \rho = 1 - \frac{6}{n^3 - n}\sum_{i=1}^{n}\{R(x_{ij}) - R(x_{ij'})\}^2$$

② ケンドールの順位相関係数 (Kendall's rank correlation coefficient)

$$(8.11) \quad e(j,j') = \tau = \frac{C-D}{\binom{n}{2}} = \frac{2(C-D)}{n(n-1)}$$

ただし, $C$ は 2 つの変量の組 $(j,j')$ について $i < i'$ のとき $x_{ij} < x_{i'j'}$ となる大小関係が一致する場合 (正順) の数であり, $D$ は大小関係が不一致となる場合 (逆順) の数である.

## 8.3 階層的なクラスター分析の方法

クラスターを構成するための手法として, 逐次クラスターをまとめあげていく方法である代表的な**凝集型分類法** (agglomerative type) をとりあげよう. その手順は以下のようである.

**手順 1** 分類対象の $n$ 個の個々の対象を, クラスター $\{1\}, \{2\}, \ldots, \{n\}$ とする.
**手順 2** 各対象間の非類似度 (類似度) をすべて計算し, 表として与える.
**手順 3** 表の最も小さい (大きい) 要素のクラスターの組 $\{r\}, \{s\}$ を求める.
**手順 4** クラスター $\{r\}, \{s\}$ を併合してクラスター $\{t\}$ をつくる.
**手順 5** クラスター $\{t\}$ と他のクラスターとの非類似度を計算し, 非類似度の表を更新する.
**手順 6** 以上の手順を繰り返し, ある基準で止めてデンドログラムなどに図示する.

ここで, 手順 5 でのクラスター $\{r\}, \{s\}$ から併合などにより新たにクラスター $\{t\}$ をつくるとき, 新たなクラスター $\{t\}$ とクラスター $\{u\}$ との非類似度 $d_{tu}$ を下位のクラスター $\{r\}$ とクラスター $\{s\}$ との非類似度 $d_{ru}, d_{su}, d_{rs}$ から構成する概念は図 8.2 のようである. またその構成方法は, 以下のようにいろいろ考えられている. つまり, クラスター間の距離の定義と考えられる.

① **最短距離法** (nearest neighbor method) または最近隣法, 単連結 (simple linkage) 法

より近い方を新しい非類似度とする方法であり, 次のように定義される.

$$(8.12) \quad d_{tu} = \min(d_{ru}, d_{su})$$

クラスターの形状が制約されないため, 長く伸びたクラスターが構成されがちである. これを**鎖効果**という.

② **最長距離法** (furthest neighbor method) または最遠隣法, 完全連結 (complete linkage) 法

より遠い方を新しい非類似度とする方法であり, 次のように定義される.

$$(8.13) \quad d_{tu} = \max(d_{ru}, d_{su})$$

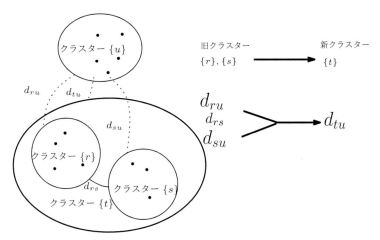

図 8.2　クラスター間の併合と新しい非類似度の構成概念図

クラスター内の距離がほぼ同じになる傾向が強く，それほど極端でない外れ値にも影響されやすい．

③ 群平均法 (group average method)

下位の各クラスター $r, s$ の大きさ (構成要素の数) を $n_r, n_s$ とするとき，

$$d_{tu} = \frac{n_s d_{ru} + n_r d_{su}}{n_r + n_s} \tag{8.14}$$

とする．つまり，構成数による重みを付けて平均化したものを新しい非類似度とする方法である．分散の小さいクラスターが結合され，クラスターの分散が等しくなる傾向がある．

④ 重心法 (centroid method)

重心法では，クラスターの代表がそのクラスターに含まれる個体の各座標の平均 (重心) 座標で定義される．クラスター $\{t\}$ に属する $i$ 個体の $j$ 変量の値を $x_{ij}^{(t)}$ で表すとすると平均は $\overline{x}_{\cdot j}^{(t)} = \frac{\sum_{i=1}^{n_t} x_{ij}^{(t)}}{n_t}$ より，クラスター $\{t\}$ の代表の座標を $\overline{\boldsymbol{x}}_t = (\overline{x}_{\cdot 1}^{(t)}, \ldots, \overline{x}_{\cdot p}^{(t)})^{\mathrm{T}}$ のように表すとすれば，クラスター $\{r\}$ (構成要素数が $n_r$) とクラスター $\{s\}$ (構成要素数が $n_s$) の代表の座標から融合したクラスター $\{t\}$ の代表の座標は

$$\overline{x}_{\cdot j}^{(t)} = \frac{n_s \overline{x}_{\cdot j}^{(r)} + n_r \overline{x}_{\cdot j}^{(s)}}{n_r + n_s} \tag{8.15}$$

である．新しいクラスター $\{t\}$ とクラスター $\{u\}$ 間の非類似度をクラスターの代表の座標のユークリッド距離とする場合には以下のような関係がある．

$$d_{tu} = \sum_{j=1}^{p} \left( \frac{n_s \overline{x}_{\cdot j}^{(r)} + n_r \overline{x}_{\cdot j}^{(s)}}{n_r + n_s} - \overline{x}_{\cdot j}^{(t)} \right)^2$$

$$= \frac{\sum_{j=1}^{p} n_s^2 (\overline{x}_{\cdot j}^{(r)} - \overline{x}_{\cdot j}^{(t)})^2 + n_r^2 (\overline{x}_{\cdot j}^{(s)} - \overline{x}_{\cdot j}^{(t)})^2 + 2 n_r n_s (\overline{x}_{\cdot j}^{(r)} - \overline{x}_{\cdot j}^{(t)})(\overline{x}_{\cdot j}^{(s)} - \overline{x}_{\cdot j}^{(t)})}{(n_r + n_s)^2}$$

ここで，$2ab = a^2 + b^2 - (a-b)^2$ の関係を用いて

$$= \frac{n_s^2 d_{rt} + n_r^2 d_{st} + n_r n_s (d_{st} + d_{rt} - d_{rs})}{(n_r + n_s)^2}$$

と変形されるので，次の関係式が成立する．

$$d_{tu} = \frac{n_r}{n_r + n_s} d_{ru} + \frac{n_s}{n_r + n_s} d_{su} - \frac{n_r n_s}{(n_r + n_s)^2} d_{rs} \tag{8.16}$$

非類似度がユークリッドの距離のときに妥当性があることに注意しよう．

⑤ メディアン法 (median method)

④の特別な場合として定義される．つまり，新しいクラスターの代表の座標が融合する 2 つのクラスターの座標の中点で定義される．そこで，重心法で $n_r = n_s$ とした場合の関係を導くと以下のようになる．

(8.17) $$d_{tu} = \frac{d_{ru} + d_{su}}{2} - \frac{d_{rs}}{4}$$

⑥ ウォード法 (Ward method)

④の重心法と同様，ウォード法はクラスターの代表がそのクラスターに含まれる個体の各座標の平均 (重心) 座標で定義される．そして非類似度は，以下のようにクラスターの融合で増加する変動が少ない順に対応して定義される．

クラスター $\{t\}$ に属する $i$ 個体の $j$ 変量の値を $x_{ij}^{(t)}$ で表すとするとクラスター $\{t\}$ 内での変動 (偏差平方和) は

(8.18) $$S_t = \sum_{i=1}^{n_t} \sum_{j=1}^{p} \left( x_{ij}^{(t)} - \overline{x}_j^{(t)} \right)^2$$

で与えられる．そこで全クラスターでの変動は

(8.19) $$S = \sum_{t=1}^{m} S_t$$

となる．また，クラスター $\{r\}$ とクラスター $\{s\}$ を融合することによって増加する変動の量 $\Delta S_{rs}$ は

(8.20) $$S_t = S_r + S_s + \Delta S_{rs}$$

なる関係がある．ここに

(8.21) $$\Delta S_{rs} = \frac{n_r n_s}{n_r + n_s} \sum_{j=1}^{p} (\overline{x}_{\cdot j}^{(r)} - \overline{x}_{\cdot j}^{(s)})^2$$

である．そして以下の変形が導かれる．

(8.22) $$\Delta S_{tu} = \frac{n_t n_u}{n_t + n_u} \sum_{j=1}^{p} (\overline{x}_{\cdot j}^{(t)} - \overline{x}_{\cdot j}^{(u)})^2$$
$$= \frac{1}{n_t + n_u} \Big( (n_r + n_u)\Delta S_{ru} + (n_s + n_u)\Delta S_{su} - n_u \Delta S_{rs} \Big)$$

そこで非類似度について，次の関係が成立する．

(8.23) $$d_{tu} = \frac{n_r + n_u}{n_t + n_u} d_{ru} - \frac{n_s + n_u}{n_t + n_u} d_{su} - \frac{n_u}{n_t + n_u} d_{rs}$$

ただし，$n_t = n_r + n_s$ が成立している．

そして，クラスターを融合することによる平方和の増加分が各段階で最小であるクラスターの対を求め，次々と融合していく方法がウォード法である．

以上のクラスターの定め方はまとめて以下のようにも表される．

(8.24) $$d_{tu} = \alpha_r d_{ru} + \alpha_s d_{su} + \beta d_{rs} + \gamma |d_{ru} - d_{su}|$$

実際，各係数を表 8.1 のようにとればよい．コンピュータでのプログラム作成の際に便利な表現である．

表 8.1 係数の表

| 場合＼係数 | $\alpha_r$ | $\alpha_s$ | $\beta$ | $\gamma$ |
|---|---|---|---|---|
| ① | 1/2 | 1/2 | 0 | $-1/2$ |
| ② | 1/2 | 1/2 | 0 | 1/2 |
| ③ | $\dfrac{n_r}{n_t}$ | $\dfrac{n_s}{n_t}$ | 0 | 0 |
| ④ | $\dfrac{n_r}{n_r + n_s}$ | $\dfrac{n_s}{n_r + n_s}$ | $-\dfrac{n_r n_s}{(n_r + n_s)^2}$ | 0 |
| ⑤ | 1/2 | 1/2 | $-1/4$ | 0 |
| ⑥ | $\dfrac{n_r + n_u}{n_t + n_u}$ | $\dfrac{n_s + n_u}{n_t + n_u}$ | $-\dfrac{n_u}{n_t + n_u}$ | 0 |

なお，④と⑤には単調性がない．

そこで具体的にクラスターを構成していくには，図 8.3 のように個体 (変量) 間のどの非類似度を用

## 8.3 階層的なクラスター分析の方法

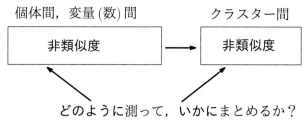

図 8.3 クラスター分析で用いる非類似度

い，クラスター間にどの非類似度の構成を用いてまとめるかを決めて行わねばならない．

---
**例題 8.1 　ユークリッド距離 × 最短距離法**

表 8.2 のデータについて各サンプル間の非類似度をユークリッド距離で測り，最短距離法によりクラスターに分けてみよ．

---

表 8.2　成績データ

| サンプル | 数学 $x_1$ | 国語 $x_2$ |
|---|---|---|
| 1 | 87 | 65 |
| 2 | 75 | 72 |
| 3 | 64 | 83 |
| 4 | 91 | 70 |
| 5 | 72 | 76 |
| 6 | 55 | 48 |

表 8.3　非類似度の表

| クラスター | {1} | {2} | {3} | {4} | {5} | {6} |
|---|---|---|---|---|---|---|
| {1} | 0 | 13.89 | 29.21 | 6.40 | 18.6 | 36.2 |
| {2} | — | 0 | 15.56 | 16.12 | 5 | 31.2 |
| {3} | — | — | 0 | 29.97 | 10.63 | 36.1 |
| {4} | — | — | — | 0 | 19.92 | 42.2 |
| {5} | — | — | — | — | 0 | 32.8 |
| {6} | — | — | — | — | — | 0 |

**解**

**手順 1**　非類似度または類似度の表作成．個々のデータを 1 つのクラスターと見なし，6 個の対象間のユークリッドの距離を求めると表 8.3 が得られる．例えば $d(1,2) = d_{12} = \sqrt{(87-75)^2 + (65-72)^2} = \sqrt{193} = 13.89$ のように逐次計算してこの表が得られる．

**手順 2**　最も近いもの同士を合併し同じクラスターとし，距離を再計算する．

クラスター {2} と {5} が表 8.3 より距離が 5 で，最短距離なのでこの 2 つのクラスターを合併し，クラスター {2,5} で表す．例えばクラスター {2,5} と {1} との新しい距離は，$d(\{2,5\},\{1\}) = \min\{d(\{2\},\{1\}), d(\{5\},\{1\})\} = \min\{13.89, 18.6\} = 13.89$ となる．同様に，$d(\{2,5\},\{3\}) = 10.63$, $d(\{2,5\},\{4\}) = 16.12$, $d(\{2,5\},\{6\}) = 31.2$ より，以下の表 8.4 ができる．

**手順 3**　表 8.4 の中ではクラスター {1} と {4} の組の距離が 6.40 で最も小さいので，これらを合併してクラスター {1,4} とする．$d(\{1,4\},\{2,5\}) = \min\{d(\{1\},\{2,5\}), d(\{4\},\{2,5\})\} = \min(13.89, 16.12) = 13.89$, $d(\{1,4\},\{3\}) = 29.21, d(\{1,4\},\{6\}) = 36.2$ のように距離を再計算して表を作成すると表 8.5 のようになる．

表 8.4　非類似度の表

| クラスター | {1} | {2,5} | {3} | {4} | {6} |
|---|---|---|---|---|---|
| {1} | 0 | 13.89 | 29.21 | 6.40 | 36.2 |
| {2,5} | — | 0 | 10.63 | 16.12 | 31.2 |
| {3} | — | — | 0 | 29.97 | 36.1 |
| {4} | — | — | — | 0 | 42.2 |
| {6} | — | — | — | — | 0 |

表 8.5　非類似度の表

| クラスター | {1,4} | {2,5} | {3} | {6} |
|---|---|---|---|---|
| {1,4} | 0 | 13.89 | 29.21 | 36.2 |
| {2,5} | — | 0 | 10.63 | 31.2 |
| {3} | — | — | 0 | 36.1 |
| {6} | — | — | — | 0 |

**手順 4**　上の表 8.5 で最も小さいのはクラスター {2,5} と {3} でこれらを合併してクラスター {2,3,5} とし，$d(\{2,3,5\},\{1,4\}) = \min\{d(\{2,5\},\{1,4\}), d(\{3\},\{1,4\})\} = \min(13.89, 29.21) = 13.89$, $d(\{2,3,5\},\{6\}) = 31.2$ のように距離を再計算すると表 8.6 のようになる．

**手順 5**　表 8.6 で最も小さいのはクラスター {1,4} と {2,3,5} でこれらを合併してクラスター {1,2,3,4,5} とし，$d(\{1,2,3,4,5\},\{6\}) = \min\{d(\{1,4\},\{6\}), d(\{2,3,5\},\{6\})\} = \min(36.2, 31.2) = 31.2$ と距離を再計算すると以下のような表 8.7 になる．

そこでこれらを縦軸に距離，横軸にクラスターをとって，樹形図 (デンドログラム) に表すと図 8.4 のようになる．
□

表 8.6 非類似度の表

| クラスター | {1,4} | {2,3,5} | {6} |
|---|---|---|---|
| {1,4} | 0 | 13.89 | 36.2 |
| {2,3,5} | — | 0 | 31.2 |
| {6} | — | — | 0 |

表 8.7 非類似度の表

| クラスター | {1,2,3,4,5} | {6} |
|---|---|---|
| {1,2,3,4,5} | 0 | 31.2 |
| {6} | — | 0 |

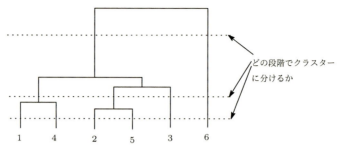

図 8.4 例題 8.1 のデンドログラム

R のパッケージ stats には，階層的クラスター分析のための関数 hclust がある．それは以下のような書き方で用いられる．

---- 書き方 ----
hclust(d,method="complete", ...)

ここで引数の d は非類似度を測る量で例えば距離を測る量がはいる．そして，引数の method に関しては，以下の表 8.8 の対応がある．

更に，表 8.9 に示すような関数を利用することができる．

表 8.8 方法と具体的な引数

| 方法 | 実際の引数 |
|---|---|
| 最短距離法 | single |
| 最長距離法 | complete |
| 群平均法 | average |
| 重心法 | centroid |
| メディアン法 | median |
| ウォード法 | ward |
| McQuitty 法 | mcquitty |

表 8.9 関数と機能

| 関数 | 機能 |
|---|---|
| summary | 結果のオブジェクトのリストを返す |
| plot | 樹形図を表示する |
| plclust | 樹形図を表示する |
| cutree | クラスターの数を指定し，グループ分けする |
| cophenetic | コーフェン行列を返す |

[予備解析]

**手順 1** データの読み込み：【データ】▶【データのインポート】▶【テキストファイルまたはクリップボード，URL から...】を選択し，ダイアログボックスで，フィールドの区切り記号としてカンマにチェックをいれて，[OK] を左クリックする．そしてフォルダからファイル (rei81.csv) を指定後，[開く (O)] を左クリックする．さらに [データセットを表示] をクリックすると，図 8.5 のようにデータが表示される．

**手順 2** 基本統計量の計算：【統計量】▶【要約】▶【アクティブデータセット】を選択すると，以下のような出力結果が得られる．

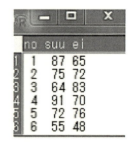

図 8.5 データの表示

```
> summary(rei81)   #データの要約
      no             suu             ei
 Min.   :1.00   Min.   :55.0   Min.   :48.00
 1st Qu.:2.25   1st Qu.:66.0   1st Qu.:66.25
 Median :3.50   Median :73.5   Median :71.00
 Mean   :3.50   Mean   :74.0   Mean   :69.00
```

```
 3rd Qu.:4.75    3rd Qu.:84.0    3rd Qu.:75.00
 Max.   :6.00    Max.   :91.0    Max.   :83.00
```

【統計量】▶【要約】▶【数値による要約...】を選択し，ダイアログボックスで，ei と suu を指定後，統計量で全ての項目にチェックをいれて，OK を左クリックする．すると以下のような出力結果が得られる．

```
>numSummary(rei81[,c("ei", "suu")],statistics=c("mean", "sd", "IQR", "quantiles",
 "cv", "skewness", "kurtosis"), quantiles=c(0,.25,.5,.75,1), type="2")
     mean       sd  IQR       cv   skewness  kurtosis 0%  25%   50% 75% 100% n
 ei    69 11.93315 8.75 0.1729442 -1.0963466  1.884291 48 66.25 71.0  75   83 6
 suu   74 13.59412 18.00 0.1837043 -0.0902797 -1.076102 55 66.00 73.5  84   91 6
```

**手順 3** グラフ化：【グラフ】▶【散布図】を選択し，変数として suu と ei を指定する．オプションで適宜チェックをいれ，点を特定で，OK を左クリックする．すると図 8.6 のような出力結果が得られる．

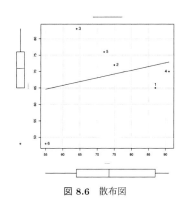

図 8.6 散布図

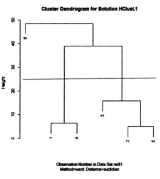

図 8.7 デンドログラム

[クラスター分析]

**手順 1** デンドログラムの作成：【統計量】▶【次元解析】▶【クラスタ分析】▶【階層的クラスタ分析...】を選択すると図 8.7 のような出力が得られる．なお，デンドログラムのラベルの高さを揃えるには，hang=-1 を挿入しておくと良い．

**手順 2** クラスター数を決め，各クラスターの解釈をする：

```
> HClust.1 <- hclust(dist(model.matrix(~-1 + ei+suu, rei81)) , method= "ward")
> plot(HClust.1, main= "Cluster Dendrogram for Solution HClust.1", xlab=
+ "Observation Number in Data Set rei81", sub="Method=ward; Distance=euclidian")
> summary(as.factor(cutree(HClust.1, k = 3))) # Cluster Sizes
1 2 3
2 3 1
> by(model.matrix(~-1 + ei + suu, rei81), as.factor(cutree(HClust.1, k = 3)),
colMeans)   # Cluster Centroids
INDICES: 1
   ei  suu
 67.5 89.0
------------------------------------------------------------------------
INDICES: 2
       ei      suu
 77.00000 70.33333
------------------------------------------------------------------------
```

```
INDICES: 3
 ei suu
 48  55
```

各クラスター1, 2, 3のサンプル数は2, 3, 1個である．クラスター1は英語の平均点が67.5点で2番目によく，数学の平均点は89点で最もよい．クラスター2は英語の平均点が77点で1番目によく，数学の平均点は70.3点で2番目によい．クラスター3は英語，数学の平均点が48点，55点でいずれも最もよくない．

**手順3** バイプロット化：グラフにより把握するため，同時布置図 (図8.8) を描く．この図から，クラスター1は数学がよく，クラスター2は英語がよく，クラスター3はどちらもよくないことがうかがえる．

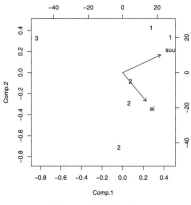

図 **8.8** バイプロット

```
> biplot(princomp(model.matrix(~-1 + ei + suu, rei81)),
  xlabs = as.character(cutree(HClust.1, k =3)))
```

**演習 8.1** 例題8.1のデータについて最長距離法，ウォード法によってクラスターに分類してみよ． ◁

**演習 8.2** 以下の10人のおにぎりの好み (鮭，梅，タラコ，おかか，ツナマヨネーズ) に関するアンケート調査 (表8.10) から非類似度を定義し，クラスター分析せよ． ◁

**演習 8.3** 表8.11の8人の5教科の成績に関するデータについて，クラスター分析せよ． ◁

表 **8.10** おにぎりの好み

| 個体 | 鮭 $x_1$ | 梅 $x_2$ | タラコ $x_3$ | おかか $x_4$ | ツナマヨ $x_5$ |
|---|---|---|---|---|---|
| 1 | ✓ |  | ✓ |  | ✓ |
| 2 |  |  | ✓ | ✓ |  |
| 3 |  | ✓ | ✓ |  |  |
| 4 | ✓ |  | ✓ | ✓ |  |
| 5 |  | ✓ |  |  |  |
| 6 | ✓ |  | ✓ |  | ✓ |
| 7 |  |  | ✓ |  |  |
| 8 |  |  |  |  | ✓ |
| 9 |  | ✓ | ✓ |  |  |
| 10 | ✓ |  | ✓ | ✓ |  |

表 **8.11** 5教科の成績

| NO | 英語 | 数学 | 国語 | 社会 | 理科 |
|---|---|---|---|---|---|
| 1 | 78 | 88 | 65 | 48 | 52 |
| 2 | 55 | 68 | 82 | 84 | 92 |
| 3 | 81 | 92 | 33 | 41 | 54 |
| 4 | 42 | 70 | 52 | 49 | 51 |
| 5 | 79 | 84 | 48 | 53 | 64 |
| 6 | 65 | 61 | 82 | 85 | 70 |
| 7 | 75 | 62 | 77 | 72 | 81 |
| 8 | 80 | 86 | 89 | 95 | 92 |

**(参考)** 第5章の例題5.1で主成分分析により導出した主成分，第6章の例題6.4で因子分析により導出した共通因子に基づいてクラスター分析を行った結果を以下に示そう．

**[クラスター分析 (例題 5.1 の続き)]**

第5章の例題5.1をもとに試してみよう．

**手順1** デンドログラムの作成：【統計量】▶【次元解析】▶【クラスタ分析...】▶【階層的クラスタ分

## 8.3 階層的なクラスター分析の方法

析...】を選択し，変数として PC1 と PC2 を選択し，オプションでクラスタリングの方法としてウォード法，距離の測度としてユークリッド距離に，更にデンドログラムを描くにチェックをいれて，[OK] を左クリックする．すると図 8.9 のようにデンドログラムが作成される．

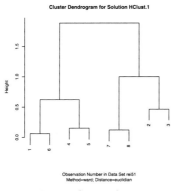

図 8.9 デンドログラム

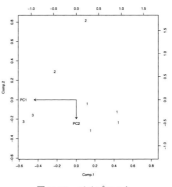

図 8.10 バイプロット

```
> HClust.1 <- hclust(dist(model.matrix(~-1 + PC1+PC2, rei51)) , method= "ward")
> plot(HClust.1, main= "Cluster Dendrogram for Solution HClust.1", xlab=
+    "Observation Number in Data Set rei51", sub="Method=ward; Distance=euclidian")
```

**手順2** クラスター数を決め，クラスターの解釈をする：【統計量】▶【次元解析】▶【クラスタ分析...】▶【階層的クラスタリングの要約...】を選択し，クラスタリング数を 3，クラスターのサマリの表示とクラスターのバイプロットにチェックをいれ，[OK] を左クリックする．すると以下の出力結果が得られる．

```
> summary(as.factor(cutree(HClust.1, k = 3))) # Cluster Sizes
1 2 3
4 2 2
```

各クラスターに属すサンプル数はクラスター 1, 2, 3 に対応してそれぞれ 4, 2, 2 である．

```
>by(model.matrix(~-1 + PC1 + PC2, rei51), as.factor(cutree(HClust.1, k = 3)),
+    colMeans) # Cluster Centroids
INDICES: 1
        PC1         PC2
-0.33469811  0.09321844
-----------------------------------------------------------------
INDICES: 2
        PC1         PC2
 0.0747825 -0.2856376
-----------------------------------------------------------------
INDICES: 3
        PC1         PC2
0.59461371 0.09920071
```

クラスター 1 は，PC1 (第 1 主成分) の平均が 1 番低く，PC2 (第 2 主成分) が 2 番目である．クラスター 2 は，PC1 (第 1 主成分) の平均が 2 番で，PC2 (第 2 主成分) が最も低い 3 番目である．クラスター 3 は，PC1 (第 1 主成分) の平均が 1 番で，PC2 (第 2 主成分) が最も高い 1 番目である．

**手順3** バイプロット：クラスターを主成分から見た位置をバイプロットにより図から見直す (図 8.10)．

```
> biplot(princomp(model.matrix(~-1 + PC1 + PC2, rei51)),
xlabs = as.character(cutree(HClust.1, k = 3)))
```

[クラスター分析 (例題 6.4 の続き)]

**手順1** デンドログラムの作成：【統計量】▶【次元解析】▶【クラスタ分析】▶【階層的クラスタ分析...】をクリックし，変数として会社 NO を除いて変数をすべて選択し，オプションで因子の回転でバリマックス，因子スコアで回帰にチェックをいれ，OK をクリックする．すると図 8.11 のような結果が出力される．

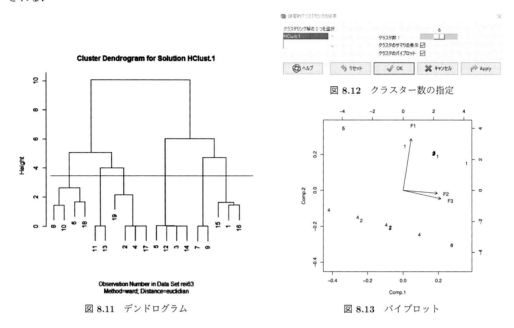

図 8.11　デンドログラム

図 8.12　クラスター数の指定

図 8.13　バイプロット

**手順2** クラスター数の決め，各クラスターの解釈をする：図 8.11 のデンドログラムから縦方向でみてクラスター分けがよくされ，クラスターの特徴がつかめそうな数にする．ここでは 6 クラスターとする．【統計量】▶【次元解析】▶【クラスタ分析...】▶【階層的クラスタリングの要約...】を選択し，クラスタリング数を 6，クラスターのサマリの表示とクラスターのバイプロットにチェックをいれ，OK をクリックする (図 8.12)．すると図 8.13 のような出力結果が得られる．

共通因子の値を比較しながらそのクラスターの位置づけをみる．各クラスターをその因子の値に基づいて解釈する．

```
> HClust.1 <- hclust(dist(model.matrix(~-1 + F1+F2+F3, rei63)) , method= "ward")
> plot(HClust.1, main= "Cluster Dendrogram for Solution HClust.1", xlab=
+   "Observation Number in Data Set rei63", sub="Method=ward; Distance=euclidian")
> summary(as.factor(cutree(HClust.1, k = 6))) # Cluster Sizes
1 2 3 4 5 6
3 4 4 4 2 2
> by(model.matrix(~-1 + F1 + F2 + F3, rei63), as.factor(cutree(HClust.1, k = 6)),
+   colMeans) # Cluster Centroids
INDICES: 1
        F1         F2         F3
 1.0000264 -0.2393501  1.0929930
------------------------------------------------------------
INDICES: 2
         F1         F2         F3
```

```
-0.8519063 -0.7944675  0.2446816
------------------------------------------------------------------
INDICES: 3
        F1          F2          F3
 0.9189593  1.0499253 -0.1423736
------------------------------------------------------------------
INDICES: 4
        F1          F2          F3
-0.9048922  0.3161587 -1.0788567
------------------------------------------------------------------
INDICES: 5
       F1         F2         F3
 1.231325 -1.220399 -1.109726
------------------------------------------------------------------
INDICES: 6
        F1          F2          F3
-1.0556859  0.4361913  1.4233342
> biplot(princomp(model.matrix(~-1 + F1 + F2 + F3, rei63)), xlabs =
+   as.character(cutree(HClust.1, k = 6)))
```

資金めぐりが良いかどうかを表す量の F1 と営業による利潤を表す量 F2，および売上げ高と利益を表す量 F3 について各クラスターをみる．F1 はクラスター 5, 1, 3 が大きく，6, 4, 2 が小さい．F2 については，クラスター 3, 6 が大きく，クラスター 5, 2 が小さい．F3 については，クラスター 6 が大きく，クラスター 4 が小さい．などがうかがわれる．

**手順 3　バイプロットによるクラスターの位置づけ**：因子得点に基づいてクラスターの位置づけをグラフによりみる．

図 8.13 のバイプロットにより，数値がクラスター番号に対応して位置づけがわかる．

次に，変数が多い場合の例について，クラスター分析を行ってみよう．

**例題 8.2　ユークリッド距離 × 最短距離法**

全国家計調査のデータについて各サンプル間を測り，クラスター分析を行ってみよ．(総務省統計局，家計調査 2014 年版より)

[予備解析]

**手順 1　データの読み込み**：【データ】▶【データのインポート】▶【テキストファイルまたはクリップボー

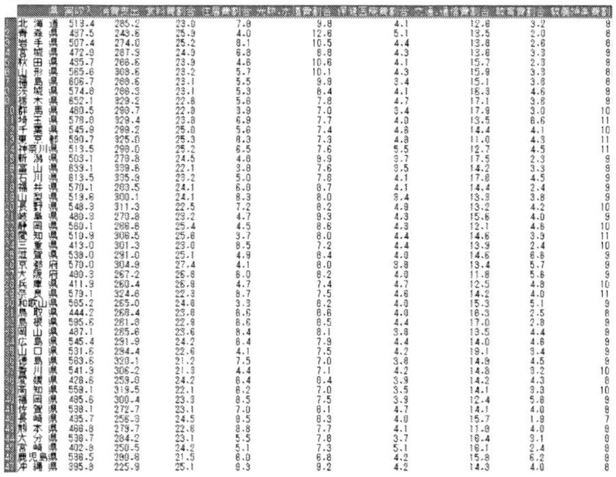

| | | | | | | | | |
|---|---|---|---|---|---|---|---|---|
| 北海道 | 513.4 | 285.2 | 23.0 | 7.8 | 9.8 | 4.1 | 12.8 | 3.2 | 9 |
| 青森県 | 487.5 | 243.6 | 25.9 | 4.0 | 12.6 | 5.1 | 13.5 | 2.0 | 8 |
| 岩手県 | 507.4 | 274.0 | 25.2 | 8.1 | 10.5 | 4.4 | 13.8 | 2.6 | 8 |
| 宮城県 | 472.9 | 287.9 | 24.9 | 6.8 | 8.8 | 4.3 | 13.8 | 3.3 | 9 |
| 秋田県 | 495.7 | 266.6 | 23.9 | 4.6 | 10.6 | 4.1 | 15.7 | 2.3 | 9 |
| 山形県 | 565.6 | 308.6 | 23.2 | 5.7 | 10.1 | 4.3 | 15.9 | 3.3 | 8 |
| 福島県 | 606.7 | 268.6 | 23.1 | 5.5 | 9.9 | 3.4 | 15.1 | 3.8 | 8 |
| 茨城県 | 574.8 | 288.3 | 23.1 | 5.3 | 8.4 | 4.1 | 16.3 | 4.6 | 9 |
| 栃木県 | 652.1 | 329.2 | 22.6 | 5.6 | 7.8 | 4.7 | 17.1 | 3.8 | 9 |
| 群馬県 | 480.5 | 290.7 | 22.8 | 3.9 | 7.0 | 3.4 | 17.9 | 3.0 | 10 |
| 埼玉県 | 578.8 | 329.4 | 23.8 | 6.9 | 7.7 | 4.0 | 13.5 | 6.6 | 11 |
| 千葉県 | 545.9 | 299.2 | 25.0 | 5.6 | 7.4 | 4.8 | 14.4 | 4.1 | 10 |
| 東京都 | 590.7 | 325.0 | 25.3 | 8.3 | 7.3 | 4.8 | 11.0 | 4.3 | 11 |
| 神奈川県 | 513.5 | 298.0 | 25.2 | 6.5 | 7.6 | 5.5 | 12.7 | 4.5 | 11 |
| 新潟県 | 503.1 | 279.8 | 24.5 | 4.8 | 9.9 | 3.7 | 17.5 | 2.3 | 9 |
| 富山県 | 639.1 | 339.6 | 22.1 | 3.8 | 7.6 | 3.5 | 14.2 | 3.3 | 9 |
| 石川県 | 613.5 | 305.9 | 23.2 | 5.0 | 7.8 | 4.1 | 17.8 | 4.5 | 9 |
| 福井県 | 570.1 | 283.5 | 24.1 | 6.8 | 8.7 | 4.1 | 14.4 | 2.4 | 9 |
| 山梨県 | 519.6 | 300.1 | 24.1 | 8.3 | 8.0 | 3.4 | 13.3 | 3.8 | 9 |
| 長野県 | 548.3 | 311.3 | 22.5 | 7.2 | 8.2 | 4.9 | 13.2 | 4.2 | 10 |
| 岐阜県 | 480.9 | 270.8 | 23.2 | 4.7 | 9.3 | 4.3 | 15.6 | 4.0 | 9 |
| 静岡県 | 560.1 | 288.6 | 25.4 | 4.5 | 8.6 | 4.3 | 12.1 | 4.6 | 10 |
| 愛知県 | 510.9 | 306.5 | 25.8 | 3.7 | 8.0 | 4.4 | 14.6 | 3.9 | 11 |
| 三重県 | 413.0 | 301.3 | 23.0 | 8.5 | 7.2 | 4.4 | 13.9 | 2.4 | 10 |
| 滋賀県 | 538.0 | 291.0 | 25.1 | 4.9 | 8.4 | 4.0 | 14.6 | 6.6 | 9 |
| 京都府 | 570.0 | 304.9 | 27.4 | 4.1 | 8.0 | 3.8 | 13.4 | 5.7 | 9 |
| 大阪府 | 490.3 | 267.2 | 26.6 | 6.0 | 6.2 | 4.0 | 11.8 | 5.6 | 9 |
| 兵庫県 | 411.9 | 280.4 | 26.9 | 4.7 | 7.4 | 4.7 | 12.5 | 4.8 | 10 |
| 奈良県 | 579.1 | 324.6 | 22.3 | 8.7 | 7.5 | 4.6 | 14.2 | 4.0 | 11 |
| 和歌山県 | 565.2 | 265.0 | 24.6 | 3.3 | 6.2 | 4.0 | 15.3 | 5.1 | 9 |
| 鳥取県 | 444.2 | 268.4 | 23.8 | 6.6 | 6.6 | 4.0 | 16.3 | 2.5 | 8 |
| 島根県 | 595.6 | 281.8 | 22.9 | 6.6 | 6.5 | 4.4 | 17.0 | 2.8 | 9 |
| 岡山県 | 487.1 | 285.6 | 23.6 | 8.4 | 8.1 | 3.8 | 13.5 | 4.4 | 9 |
| 広島県 | 545.4 | 291.9 | 24.2 | 6.4 | 7.9 | 4.4 | 14.0 | 4.6 | 9 |
| 山口県 | 531.6 | 294.4 | 22.6 | 4.1 | 7.5 | 4.2 | 19.1 | 3.4 | 9 |
| 徳島県 | 563.6 | 320.1 | 21.2 | 7.5 | 7.0 | 3.8 | 14.9 | 4.5 | 9 |
| 香川県 | 541.9 | 306.2 | 21.3 | 4.4 | 7.1 | 4.2 | 14.8 | 3.2 | 10 |
| 愛媛県 | 428.6 | 259.0 | 24.2 | 6.4 | 8.4 | 3.9 | 14.2 | 4.3 | 8 |
| 高知県 | 558.1 | 319.5 | 22.1 | 6.2 | 7.0 | 3.5 | 14.1 | 3.3 | 10 |
| 福岡県 | 495.6 | 300.4 | 23.3 | 8.5 | 7.5 | 3.9 | 12.4 | 5.8 | 9 |
| 佐賀県 | 538.1 | 272.7 | 23.1 | 7.0 | 8.1 | 4.7 | 14.1 | 4.0 | 8 |
| 長崎県 | 435.7 | 256.3 | 24.5 | 9.5 | 8.3 | 4.8 | 15.7 | 1.9 | 7 |
| 熊本県 | 466.8 | 279.7 | 22.6 | 8.8 | 7.7 | 4.1 | 11.0 | 4.0 | 9 |
| 大分県 | 538.7 | 284.2 | 23.1 | 5.5 | 7.8 | 3.7 | 18.4 | 3.1 | 9 |
| 宮崎県 | 402.8 | 250.5 | 24.2 | 5.1 | 7.3 | 5.1 | 16.1 | 2.4 | 9 |
| 鹿児島県 | 536.5 | 290.8 | 21.5 | 6.0 | 6.8 | 4.2 | 15.8 | 6.2 | 9 |
| 沖縄県 | 395.8 | 225.9 | 25.1 | 9.3 | 9.2 | 4.2 | 14.3 | 4.0 | 8 |

図 8.14　データの表示

ド，URL から...】を選択し，ダイアログボックスで，フィールドの区切り記号としてカンマにチェックをいれて，OK をクリックする．そしてフォルダからファイル (rei82.csv) を指定後，開く(O) を左クリックする．さらに データセットを表示 をクリックすると，図 8.14 のようにデータが表示される．

```
> rei82 <- read.table("rei82.csv", header=TRUE,
  sep=",",na.strings="NA", dec=".", strip.white=TRUE)
```

**手順 2** 基本統計量の計算：【統計量】▶【要約】▶【アクティブデータセット】を選択すると，以下のような出力結果が得られる．

```
> summary(rei82)   #データの要約
       県         実収入          消費支出         食料費割合        住居費割合
 愛 知 県: 1   Min.   :395.8   Min.   :225.9   Min.   :21.20   Min.   :3.30
 愛 媛 県: 1   1st Qu.:480.4   1st Qu.:273.4   1st Qu.:22.95   1st Qu.:4.75
 茨 城 県: 1   Median :536.5   Median :288.6   Median :23.80   Median :6.00
 岡 山 県: 1   Mean   :520.9   Mean   :290.1   Mean   :23.86   Mean   :6.17
 沖 縄 県: 1   3rd Qu.:565.4   3rd Qu.:305.6   3rd Qu.:24.95   3rd Qu.:7.35
 岩 手 県: 1   Max.   :652.1   Max.   :339.6   Max.   :27.40   Max.   :9.50
 (Other) :41
 光熱.水道費割合   保健医療費割合    交通.通信費割合   教育費割合      教養娯楽費割合
 Min.   : 6.800   Min.   :3.400   Min.   :11.00   Min.   :1.900   Min.   : 7.800
 1st Qu.: 7.500   1st Qu.:3.950   1st Qu.:13.50   1st Qu.:3.150   1st Qu.: 9.250
 Median : 8.000   Median :4.100   Median :14.30   Median :4.000   Median : 9.600
 Mean   : 8.283   Mean   :4.194   Mean   :14.60   Mean   :3.894   Mean   : 9.613
 3rd Qu.: 8.600   3rd Qu.:4.400   3rd Qu.:15.75   3rd Qu.:4.500   3rd Qu.:10.000
 Max.   :12.600   Max.   :5.500   Max.   :19.10   Max.   :6.600   Max.   :11.800
```

【統計量】▶【要約】▶【数値による要約...】を選択し，ダイアログボックスで，ei と suu を指定後，統計量で全ての項目にチェックをいれて，OK を左クリックする．すると以下のような出力結果が得られる．

```
> numSummary(rei82[,c("教育費割合", "教養娯楽費割合", "交通.通信費割合",
  "光熱.水道費割合", "実収入", "住居費割合","消費支出", "食料費割合", "保健医療費割合")],
     statistics=c("mean", "sd", "IQR", "quantiles","cv", "skewness", "kurtosis"),
     quantiles=c(0,.25,.5,.75,1), type="2")
                    mean        sd    IQR         cv   skewness    kurtosis     0%
教育費割合         3.893617  1.1762882  1.35 0.30210682  0.4522130 -0.11981416    1.9
教養娯楽費割合     9.612766  0.8522648  0.75 0.08865968  0.2600563  0.45158401    7.8
交通.通信費割合   14.597872  1.7696093  2.25 0.12122378  0.3679702 -0.10591336   11.0
光熱.水道費割合    8.282979  1.1438530  1.10 0.13809681  1.5945059  3.35500888    6.8
実収入           520.874468 63.6498658 85.00 0.12219809 -0.2152703 -0.57882570  395.8
住居費割合         6.170213  1.6871528  2.60 0.27343512  0.2543970 -0.98538260    3.3
消費支出         290.127660 24.7922911 32.20 0.08545304 -0.1294196 -0.01088060  225.9
食料費割合        23.861702  1.4353538  2.00 0.06015303  0.4084968 -0.09871054   21.2
保健医療費割合     4.193617  0.4622272  0.45 0.11022162  0.5005658  0.47043757    3.4
                    25%    50%    75%   100%  n
教育費割合          3.15    4.0    4.50    6.6 47
教養娯楽費割合      9.25    9.6   10.00   11.8 47
交通.通信費割合    13.50   14.3   15.75   19.1 47
光熱.水道費割合     7.50    8.0    8.60   12.6 47
実収入            480.40  536.5  565.40  652.1 47
住居費割合          4.75    6.0    7.35    9.5 47
```

```
消費支出        273.35  288.6  305.55  339.6  47
食料費割合      22.95   23.8   24.95   27.4   47
保健医療費割合   3.95    4.1    4.40    5.5   47
```

**手順3** グラフ化:【グラフ】▶【散布図行列...】を選択し,オプションでチェックをいれて OK を左クリックすると図 8.15 の散布図行列が得られる.どの変数に関しても,大体一山型の分布をしているが,光熱・水道の割合の分布が右に裾を引いている.また,実収入と消費支出が正の相関が高そうである.

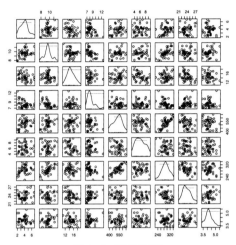

図 8.15 散布図行列

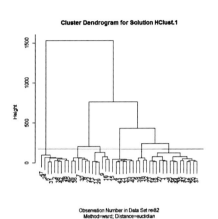

図 8.16 デンドログラム

[クラスター分析]

**手順1** デンドログラムの作成:【統計量】▶【次元解析】▶【クラスタ分析...】▶【階層的クラスタリングの要約...】を選択し,クラスタリング数を 6,クラスタのサマリの表示とクラスタのバイプロットにチェックをいれ, OK を左クリックする.すると出力結果として図 8.16 が得られる.デンドログラムのラベルの高さを揃えるには,hang=−1 を挿入しておくと良い.

**手順2** クラスター数を決め,各クラスターの解釈をする:

```
> HClust.2 <- hclust(dist(model.matrix(~-1 +教育費割合+教養娯楽費割合
+交通.通信費割合+光熱.水道費割合+実収入+住居費割合+消費支出+食料費割合
+保健医療費割合, rei82)) , method= "ward")
> plot(HClust.2, main= "Cluster Dendrogram for Solution HClust.2", xlab=
+ "Observation Number in Data Set rei82", sub="Method=ward; Distance=euclidian")
> summary(as.factor(cutree(HClust.2, k = 6))) # Cluster Sizes
 1 2 3 4 5 6
13 9 7 6 3 9
> by(model.matrix(~-1 + 教育費割合+教養娯楽費割合+交通.通信費割合+光熱.水道費割合
+ 実収入 + 住居費割合 + 消費支出 + 食料費割合 +  保健医療費割合, rei82),
as.factor(cutree(HClust.2, k = 6)), colMeans) # Cluster Centroids
INDICES: 1
  教育費割合  教養娯楽費割合  交通.通信費割合  光熱.水道費割合    実収入  住居費割合
   3.876923       9.700000       13.938462        8.492308    494.723077    6.646154
      消費支出          食料費割合       保健医療費割合
    287.146154        24.230769           4.100000
-------------------------------------------------------------------------
INDICES: 2
  教育費割合  教養娯楽費割合  交通.通信費割合  光熱.水道費割合     実収入      住居費割合
   2.955556       9.022222       14.688889        8.844444    422.577778     6.522222
```

```
             消費支出         食料費割合     保健医療費割合
           259.200000       24.611111        4.388889
--------------------------------------------------------------
INDICES: 3
       教育費割合   教養娯楽費割合  交通.通信費割合  光熱.水道費割合       実収入       住居費割合
        4.528571      10.271429      13.857143       7.800000     572.414286        6.771429
             消費支出         食料費割合     保健医療費割合
           318.871429       23.614286        4.114286
--------------------------------------------------------------
INDICES: 4
       教育費割合   教養娯楽費割合  交通.通信費割合  光熱.水道費割合       実収入       住居費割合
        3.883333       9.316667      15.033333       8.716667     578.750000        5.333333
             消費支出         食料費割合     保健医療費割合
           281.966667       23.900000        4.050000
--------------------------------------------------------------
INDICES: 5
       教育費割合   教養娯楽費割合  交通.通信費割合  光熱.水道費割合       実収入       住居費割合
        3.866667       9.533333      16.366667       7.733333     634.900000        4.800000
             消費支出         食料費割合     保健医療費割合
           334.900000       22.633333        4.100000
--------------------------------------------------------------
INDICES: 6
       教育費割合   教養娯楽費割合  交通.通信費割合  光熱.水道費割合       実収入       住居費割合
        4.377778       9.788889      15.155556       7.688889     540.266667        5.677778
             消費支出         食料費割合     保健医療費割合
           293.522222       23.155556        4.322222
```

クラスター間で，教養娯楽費割合，交通.通信費割合，光熱.水道費割合，住居費割合，食料費割合，保健医療費割合はほぼ同じであまり違いがなさそうである．教育費割合，実収入，消費支出に違いが見られ，クラスター5が実収入，消費支出が1番大きいクラスターで教育費割合は5番と少ない．クラスター3は教育費割合最も大きく，実収入，消費支出が3番，2番と大体大きいグループと位置づけられる．

**手順3** バイプロット化：9変数を用いてクラスターに分類した結果をバイプロット(同時布置図)に表示してグラフ化する．しかし，この場合図 8.17 に見られるように2変数については，その比較がわかるが，他の変数については見づらい．まず，主成分分析等により変数の次元を落としておいてからクラスター分析した方がよさそうである．

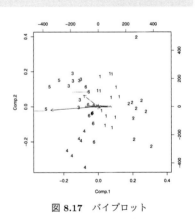

図 8.17 バイプロット

```
> biplot(princomp(model.matrix(~-1+教育費割合+教養娯楽費割合+交通.通信費割合
  +光熱.水道費割合 +実収入+住居費割合+消費支出+食料費割合+保健医療費割合, rei82)),
  xlabs = as.character(cutree(HClust.2, k = 6)))
```

**演習 8.4** 表 8.12 の 6 県に関するデータについて，クラスター分析せよ．  ◁

表 8.12 消費実態調査データ

| 県 | 持ち家率 $x_1$ | 自動車保有率 $x_2$ |
|---|---|---|
| 1 | 87 | 65 |
| 2 | 75 | 72 |
| 3 | 64 | 83 |
| 4 | 91 | 70 |
| 5 | 72 | 76 |
| 6 | 55 | 48 |

## 8.4 非階層的な手法

非階層的なクラスター法の代表的な方法として，**k-means 法**があり，以下のような手順によりクラスターを形成する．

**手順 1** K 個の初期クラスターの中心をある基準で与える．

**手順 2** 各データと K 個のクラスターの中心との距離を求め，最も近いクラスターをそのデータの属すクラスターとする．

**手順 3** 新しくなったクラスターについて中心を求める．

**手順 4** クラスターの中心がすべて前段階の中心と同じになるか，事前に指定していた繰り返し数の回数に達するまで，手順 2 と手順 3 を繰り返す．

k-means 法の関数の書き方は次のようである．

―――― 書き方 ――――
**KMeans(x,centers,iter.max=10,nstart=1,algorithm)**

なお, algorithm は次の 4 つの方法が選択できる．Hartigan-Wong 法, Lloyd 法, Forgy 法, MacQueen 法である．

[**k-means 法による実行例**]

―― 例題 8.3 ユークリッド距離 × 最短距離法 ――
例題 8.1 と同じデータについて各サンプル間の非類似度をユークリッド距離で測り，k-means 法によりクラスターに分けてみよ．

【統計量】▶【次元解析】▶【クラスタ分析】▶【k-平均クラスタ分析...】を選択し，変数として ei と suu を指定し，オプションでクラスタ数を 3，チェックを全てにいれ，OK を左クリックすると以下が出力される．またバイプロットも出力される．

```
> .cluster <- KMeans(model.matrix(~-1 + ei + suu, rei83), centers = 3,
iter.max = 10, num.seeds = 10)
> .cluster$size # Cluster Sizes
[1] 1 2 3
> .cluster$centers # Cluster Centroids
  new.x.ei new.x.suu
1     48.0  55.00000
2     67.5  89.00000
3     77.0  70.33333
> .cluster$withinss # Within Cluster Sum of Squares
[1]   0.0000  20.5000 126.6667
> .cluster$tot.withinss # Total Within Sum of Squares
[1] 147.1667
> .cluster$betweenss # Between Cluster Sum of Squares
```

```
[1] 1488.833
> biplot(princomp(model.matrix(~-1 + ei + suu, rei83)),
xlabs = as.character(.cluster$cluster))
> rei83$KMeans <- assignCluster(model.matrix(~-1 + ei + suu, rei83), rei83,
 .cluster$cluster)
> remove(.cluster)
```

図 8.18　オプションの指定

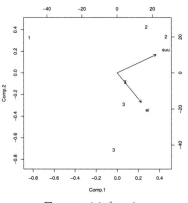

図 8.19　バイプロット

**(参考)**　モデルに基づいたクラスター分析は，観測されるデータが混合分布から得られると仮定して個体が属すクラスも同時に推定する．混合分布の母数とクラスの推定には EM (expectation maximization) アルゴリズムがよく用いられている．パッケージ mclust を利用する．

# 参 考 文 献

　本書を著すにあたっては，多くの書籍・事典などを参考にさせていただきました．また，一部を引用させていただきました．引用にあたっては本文中に明記させていただいております．ここに心から感謝いたします．以下に，その中の R に関連したものを中心にいくつかの文献をあげさせていただきます．なお，統計学全般について知りたい方は [A45] を，統計学の数学的面について知りたい方は [A15], [A49] を参照してください．多変量解析の数理的基礎については [A21] を参照して下さい．

◆和書

- [A1] 青木繁伸 (2009)『R による統計解析』オーム社 (http://aoki2.si.gunma-u.ac.jp/R/)
- [A2] 荒木孝治編著 (2007)『R と R コマンダーではじめる多変量解析』日科技連
- [A3] 荒木孝治編著 (2009)『フリーソフトウェア R による統計的品質管理入門 第 2 版』日科技連
- [A4] 荒木孝治編著 (2010)『R と R コマンダーではじめる実験計画法』日科技連
- [A5] 石井俊全編著 (2014)『まずはこの一冊から意味がわかる多変量解析 (BERET SCIENCE)』ベレ出版
- [A6] 石村貞夫・石村光資郎 (2016)『SPSS による多変量データ解析の手順 第 5 版』東京図書
- [A7] 上田太一郎・苅田正雄・本田和恵 (2003)『実践ワークショップ Excel 徹底活用 多変量解析 (EXCEL WORK SHOP)』技術評論社
- [A8] 圓川隆夫 (1988)『多変量のデータ解析』朝倉書店
- [A9] 大森崇・阪田真己子・宿久洋 (2014)『R Commander によるデータ解析 第 2 版』共立出版
- [A10] 丘本正 (1986)『因子分析の基礎』日科技連
- [A11] 奥野忠一・芳賀敏郎・久米均・吉澤正 (1971)『多変量解析法』日科技連
- [A12] 兼子毅 (2011)『R で学ぶ多変量解析』日科技連
- [A13] 金明哲 (2007)『R によるデータサイエンス―データ解析の基礎から最新手法まで』森北出版
- [A14] 熊谷悦生・舟尾暢男 (2007)『R で学ぶデータマイニング〈1〉データ解析の視点から』九天社
- [A15] 白石高章 (2012)『統計科学の基礎』日本評論社
- [A16] 新 QC 七つ道具研究会編 (1984)『やさしい新 QC 七つ道具』日科技連
- [A17] 菅民郎 (2013)『Excel で学ぶ多変量解析入門 Excel 2013/2010 対応版』オーム社
- [A18] 杉原敏夫・藤田渉 (1998)『多変量解析』牧野書店
- [A19] 杉山高一・藤越康祝編著 (2009)『統計データ解析入門』みみずく舎
- [A20] 竹内光悦・酒折文武 (2006)『Excel で学ぶ理論と技術 多変量解析入門 (Excel 技術実践ゼミ)』技術評論社
- [A21] 竹村彰通 (1991)『多変量推測統計の基礎』共立出版
- [A22] 田中豊・脇本和昌 (1983)『多変量統計解析法』現代数学社
- [A23] 田中豊・垂水共之編 (1986)『パソコン統計解析ハンドブック多変量解析編』共立出版
- [A24] 外山信夫・辻谷将明 (2015)『実践 R 統計分析』オーム社
- [A25] 豊田秀樹 (2008)『データマイニング入門』東京図書
- [A26] 豊田秀樹 (2012)『因子分析入門―R で学ぶ最新データ解析』東京図書
- [A27] 中澤港 (2003)『R による統計解析の基礎』ピアソンエデュケーション

[A28] 中村永友 (2009)『多次元データ解析法』共立出版
[A29] 中山厚穂著，長沢伸也監修 (2009)『Excel ソルバー多変量解析―因果関係分析・予測手法編』日科技連
[A30] 中山厚穂著，長沢伸也監修 (2009)『Excel ソルバー多変量解析―ポジショニング編』日科技連
[A31] 永田靖・棟近雅彦 (2000)『多変量解析法入門』日科技連
[A32] 長畑秀和 (2000)『統計学へのステップ』共立出版
[A33] 長畑秀和 (2001)『多変量解析へのステップ』共立出版
[A34] 長畑秀和 (2009)『R で学ぶ統計学』共立出版
[A35] 長畑秀和・中川豊隆・國米充之 (2013)『R コマンダーで学ぶ統計学』共立出版
[A36] 長畑秀和 (2016)『R で学ぶ実験計画法』朝倉書店
[A37] 野澤昌弘著，棟近雅彦監修 (2012)『JUSE-StatWorks による多変量解析入門』日科技連
[A38] 野間口謙太郎・菊池泰樹訳，Michael J. Crawley 著 (2016)『統計学―R を用いた入門書 第 2 版』共立出版
[A39] 伏見正則・逆瀬川浩孝 (2012)『R で学ぶ統計解析』朝倉書店
[A40] 舟尾暢男 (2006)『データ解析環境「R」』工学社
[A41] 舟尾暢男 (2007)『R Commander ハンドブック』九天社
[A42] 舟尾暢男 (2016)『The R Tips 第 3 版―データ解析環境 R の基本技・グラフィックス活用集』オーム社
[A43] 細谷克也 (1982)『QC 七つ道具』日科技連
[A44] 間瀬茂・神保雅一・鎌倉稔成・金藤浩司 (2004)『工学のためのデータサイエンス入門』数理工学社
[A45] 松原望 (2000)『統計の考え方 (改訂版)』放送大学教育振興会
[A46] 村瀬洋一・高田洋・廣瀬毅士編集 (2007)『SPSS による多変量解析』東京図書
[A47] 森田浩 (2014)『多変量解析の基本と実践がよ～くわかる本』秀和システム
[A48] 柳井晴夫・高木廣文編著 (1986)『多変量解析ハンドブック』現代数学社
[A49] 柳川堯 (1990)『統計数学』近代科学社
[A50] 柳川堯他 (2011)『看護・リハビリ・福祉のための統計学』近代科学社
[A51] 山内二郎編 (1972)『統計数値表』日本規格協会
[A52] 山本義郎・藤野友和・久保田貴文 (2015)『R によるデータマイニング入門』オーム社
[A53] 涌井良幸・涌井貞美 (2001)『図解でわかる多変量解析―データの山から本質を見抜く科学的分析ツール』技術評論社
[A54] 涌井良幸・涌井貞美 (2011)『多変量解析がわかる (ファーストブック)』技術評論社

◆洋書

[B1] Anderson, T. W. and Rubin, H. (1956) Statistical Inference in factor analysis. *Proc. 3rd Berkeley Symposium on Math. Statist. and Prob.*, 5, 111–150.
[B2] Bartlett, M. S. (1938) Further aspects of the theory of multiple regression. *Proceedings of the Cambridge Philosophical Society*, 34, 33–40.
[B3] Crawley, M. J. (2014) *Statistics: An Introduction Using R*, 2nd edition. Wiley.
[B4] Dalgaard, P. (2002) *Introductory Statistics with R*. Springer-Verlag.
[B5] Fox, J. (2006) Getting started with the R Commander. (パッケージ Rcmdr に付属)
[B6] Harman, H. H. and Jones, W. (1966) Factor analysis by minimizing residuals (minres). *Psychometrika*, 31(3):351–368.
[B7] Maindonald, J. and Braun, J. (2003) *Data Analysis and Graphics Using R: An Example-*

based Approach*. Cambridge University Press.
[B8] The R Core Team (2016) R: A Language and Environment for Statistical Computing.

◆ウェブページ
[C1] CRAN (The Comprehensive R Archive Network) http://www.R-project.org
[C2] RjpWiki http://www.okadajp.org/RWiki/
[C3] 青木繁伸 http://aoki2.si.gunma-u.ac.jp/R/

# 索　引

## 欧　文

$AIC$　85
$BIC$　85
$C_p$ 統計量　85
$F$ 分布　23
$i.i.d.$　59
$L_1$-ノルム　191
$p$ 値　23
$PSS$　85
QC 七つ道具　7
SMC　161
$t$ 分布　23
$z$ 変換　30

$\phi$ 係数　35
$\chi^2$ 分布　22

## あ　行

アソシエーション分析　4

因子得点　157, 169
因子負荷量　142, 155, 157, 168
因子分析　3, 155

上側 $\alpha$ 分位点　22
ウォード法　194

重み付き最小 2 乗法　166

## か　行

回帰診断　40
回帰直線　38
回帰分析　3, 36
回帰平方和　44
回帰母数　37
カイザー基準　144
偏り　3
間隔尺度　3
感度分析　82

幾何平均　20
規準化　22
基本統計量　14
共通因子　155, 168
共分散　12
共分散行列　12

共分散構造分析　4
共分散分析　4
行 (横) ベクトル　7
距離尺度　3
寄与率　44, 67

鎖効果　192
クックの $D$　83
グッドマン・クラスカルの係数　192
クラスター　190
クラスター分析　4, 190
グラフィカルモデリング　4
クラーメルの連関係数　35
クロス集計　34
群 (級) 間変動　99
群 (級) 内変動　99
群平均法　193

計数型データ　3
系統サンプリング　2
計量型データ　3
系列相関　95
決定係数　44, 67
検証的　160
ケンドールの順位相関係数　192

交差積比　35
交差負荷量　177
合成変量　16
構造方程式モデリング　5
コクランの検定　80
誤差　2
固有値　9, 141
固有値問題　140
固有ベクトル　9, 141

## さ　行

最遠隣法　192
最近隣法　192
最小 2 (自) 乗法　38
最短距離法　192
最長距離法　192
最尤推定法　164
残差　42, 66
残差平方和　44
散布図　25
サンプリング　1
サンプリング誤差　3
サンプル　1

サンプル数　1
サンプルの大きさ　1

事前確率　104
下側 $\alpha$ 分位点　22
質的データ　3
ジニ係数　21
四分位範囲　20
四分相関係数　34
四分点相関係数　35
射影行列　82
斜交解　157
斜交回転　164
主因子 (分析) 法　162
重回帰式　59, 60
重回帰モデル　36
重心法　193
重相関係数　44, 67
自由度 2 重調整済み寄与率　68
自由度調整済み寄与率　68
自由度調整済み重相関係数　68
重判別分析　108
集落サンプリング　2
樹形図　190
主成分得点　142, 152
主成分負荷量　142, 151
主成分分析　3, 134
樹木モデル　4
順序尺度　3
冗長性係数　177
冗長性指数　177
新 QC 七つ道具　7

数量化 I 類　4
数量化 II 類　4, 122
数量化 III 類　4
数量化 IV 類　4
スクリープロット　144
スピアマンの順位相関係数　192

正規性　37
正規分布　22
正準係数　176
正準相関係数　177
正準相関分析　4, 176
正準判別分析　108
正準負荷量　176
正準変量　176
生存時間分析　4
正の相関　25

説明変数　5, 36
線形判別分析　96
潜在構造分析　4
尖度　21, 23

相関行列　13
相関係数　12
相関比　101
相関分析　25
総平方和　44
層別サンプリング　2
測定誤差　3

## た　行

第 1 主成分　141
第 2 主成分　141
第 $k$ 正準変量　176
対応分析　4
多次元尺度解析法　4
多重共線性　83
ダービン・ワトソン比　79
多変量グラフ解析法　4
ダミー変数　95
単回帰モデル　36
探索的　160

逐次選択法　85
調和平均　20
直交解　157
直交回転　164

定数項　59
定性的データ　3
定量的データ　3
てこ比　82
データ行列　7
テュブロウの $T$　35
転置行列　8
デンドログラム　190

等分散性　37
独自因子　155
特殊因子　155
特性 (固有) 方程式　141
特性要因図　5
独立性　37
トムソンの回帰推定法　166
トレランス　83

## な　行

内積　8
長さ　9

ニューラルネットワーク　4

## は　行

バイプロット　198, 199
パス解析　4
バートレットの検定　81
ハートレーの検定　80
ばらつき　2
バリマックス回転　165
範囲　20
判別関数　96
判別分析　3, 96

ピアソンの一致係数　35, 192
非線形回帰モデル　36
標準化　22
標準化残差　47, 79
標準正規分布　22
標準偏回帰係数　61
標準偏差　12
標本相関係数　25
比例 (比率) 尺度　3

フィッシャーの線形判別関数　102
負の相関　25
不偏性　37
分散　11
分散拡大要因　83
分散共分散行列　13

平均　11
偏 $\Lambda$ 統計量　109
偏回帰係数　59
偏回帰プロット　80
偏差積和行列　13
偏差平方和　11
変数選択　84, 109
偏相関係数　68
変動係数　21, 23

母回帰係数　37
母集団　1

母切片　37, 59

## ま　行

マハラノビスの距離　76, 104, 191

見込み比　35
密度関数　22
ミニマックス判別ルール　105
ミンコフスキー距離　191
ミンレス法　164

無限母集団　1
無相関　25

名義尺度　3
メディアン　19
メディアン法　193

目的変数　5, 36
モード　19

## や　行

有意確率　23
有限母集団　1
尤度比検定　161
ユークリッド距離　191
ユールの関連係数　35

## ら　行

ランダムサンプリング　2

離散型データ　3
両側 $\alpha$ 分位点　22
量的データ　3

累積寄与率　142

零仮説の検定　46, 72
列 (縦) ベクトル　7
レベレッジ　82
連続型データ　3

## わ　行

歪度　21, 23

**著者略歴**

長畑　秀和(ながはた　ひでかず)

1954 年　岡山県に生まれる
1979 年　九州大学大学院理学研究科数学専攻博士前期課程修了
1980 年　九州大学大学院理学研究科数学専攻博士後期課程中退
　　　　 大阪大学，作陽短期大学，姫路短期大学，岡山大学教育学部を経て
現　在　岡山大学大学院社会文化科学研究科（経済学系）教授
　　　　 博士（理学）

---

**Rで学ぶ多変量解析**　　　　　　　　　　　定価はカバーに表示

2017 年 5 月 25 日　初版第 1 刷
2020 年 7 月 25 日　　　　第 2 刷

　　　　　　　　　　　　著　者　長　畑　秀　和
　　　　　　　　　　　　発行者　朝　倉　誠　造
　　　　　　　　　　　　発行所　株式会社　朝　倉　書　店

　　　　　　　　　　　　　　　東京都新宿区新小川町 6-29
　　　　　　　　　　　　　　　郵便番号　162-8707
　　　　　　　　　　　　　　　電　話　03(3260)0141
　　　　　　　　　　　　　　　FAX　03(3260)0180
〈検印省略〉　　　　　　　　　　　http://www.asakura.co.jp

© 2017 〈無断複写・転載を禁ず〉　　　　　　中央印刷・渡辺製本

ISBN 978-4-254-12226-8　C 3041　　　　　Printed in Japan

JCOPY ＜出版者著作権管理機構　委託出版物＞

本書の無断複写は著作権法上での例外を除き禁じられています．複写される場合は，
そのつど事前に，出版者著作権管理機構（電話 03-5244-5088, FAX 03-5244-5089,
e-mail: info@jcopy.or.jp）の許諾を得てください．

## 好評の事典・辞典・ハンドブック

|  |  |  |
|---|---|---|
| 数学オリンピック事典 | 野口　廣 監修 | B5判 864頁 |
| コンピュータ代数ハンドブック | 山本　慎ほか 訳 | A5判 1040頁 |
| 和算の事典 | 山司勝則ほか 編 | A5判 544頁 |
| 朝倉 数学ハンドブック［基礎編］ | 飯高　茂ほか 編 | A5判 816頁 |
| 数学定数事典 | 一松　信 監訳 | A5判 608頁 |
| 素数全書 | 和田秀男 監訳 | A5判 640頁 |
| 数論＜未解決問題＞の事典 | 金光　滋 訳 | A5判 448頁 |
| 数理統計学ハンドブック | 豊田秀樹 監訳 | A5判 784頁 |
| 統計データ科学事典 | 杉山高一ほか 編 | B5判 788頁 |
| 統計分布ハンドブック（増補版） | 蓑谷千凰彦 著 | A5判 864頁 |
| 複雑系の事典 | 複雑系の事典編集委員会 編 | A5判 448頁 |
| 医学統計学ハンドブック | 宮原英夫ほか 編 | A5判 720頁 |
| 応用数理計画ハンドブック | 久保幹雄ほか 編 | A5判 1376頁 |
| 医学統計学の事典 | 丹後俊郎ほか 編 | A5判 472頁 |
| 現代物理数学ハンドブック | 新井朝雄 著 | A5判 736頁 |
| 図説ウェーブレット変換ハンドブック | 新　誠一ほか 監訳 | A5判 408頁 |
| 生産管理の事典 | 圓川隆夫ほか 編 | B5判 752頁 |
| サプライ・チェイン最適化ハンドブック | 久保幹雄 著 | B5判 520頁 |
| 計量経済学ハンドブック | 蓑谷千凰彦ほか 編 | A5判 1048頁 |
| 金融工学事典 | 木島正明ほか 編 | A5判 1028頁 |
| 応用計量経済学ハンドブック | 蓑谷千凰彦ほか 編 | A5判 672頁 |

価格・概要等は小社ホームページをご覧ください．